帮助孩子认识自我、塑造三观

给孩子的

心理帮助书

情绪低落，怎么办？

高彩艳　主编

北京工艺美术出版社

图书在版编目（ＣＩＰ）数据

给孩子的心理帮助书．情绪低落，怎么办？ / 高彩
艳主编．－－ 北京 ：北京工艺美术出版社，2023.10
　　ISBN 978-7-5140-2682-5

　　Ⅰ．①给… Ⅱ．①高… Ⅲ．①心理学－儿童读物
Ⅳ．①B84-49

中国国家版本馆CIP数据核字(2023)第143161号

出 版 人：陈高潮　　　　　装帧设计：弘源设计

责任编辑：周　晖　　　　　责任印制：王　卓

法律顾问：北京恒理律师事务所　丁　玲　张馨瑜

给孩子的心理帮助书　情绪低落，怎么办？

GEI HAIZI DE XINLI BANGZHU SHU QINGXU DILUO ZENMEBAN

高彩艳　主编

出　　版	北京工艺美术出版社	
发　　行	北京美联京工图书有限公司	
地　　址	北京市西城区北三环中路6号　京版大厦B座702室	
邮　　编	100120	
电　　话	(010) 58572763（总编室）	
	(010) 58572878（编辑部）	
	(010) 64280045（发 行）	
传　　真	(010) 64280045/58572763	
网　　址	www.gmcbs.cn	
经　　销	全国新华书店	
印　　刷	天津海德伟业印务有限公司	
开　　本	700 毫米 ×1000 毫米　1/16	
印　　张	8	
字　　数	78 千字	
版　　次	2023 年 10 月第 1 版	
印　　次	2023 年 10 月第 1 次印刷	
印　　数	1 ~ 20000	
定　　价	199.00 元（全五册）	

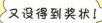

又没得到奖状！

下次努力。

孩子们，在成长的过程中我们会遇到不同的问题，喜欢不同的事物，有不同的爱好和特长，这些都能反映出我们的性格特点以及内心的想法。幼年的成长阶段正是我们爱好、人格、性格等形成的关键时期，这一阶段要着重注意心理健康，才能形成正确的三观和品格。

在成长的过程中，我们的很多行为常常令父母感到困惑，一举一动，甚至一个表情，都表达了我们的某种心理诉求，父母与其反复纠正我们的行为，不如深入了解我们的心理，通过了解我们的心理变化与情绪特点，针对性地解决我们遇到的实际问题，才能厘清问题的真相，指出我们存在的各种心理阻力，引导我们积极地看待问题。以此培养我们的内在感知力，提升情绪控制力，让我们学会用积极的情绪化解遇到的烦恼，拥有自信、勇敢、独立等健全的人格。

我们根据此阶段孩子们的心理特点，专门量身打造了这套《给孩子的心理帮助书》，针对孩子们成长

唉，不敢面对爸爸。

我害怕！

过程中的焦虑、恐惧、抱怨、悲伤、后悔、忧郁、猜疑、孤独等不良情绪，以孩子的视角去看待问题，并一步步剖析成长难题，加以专业的心理学分析，让孩子的成长烦恼有"回音"，为孩子的心理健康提供保障。

本套书将晦涩难懂的心理学理论转化为浅显通俗的文字，配有精美的插图、丰富的栏目、科学的测试、有趣的游戏，以一种全新的方式，从儿童心理学的角度解决孩子成长过程中的各类问题，解读儿童行为，洞见儿童心理。

本套书从孩子们实际生活中遇到的问题入手，深入他们的内心世界，系统地阐述孩子的各种情绪问题及产生原因，并提供了科学有效的解决方法，所有解决方案均步骤明确，简单实用，实践性强，是一部真正意义上的儿童心理健康启蒙书。

希望本套书能够帮助孩子跨过成长中的荆棘，让孩子健康、快乐地成长！

成长的烦恼总是不断！

目录

Contents

目录

Contents

妈妈老夸"别人家的孩子"，让我很受伤

：　　最近妈妈总是在我耳边唠叨，夸小刚在运动会上拿了冠军，小羽跳舞比赛得了奖，莉莉又考了班级第一……然后，还一脸嫌弃地数落我。看着妈妈说起"别人家的孩子"时那种羡慕的表情，提起我时那种恨铁不成钢的嫌弃样子，仿佛我一无是处，我就感觉好受伤。可是我明明很努力了，她却视而不见，我好想让她停止这种比较，考虑考虑我的感受，我该怎么办？

心理大分析

　　"别人家的孩子"是爸爸妈妈经常会提起的话题，我们几乎都有过这样的经历，总会被自己的爸爸妈妈拿来与别人家的孩子进行比较，他们不但要夸奖别人家的孩子，还要贬低我们，将我们说得一无是处。长此以往，我们很容易会有一种总感觉自己很差劲的意识，从而变得闷闷不乐。

　　但是我们也不必过于苦恼，其实被比较是一件很正常的事，我们要理解，爸爸妈妈之所以将我们与别人家的孩子进行比较，是因为他们有望子成龙、盼女成凤的殷切期待，这种期待本身是没有任何恶意的。不过，爸爸妈妈借别人家的孩子来否定、贬低我们，这种做法是不可取的。

　　心理学家认为，童年时期是一个人自我价值感形成的重要时期，爸爸妈妈以及身边人的互动交流对我们自我价值感的形成有重要的影响。如果我们从小就得不到家人足够的肯定和鼓励，甚至长期受到他们的否定和打击，就容易导致我们自我价值感低，认为自己不被爱、不重要，进而产生心理问题，比如产生抑郁情绪。

　　所以，如果爸爸妈妈总是否定、打击我们，为了自己的身心健康，最明智的做法就是和他们好好谈一谈，告诉他们，这种做法使我们受到了伤害，让爸爸妈妈明白我们也有自己的优点和价值，我们才是他们的孩子，是最需要、最应该被关心的对象。

心理大课堂

爸爸妈妈的比较行为为什么会让我们感到很受伤？

1 过高期待带来的压力

很多时候，爸爸妈妈将我们与"别人家的孩子"进行比较，是因为对我们有很高的期待。但过高的期待反而会给我们带来很大的心理压力，当我们压力太大时就很容易感到受伤。

2 误解爸爸妈妈的意思

有些情况下，爸爸妈妈的比较行为是为了激励我们，但语气和态度可能有些急躁，导致我们误解了爸爸妈妈的意思，认为他们是在责备或贬低我们，因此感到很受伤，甚至产生自我怀疑的心理。

3 感受被忽略，内心受挫

有的时候，我们过于在意爸爸妈妈的比较行为，看到他们总拿"别人家的孩子"来打压我们，会觉得自己的优点被爸爸妈妈忽略。在一次次的比较和打压中，我们的内心会不断受挫，甚至受伤。

 过度在意爸爸妈妈的比较行为会有哪些负面影响呢？

1 失去自信心，产生自卑心理

如果我们太在意爸爸妈妈的比较行为，就会变得格外关注别人的成绩和能力，反而忽略自身的努力和价值，也会认为自己不管做什么都不如别人，逐渐失去自信心，甚至变得自卑，在同龄人面前不敢抬头。

2 自尊心受挫，对学习产生厌恶情绪

如果我们将每一次比较都当成是爸爸妈妈对自己的贬低和批评，自尊心就会受到伤害。我们可能还难以理解爸爸妈妈的良苦用心，只能从爸爸妈妈的责备中感到恐惧，内心总是感到焦虑不安，从而渐渐对学习产生厌恶情绪。

3 对爸爸妈妈不再信任，产生逆反心理

当爸爸妈妈提起"别人家的孩子"表现出羡慕等情感时，我们可能会怀疑他们不爱自己，进而对爸爸妈妈产生不信任感，从而渐渐萌生出逆反心理，不愿再听爸爸妈妈的建议和安排，影响我们与爸爸妈妈之间的感情。

我来支招儿啦！

❶ 忽略爸爸妈妈不合理的评价

爸爸妈妈偶尔会将我们与"别人家的孩子"进行比较，这可能是他们对我们高标准、严要求的体现。虽然我们不一定是同龄人中最优秀的，但也不能说明我们很差劲，我们也有自己的优点。不必太在意自己的不完美，更不用去模仿他人，试着忽略爸爸妈妈不合理的评价，坚定自己的内心，继续做独特的自己。

❷ 向爸爸妈妈说出自己的真实感受

爸爸妈妈称赞"别人家的孩子"往往是为了激励我们，殊不知这样会使我们承受很大的压力。如果爸爸妈妈给自己的压力越来越大，不妨和他们心平气和地谈一谈，说出自己内心的真实感受，明确地指出他们这种教育方式带来的压力和烦恼，相信爸爸妈妈一定能理解我们的感受。

❸ 向爸爸妈妈展示自己的优点

每个人都是独一无二的，都有自己的闪光点。我们的爸爸妈妈可能暂时还未发现我们身上的闪光点。如果我们很难改变爸爸妈妈的观点，不如换一种方法，试着去展示自己的优点，让他们看到我们出色的地方，相信我们一定能得到爸爸妈妈的认可。

爸妈不认可我，我的自尊心受挫

从小，爸爸妈妈对我就非常严格，他们希望我门门功课都拿满分、当选班干部、期末成为三好学生……尽管我一直都按照他们的要求去做，表现得很出色，但令我失落的是，爸爸妈妈从未开口夸奖或鼓励过我，反而总是否定我。爸爸妈妈都不认可我，我感觉没有人会认可我了，我的自尊心很受挫，没有学习的动力了，我该怎么做？

心理大分析

　　尽管我们非常努力，但总是得不到爸爸妈妈的认可，这让我们十分痛苦。实际上，很多小伙伴都有这样的烦恼。毕竟爸爸妈妈是大人，我们获得的成绩在他们眼里可能不值一提，甚至是理所应当的，因此他们才不去夸奖、鼓励我们。然而他们可能没有注意到，他们的做法可能已经伤害到了我们。

　　理想化的爸爸妈妈，会在我们遇到挫折时给予帮助，在我们取得好成绩时给予鼓励。但是，就像我们自己并不完美一样，我们的爸爸妈妈也不是完美的，所以当我们没能从爸爸妈妈那里获得足够的支持的时候，我们应该从多个角度进行尝试。

　　首先，从自身来说，我们可以试着不让自己变得太敏感，将精力集中在自己的目标上，不去在意爸爸妈妈的行为，不让负面情绪影响自己。其次，试着在心里为自己辩解，爸爸妈妈的否定不一定是对的，我们要肯定自身的努力，当我们坚定地认可自己时，外界的否定是无法影响到我们的。

　　不过，爸爸妈妈的否定也可能不无道理，我们也许真的有不足之处，这时候我们应该认真分辨爸爸妈妈的话，从中找出那些有道理的内容，然后向更好的方向努力，相信很快就能获得他们的认可。

心理大课堂

 爸爸妈妈不认可我们的原因有哪些呢?

1 担心我们骄傲自满

许多爸爸妈妈认为"骄傲使人落后",因此实行挫折教育,希望通过鞭策、施压等方式来激励我们。虽然这种教育方式有一定道理,但是难以把握力度,因此很容易让我们感到不被认可。

2 没有发现我们的优点

有时候爸爸妈妈受观念影响,或是看待事物的角度片面,没能注意到我们的优点。比如将活泼好动当作多动症,把文静内向当作性格孤僻等,这样的错误观念不仅会让我们感到不被认可,还不利于我们的个性化发展。

3 对我们要求过高

许多爸爸妈妈可能曾经有过考全科满分或当选三好学生的目标,但未能实现,于是将这种遗憾转化成对我们的期待和要求。只是他们的表达方式或态度比较激进,让我们感到了一定的压力。

爸爸妈妈总是否定我们，会对我们有哪些负面影响呢？

1 失去自信，态度消极

如果我们总是受到爸爸妈妈的否定和批评，很少受到夸奖和认同，那么我们就难以正确地认识自己，难以正确地评价事情的对错。久而久之会失去自信，变得十分消极。我们内心可能会想：反正不管我怎么做爸爸妈妈也不关心，所以我怎样做都无所谓了。

2 内心空虚，变得自卑

我们在取得好成绩、习得新技能等情况下，都希望得到爸爸妈妈的表扬，因为我们希望爸爸妈妈能认可我们的付出和努力。但如果得到的是他们的否定，我们就无法获得成就感，进而导致我们的内心变得空虚，认为自己的付出没有意义，甚至会变得自卑。

3 变成完美主义者

如果爸爸妈妈长期否定我们，不仅难以让我们认识到自己的优点，还可能会给我们错误的导向。为了得到爸爸妈妈的认可，我们可能会苛责自己，变成一个完美主义者，过度地追求完美，以至于变得极端，容不下一点儿错误。

① 辩证地看待爸爸妈妈的否定

爸爸妈妈对我们的否定不一定完全正确，我们应该辩证地对待他们的看法。如果他们的话是对的，或是有正确的成分，那我们自然要认真听取意见，及时纠正自己的行为。如果他们只是一味地批评，几乎没有可取性，那我们就应该相信自己的判断，不要轻易怀疑自己。

② 凸显出自己的优点

爸爸妈妈批评我们一般都是为了我们好，只是他们的教育方式可能存在一些问题，才让我们感到难以接受。我们可能难以改变爸爸妈妈的观念，但只要我们尽力做到最好，让爸爸妈妈看到我们的优点和努力的行动，这样他们就不会轻易否定我们了。

③ 主动和爸爸妈妈沟通

家家有本难念的经，有时候，爸爸妈妈对我们的否定还有更复杂的原因，如果不认真和他们进行沟通，我们可能永远都不知道他们的真实想法。所以，如果我们想知道他们的真实想法，或想让他们知道我们的苦恼，就主动去和他们聊一聊吧。

爸妈不重视我，我内心很空虚

： 我今年已经四年级了，虽然成绩不算名列前茅，但至少一直处于班里的中上游，而且我也一直主动参加各种竞赛和活动，希望能获得更多的奖项和成就。可是不知道为什么，爸爸妈妈似乎并不在意我，我明明很努力地表现自己，却一直没能获得他们的重视，是我太笨让他们失望了吗？我对自己越来越没有信心，内心感到很空虚，我该怎么办？

心理大分析

　　每个人的内心深处都渴望被重视，这是人类的天性。我们正处于人的一生中最渴望受重视的阶段，内心往往比较脆弱和敏感，缺乏安全感，习惯依赖爸爸妈妈。但很多时候，爸爸妈妈由于各种原因，不能给我们足够的关注，这就容易导致我们的内心感到空虚。

　　比如，我们拿着满分的试卷回到家，希望得到爸爸妈妈的表扬，而爸爸妈妈却并不感到高兴。也许他们这样做是因为觉得小小的一次考试不代表什么，可对我们来说则是莫大的打击，我们可能会认为爸爸妈妈不重视自己，或者自己让他们失望了，从而变得消极、空虚。

　　实际上，爸爸妈妈没有给予我们足够的重视并不一定是对我们失望了，也许是他们最近工作压力大，没有时间等。从另一个角度想，也有可能是爸爸妈妈对我们十分信任，相信我们是自立、出众的孩子呢！

　　他人的重视固然重要，但是最重要的是我们对自己的重视。如果我们正在因渴望被重视而苦恼，恰恰说明我们现在的内心很空虚，这可能是由对自己的能力不自信、没有明确的目标等导致的，所以才希望通过获得他人重视的方式来填补内心的空虚。只要找到内心空虚的原因，做出适当的努力，问题就很容易解决了。

心理大课堂

我们内心感到空虚的原因有哪些呢？

1 缺乏爸爸妈妈的关注

有时候，爸爸妈妈由于各种原因，不能经常陪伴我们，对我们缺乏最基本的关注和沟通。导致我们感觉自己被忽视，缺乏安全感，潜意识里觉得自己不配被爱，内心就会变得越来越孤独、空虚。

2 缺少目标，缺乏自信

有些小伙伴从小没有得到足够的家庭教育，或是爸爸妈妈的教育方式不正确，没有帮他们建立起健全的精神世界，导致这些小伙伴对前途和理想一片迷茫。因此他们缺乏自信，不愿努力，对人也十分冷漠。

3 缺乏精神上的关爱

在我们的成长过程中，不仅需要物质上的满足，更需要精神上的关爱。如果爸爸妈妈只注重给我们创造良好的物质条件，却忽略了对我们内心的培养，可能会导致我们难以享受到生活的美好，不知如何充实自己，内心变得空虚。

 内心空虚会给我们带来哪些负面影响呢？

1 **失去主观判断能力，缺乏自主进取的精神**

如果我们长期处于内心空虚、精神紧张、缺乏自信的状态，会渐渐失去主观判断能力，难以做出主观决定或根据自己的决定去行动。这会使我们很容易受到环境的影响，失去独立性，甚至可能误入歧途。

2 **自暴自弃，得过且过**

一些小伙伴由于内心空虚，缺乏精神支柱，也没有目标或热爱的事物，从而逐渐变得自暴自弃。他们在学习上不求上进，得过且过；生活中态度消极，不愿与人接触，逃避困难，遇见问题也缺乏应对能力。

3 **内心封闭，否定一切**

如果我们的内心过度空虚，随着年龄的增长，我们逐渐长大成人，会对外界事物渐渐失去兴趣，怀疑一切，否定一切，认为外界的一切都是没有意义的，最终封闭自己的内心，拒绝一切社交行为，这很有可能是孤独症的前兆。

1 培养兴趣爱好，别让自己闲下来

当我们全身心地投入到某件事情上时，空虚感就会自然而然地消失。所以，不妨给自己找一些新的兴趣爱好，比如画画、打篮球、读书等，当我们有了兴趣爱好之后，生活就有了乐趣。不仅如此，我们还能通过一些兴趣爱好来获得知识，丰富自己的精神世界。

2 寻找目标，激发动力

生活没有目标就像航行没有方向，那些有目标的人似乎有着源源不断的动力，总能让自己保持前进。所以，我们可以自己制定目标，不过，目标要切合实际。当我们有了目标后就要迅速调整状态，调动积极性去实现它，从而让我们的生活变得充实。

3 寻求他人的支持和帮助

当我们感到无助或者失意时，会变得毫无动力，意志消沉，需要别人拉我们一把，让我们重新振作。这时候，我们不要觉得不好意思，可以大胆地向父母、老师、朋友求助，寻求他们的支持和帮助，在他们的帮助下，让自己从空虚中解脱出来。

爸妈偏爱弟弟，我被冷落了

以前我一直是家里的"小皇帝"，爸爸妈妈总是陪我玩，每年还会为我庆祝生日。可是，自从有了弟弟，爸爸妈妈对我的关注越来越少，他们不仅一天到晚围着弟弟转，还把以前陪我玩的时间拿出来陪弟弟。每次看到爸爸妈妈和弟弟在一起时开心的样子，我就感觉自己被冷落了，有了弟弟后，爸爸妈妈为什么对我的态度变化那么大呢？爸爸妈妈是不爱我了吗？

心理大分析

　　在以前，我们是家里唯一的孩子，可以独享全家人的爱，可弟弟妹妹出现后，分走了全家人的关注和爱，很容易使我们产生一种失落感。这是多子女家庭中十分常见的现象。

　　有时候，一些家庭在增添了新成员后，由于爸爸妈妈对于爱的平衡把握不足，总是将大部分精力放在照顾年幼的弟弟妹妹上，在不经意间忽视"老大"，这种"区别对待"会使"老大"感到被冷落，内心受到伤害，甚至对弟弟妹妹产生嫉妒心理。

　　时间一长，很多"老大"认为爸爸妈妈偏爱弟弟妹妹，对自己的关爱越来越少，甚至认为他们不再爱自己，于是错误地判断自己在家中的位置。为了从爸爸妈妈身上获得更多的关注和爱，他们可能会想尽办法吸引爸爸妈妈的注意力，甚至可能产生偏激的想法，走上叛逆的道路。

　　其实，爸爸妈妈总是围着弟弟妹妹转，并不是故意忽视我们，也不意味着他们不爱我们了，而是因为他们暂时没有精力照顾我们。身为"老大"，我们应该清楚，弟弟妹妹还小，就像我们小时候一样，需要很多关怀和照顾才能长大，所以我们不应该因此嫉妒弟弟妹妹，我们仍然是爸爸妈妈的好孩子。而且我们已经长大了，有了自理能力，不像以前那样总是要爸爸妈妈围绕着才能生活了。

心理大课堂

爸爸妈妈为什么偏向弟弟妹妹呢？

1 生物学自恋情结

心理学家指出，爸爸妈妈偏心的原因与生物学本能有关。多子女家庭中的爸爸妈妈会无意识地偏爱与自己相似的子女，这种行为叫作"生物学自恋"。如热爱音乐的父母会更偏爱同样在音乐上有天赋的子女。

2 弟弟妹妹更需要关注

我们的弟弟妹妹年纪还小，需要更多的关注和照顾，所以爸爸妈妈更加关注他们。此外，爸爸妈妈也可能觉得我们已经长大了，并且具备了独立自理的能力，因此对我们的关注程度会逐渐减少。

3 传统观念影响

历史上，重男轻女思想曾占据主流，这些思想在今天依然根深蒂固。许多爸爸妈妈认为男孩天生比女孩强，只有男孩才能延续自己的血脉，因此男孩往往被家长寄予厚望，导致他们偏爱儿子，忽略女儿。

爸爸妈妈总是偏心，会对我们有哪些负面影响呢？

1 感到被冷落，出现行为倒退

若我们年纪不大时就迎来了弟弟妹妹，爸爸妈妈因照顾新生儿而忽略了我们，之前属于我们的全部关怀和爱护突然间消失，这很容易导致我们出现行为倒退、自理能力下降等问题。其实这是我们感受到被忽视和冷落后，试图重获关爱的方式。

2 产生情绪问题，欺负弟弟妹妹

很多时候，爸爸妈妈将大部分精力放在照顾弟弟妹妹上，使我们受到冷落，感到委屈、愤怒，变得时而沉默，时而暴躁。同时，我们可能还没有适应身份的转变，又无法理解爸爸妈妈的做法，认为是弟弟妹妹抢走了属于自己的爱，于是将负面情绪全部发泄到弟弟妹妹身上。

3 故意"惹祸"，影响家庭关系

有时候，我们为了重新获得爸爸妈妈的关注，夺回属于自己的爱，会想尽办法制造一些"麻烦"。但是在爸爸妈妈眼中，我们的行为是故意惹祸，是不乖的表现，于是批评我们，这更让我们感到难过，心里的委屈和愤怒会越积越多，甚至可能演变成对家人的疏远。

① 换位思考，理解爸爸妈妈

爸爸妈妈偏爱弟弟妹妹，不是因为他们不爱我们了，而是因为弟弟妹妹年纪太小，还没有自理能力，就像我们小时候总需要照顾一样。为了照顾弟弟妹妹，爸爸妈妈不得不减少对我们的关注。我们应该学会换位思考，理解爸爸妈妈。

② 适应自己身份的转变

有了弟弟妹妹后，我们的身份也悄悄发生了变化。以前我们是家里唯一的孩子，现在成了哥哥或姐姐。可能我们还不理解自己的责任，但我们要尽快适应自己身份的转变，我们已经不是家里最需要被照顾的成员了，应该变得更加懂事、勤劳，也要尝试着模仿爸爸妈妈去照顾弟弟妹妹。

③ 把自己的想法告诉爸爸妈妈

有时候，爸爸妈妈忙于照顾弟弟妹妹，对我们的关注明显减少了许多，会让我们感到不满或委屈，这是不可避免的事。如果爸爸妈妈的忽视让我们感到十分难过，就大胆地告诉他们吧，防止自己因为缺少关爱而产生心理问题。

别人嘲笑我，我好伤心

：　　这学期，我们有了一门新课程——计算机课，我以前并没有接触过电脑，因此不知道怎么开机。课堂上，其他同学都轻松地打开了电脑，只有我对着漆黑的屏幕不知所措。有的同学见我不会开机，就嘲笑我是个"土包子"。他们的嘲笑让我很受伤，我并没有做错任何事，为什么要承受别人的嘲笑呢？我感觉所有同学都瞧不起我，我好伤心。

心理大分析

被个别人嘲笑，让我们感到伤心，这是很常见的现象。这可能是因为我们的外貌、行为等方面有一些不足，但不代表我们没有闪光点，不代表我们做错了什么，也并不代表所有人都瞧不起我们。

嘲笑往往来源于个别人看待他人的刻板印象，这显然是一种不对的行为，却是社会中普遍存在的现象。心理学家认为，喜欢嘲笑他人的人往往喜欢通过贬低别人来抬高自己，从而获得优越感。实际上，当别人在嘲笑我们的时候，也暴露了他们的无知，说不定此时也在有人嘲笑他们。

所以，我们不要太在意他人的嘲笑，因为在短时间内改变别人看待我们的方式是很难的。所以不如试着改变自己的心态，仔细思考他人的嘲笑，正视并尽量弥补自己可能存在的不足，以宽广的胸怀成长。另外，我们也可以尝试发展自己的爱好和特长，提高自己的能力和自信心，让自己变得更加出色。

同时，我们也可以学习一些情绪管理的技能，比如深呼吸、冥想、运动等，来帮助我们缓解受到嘲笑时的负面情绪。但是，我们的内心并非刀枪不入，一些人的话语可能会伤到我们，这时候我们不应该一再避让，而是要用正确的方式保护自己。

心理大课堂

 为什么有些小伙伴总喜欢嘲笑别人呢？

1 嫉妒心太强

有些小伙伴有着很强的嫉妒心，他们嫉妒别人比自己优秀，担心别人获得比自己更多的关注或称赞。一旦有人遭遇失败或是出了丑，他们就会第一时间前来嘲笑、奚落，以此获得心理上的平衡。

2 表面自恋，内心自卑

生活中，有一些"自大狂"，他们认为自己各方面都是最出色的，并且总喜欢嘲笑别人的缺点。实际上，他们的内心往往比较自卑，他们是想通过贬低他人来获得优越感，维持自己完美的"人设"。

优越感UP↑

3 排斥心理

正所谓"物以类聚，人以群分"，能力、喜好相似的小伙伴往往会聚在一起，形成"小集体"。他们总是对格外"不一样"的同学有着严重的排斥心理，他们喜欢通过嘲笑、打压其他同学来活跃气氛，或者显示自己的地位。

23

 被人嘲笑后，长期郁郁寡欢会有哪些负面影响呢？

1 自尊心被挫伤，产生自我怀疑心理

由于我们还处于成长过程中，认知能力有限，尚未形成成熟的自我概念。我们如果被他人嘲笑后，长期郁郁寡欢，可能会形成消极的自我认知，变得自卑、敏感，自尊心受挫，严重的还会怀疑自己，即使听到与自己无关的嘲笑声，也会由于过度敏感而变得十分焦虑。

2 引发消极的情绪和一系列不良反应

如果我们内心比较脆弱、敏感，在受到他人的嘲笑后，往往很难在短时间内释怀，可能会产生紧张、无助、沮丧、不安等消极情绪。当这些情绪逐渐累积，无法被消化时，我们可能还会出现注意力分散、失眠、纠结于回忆等情况，甚至变得恐惧社交，不愿上学。

3 变得自我封闭，社交能力减弱

我们在受到嘲笑后，如果长期感到沮丧和自卑，可能会变得自我封闭，不愿意与他人交往。如果这种情况持续下去，我们可能会变得孤独，难以融入集体，不愿表达自己的想法和情感，从而导致个人的社交和情感交流能力下降，甚至形成自卑的人格。

我来支招儿啦！

❶ 不要过分在意，相信自己

被别人嘲笑并不意味着我们做错了什么，毕竟我们没有对任何人造成不好的影响，嘲笑只是个别人的行为，不能代表所有人对我们的看法。即使被人嘲笑，我们也不应该怀疑自己，因为每个人都不是完美的，我们应该坚定内心，不要过分在意他人的看法，静下心来认真学习，专注地追求我们热爱的事物。

❷ 理性分析，看清真相

有时候，由于我们自身不够完美，会对别人的评价过分敏感，可能会错把一些小伙伴的玩笑当成嘲笑和讽刺，实际上，这些小伙伴不一定有恶意。这时我们就要理性分析这些小伙伴的话：他们是否真的在嘲笑我们？我们为什么会因此感到难过？一边分析一边反思：我们是否也有做得不对的地方？最后重新做出判断，明确对方的真实态度。

❸ 随机应变，灵活应对

有些时候，一些小伙伴对我们没有恶意，可能只是开了不恰当的玩笑让我们感到不适，这时候我们可以大度一些，以同等的方式进行"还击"，也可以私下和对方表明自己不喜欢这种玩笑。还有些时候，一些人可能会不怀好意地说些尖酸刻薄的话，让我们难堪，这时候我们不能逆来顺受，而是要摆出强硬的态度进行驳斥。

家境不如人，
我有些自卑

有一句网络流行语："贫穷限制了我的想象力。"我现在就深受贫穷的困扰。我家的经济条件不太好，爸爸妈妈从未带我去过游乐园，也没给我报过兴趣班，这导致我不如其他同学见多识广。每次在同学们谈天说地，而我根本插不上话的时候，我就很失落，我感觉自己已经输在了起跑线上，注定不可能追上那些条件好的同学了，我该怎么办？

　　"贫穷限制了我的想象力"这句话有一定的道理，由于我们的家庭条件相对落后，教育资源匮乏，认知发展或多或少会受到限制，比如写不出精彩的作文、不会使用先进的学习设备等。虽然我们暂时可能落后于其他同学，但这并不意味着我们永远不如别人。

　　我们从小就接触各种励志故事，比如凿壁借光、囊萤映雪、闻鸡起舞等，这些故事的主人公在最后都取得了成功。我们还总在新闻中看到一些农村孩子考入名校的事迹，这都说明只要发愤图强，肯下苦功，就一定能获得成功。

　　另外，一些小伙伴将自己不够优秀的原因完全归咎于爸爸妈妈没能提供足够的教育资源，其实这是不成熟的表现，他们还没有学会客观地看待问题。实际上，我们能否成功，起决定作用的并非经济因素，而是我们的动机、能力以及责任感等内在品质。意志坚定、责任感强的小伙伴，即使没有优越的家庭条件，也会想办法克服眼前的困难，最终获得成功。而那些将失败的原因归咎于外部因素的小伙伴，往往很难获得成功。

　　虽然爸爸妈妈没能给我们提供优质的教育资源，也并不代表他们给我们的爱就不如别人，只要我们内心坚定，平时在其他方面多多积累知识，再加上爸爸妈妈的帮助，最终我们一定会获得成功。

心理大课堂

 为什么我们会因为家庭条件不好而自卑呢?

1 经济上的限制

由于家庭条件的限制,我们想获得更多的资源是比较困难的,因此我们在见到衣着光鲜、见多识广的小伙伴时,往往会认为自己不如他们,从而产生自卑心理,并且差距越大,这种自卑感就越强。

2 错误观念影响

由于家庭条件不好,我们的爸爸妈妈可能也有过自卑的经历,他们在长大后却并没有纠正自己的错误认知观念,反而有意无意地表现出这种自卑。在爸爸妈妈的影响下,我们也产生了这种自卑感。

3 压力太大

由于经济上的困难,我们在生活中往往要面临更多的挑战和困难,需要兼顾多方面的事情。与家境优渥的小伙伴相比,我们获得同样的东西要付出更多的努力,这给我们带来了很大的压力,使我们渐渐产生了自卑心理。

自卑心理会给我们带来哪些负面影响呢？

1 不利于培养积极的学习态度

自卑心理最明显的影响就是会让我们变得害怕比较，不想承受比较带来的落差感。这种心理不仅体现在生活上，我们的学习积极性也会逐渐减退。比如，由于害怕别人的议论而不敢举手回答问题、不敢向他人请教等。

2 性格变得敏感、孤僻

受自卑心理的影响，我们害怕被人议论，所以总会慎重地选择话题，不敢轻易表现自己。时间一长，我们就变得十分敏感，甚至不敢与人接触，总是远离人群，变得越来越孤僻，性格也就越来越内向。

3 变得消极、抑郁，丧失生活信心

如果我们长期处于自卑状态下，内心就会变得十分脆弱。在受到他人的议论、嘲笑或讥讽后，我们会因为自卑而不敢抗争，而是压抑自己的情绪，久而久之会给内心造成创伤，失去斗志，整个人变得十分消极，产生抑郁心理，消极情绪严重的小伙伴还会对生活丧失信心。

① 改变自身观念，重新建立信心

物质上的财富不能带来精神上的富足，真正的幸福来自内心的平静和满足感。只有当我们了解自己，并为自己的人生目标而努力奋斗时，才能体验到真正的幸福。我们无须因为自己没有什么而失落，可以多想想自己有什么，每天进步一点点，获得内心的满足感。

② 积极克服困难，创造学习条件

历史上、我们身边有那么多"有条件要上，没有条件创造条件也要上"的真实榜样值得我们学习，因此不要总因为家境不如人而介怀。我们不努力，困难无法自己消失，所以要尽可能多学习、多锻炼，在奋斗的过程中实现自己的价值。

③ 发愤图强，做命运的主人

我们虽然无法选择自己的出身，但我们可以选择人生的方向。有些人因为受人嘲笑而变得消沉，一蹶不振，而有的人却选择化悲愤为力量，最终成功逆袭。我们不能因为一两次受人嘲笑的经历而自暴自弃，应该发愤图强，掌握自己的命运。

嫉妒心让我面目全非

：　　这学期，班里转来一名新同学，他成绩很优秀，体育也不错，很快就成了班里的"明星"。本来我一直是班里表现最好的学生，成绩也名列前茅，老师和同学都喜欢我，可是这名新同学不仅成绩比我高，人缘也很好，同学们都喜欢和他玩，老师也总表扬他，我感觉处处都比不过他，非常难以接受，总是为此生闷气，我这是嫉妒吗？我该怎么办呢？

 心理大分析

　　我们由于在一些领域比不过别人而感到难以接受，这其实是嫉妒的表现形式之一。嫉妒实际上是我们对某方面强过自己的人的怨恨，这是一种病态心理，有嫉妒心的人往往会由于别人比自己优秀，或在某些方面格外出众就难以接受，从而产生出敌对的情感。嫉妒心难以避免，在心理学上，嫉妒被称为人性的弱点。

　　嫉妒心会让我们十分在意自己的不足。当他人展现出这一方面的优点时，由于对自己的不满以及对他人的嫉妒，我们会产生巨大的心理压力，压力不断积累，最终会影响我们的内心，甚至令我们情绪失控。

　　实际上，我们的一生中总会遇到比自己更优秀的人，嫉妒心强的人会因为时刻看到他人的优点，而不断产生负面情绪，因此变得心烦意乱、痛苦万分。但心胸宽广的人在看到他人的优点后则会心生仰慕，进而将其视为榜样，当作自己前进的动力。

　　所以，我们看到新同学身上的优点而感到难以接受，这并不完全是一件坏事。一方面，虽然我们在某些方面不如别人，但并不代表我们永远不如别人；另一方面，有嫉妒心说明我们看到了别人的优点，这其实能给我们带来努力的动力。那么为什么不将新同学作为自己的榜样或目标呢？当我们不断努力，变得越来越优秀时，嫉妒心自然就消失了。

心理大课堂

我们为什么会产生嫉妒心呢？

1 爸爸妈妈教育方式不当

一些爸爸妈妈经常拿"别人家的孩子"来和我们进行比较，目的是激励我们进步，但他们的方式可能欠妥，导致我们认为爸爸妈妈喜欢别人家的孩子而不喜欢自己，渐渐产生了嫉妒心。

2 自尊心过强

一些小伙伴从小就受到过多的关爱和称赞，导致他们有很强的自尊心，变得不服输。但人外有人，当他们遇见比自己更优秀的小伙伴时，就会产生巨大的心理压力，从而产生强烈的嫉妒心。

3 攀比心过重

有的小伙伴攀比心很重，他们爱慕虚荣，非常好面子，总喜欢拿自己的长处和别人的短处进行比较，以此来获得优越感。当他们看到别人有自己不具备的优点时，也会产生嫉妒心理。

 嫉妒心太强会给我们带来哪些负面影响呢？

1 注意力被分散

小学阶段，我们的任务通常以学习为主。但如果我们总是嫉妒别人，将心思放在别人身上，那么我们的注意力就会被分散，无法聚焦于学习上，难以享受学习的乐趣，这对我们的成长是十分不利的。

2 情绪不受控制

当我们的嫉妒心过强时，往往会被嫉妒心左右，无法控制自己的情绪。比如，当我们看到同学考了高分，受到大家的称赞时，会莫名其妙地生气，甚至可能会心态失衡，变得暴躁易怒。

3 影响人际关系

如果我们的嫉妒心过强，总是见不得别人好，在和优秀的同学交往过程中时常有讥讽、挖苦的行为，这会导致其他人不愿意与我们相处。久而久之，大家都会主动远离、孤立我们。

我来支招儿啦！

① 克制嫉妒心理，学会欣赏他人

嫉妒心太重会扰乱我们的情绪，让我们心态失衡，一不小心就迷失了自己，所以我们要克制自己的嫉妒心理。实际上，既然我们已经观察到了别人身上的优点，为什么不试着去欣赏别人呢？我们都希望自己的优点能被他人欣赏，同样，我们也应学会欣赏他人。

② 努力弥补不足，消除嫉妒心理

当我们因为看到自身有缺点，而别人比我们优秀的时候，就容易产生嫉妒心理。但这并不是一件坏事，至少说明我们已经认识到了自身的不足，所以，我们应该努力弥补自身的不足，化嫉妒为动力，让自己变得更优秀。

③ 保持谦虚，向他人学习

当我们看到别人比自己强而感到嫉妒时，我们不妨想一想：为什么他人有这些优点，而我们却没有？寻找答案最好的方式就是以谦虚的心态向他人学习，多结交比自己优秀的人，加强与他们的合作，在合作中提升自我。

因为害怕失败，我变得畏首畏尾

我总是害怕失败，因为我认为失败说明一个人很差劲。每次老师让我上台朗读课文，我都害怕得声音颤抖，引来同学们的嘲笑，这更增强了我的恐惧。所以我总是避免一切失败的可能性，学校里任何活动，我也从来不敢报名参加。可是我唱歌很好听，我真想在同学们面前一展歌喉，但我又怕唱不好，再次受到同学们的嘲笑。怎样才能消除我的恐惧呢？

心理大分析

　　我们害怕失败，可能是因为我们认为失败意味着自己不够优秀，在某方面有一定的缺陷。害怕失败也就是害怕自己的不足被曝光，害怕他人对自己的负面评价。

　　心理学家发现，我们害怕失败往往是因为我们在自我价值感和成败之间画上了等号。我们认为自己在某件事上表现的好坏决定了我们的价值，比如"我做得好，说明我有能力，我很成功"。而失败则会给我们带来强烈的羞耻感，因此我们有时会出现"失败恐惧症"。

　　实际上，人成功与否是不能单从一个角度来衡量的。举个例子，我们不能因为河流的上游比较平静就断定整条河流都是不流动的，因此我们要改变这种片面的观点，不要只针对某个方面评价自己，而是从整体评价自己，老师总是强调"要做全面发展的好学生"，不是吗？

　　虽然某一次朗读我们读得磕磕绊绊，但多练习几次不就能读得流畅了吗？所以，失败并没有那么可怕，它只是暂时的考验，一次没有成功不能说明我们永远无法成功。只要我们勇于尝试，跌倒了再爬起来，总有一天会收获成功。并且，即使我们不善于朗读，但我们还可能有唱歌、书法、算数、舞蹈等特长。多多发展自己的优势项目也能帮我们建立自信，使我们不再害怕失败。

心理大课堂

 我们为什么会害怕失败呢？

1 将失败看得太重

有时候，我们认为自己在某件事上没有达到目标或是表现得不够好，就是所谓的"失败"。这种看法会让我们产生自我怀疑，害怕别人对自己的看法变差，正是这种不正确的看法引发了我们对失败的恐惧。

2 难以释怀的经历

几乎所有小伙伴都有过因失败导致尴尬或羞耻的经历，但对于有"失败恐惧症"的小伙伴来说，这种经历使他们产生了"失败会让人丢脸"的潜意识。为了避免再次体验丢脸的感觉，他们宁可选择不去尝试，从而规避可能带来的失败结果。

3 完美主义作祟

完美主义是一种不切实际的高标准，完美主义者通常会给自己制定完美的目标，这些小伙伴在遇到失败时的情绪格外强烈。正是对失败的强烈反感形成了他们对失败的恐惧。

害怕失败会给我们带来哪些负面影响呢？

1 动力减弱，不敢进行尝试

　　如果我们太害怕失败，通常也会反感给自己带来失败、遗憾、失望等感受的事情。当我们面临挑战时，会因为担心失败而产生这些负面情绪，这些负面情绪在我们心中不断积累，拖垮我们前进的脚步，使我们的积极性减弱，不敢尝试新事物。

2 失去自信，自暴自弃

　　如果我们因为害怕失败而不敢进行尝试，长此以往会落后于同龄人，这种落差会加剧我们的恐惧心理。我们的内心还不够强大，往往担心失败可能会影响他人对我们的看法。当我们受到批评时，很有可能会因挫败感而失去自信，甚至变得自暴自弃。

3 投机取巧，误入歧途

　　有时候，我们之所以害怕失败，是因为害怕爸爸妈妈对我们的批评。因为害怕受到爸爸妈妈的批评或责骂，我们可能会萌生投机取巧的想法，而这种想法可能会使我们误入歧途。

① 调整心态，正视失败

我们年龄还小，一两次失败算不得什么，它只能说明我们能力暂时还不够、当时的发挥不到位而已，因此没必要太过在意。第一次尝试没有成功还有第二次、第三次，多次尝试都没有成功，我们仍然有大把的时间去学习。因此，最关键的是，将失败看作考验，在失败中磨炼和提升自己。

② 准备充足，降低失败概率

有时候，我们不敢进行尝试是因为我们的顾虑太多，比如因为害怕摔倒而不敢骑自行车。因此我们可以试着在行动之前，做好充足的准备，比如戴好护具。当我们的能力实在不足时，还可以事先准备好"二号方案"，降低失败的概率，比如让爸爸妈妈为我们"护航"，然后就可以大胆地出发啦！

③ 提高勇气，培养冒险精神

当我们已经稍微降低了对失败的恐惧时，一定要一鼓作气，多多进行挑战，以培养冒险精神，在一次次挑战中提高自己的勇气，直至战胜软弱的自己。这样一来，在面对以后的挑战时，我们就有从容应对的勇气，不会再因惧怕失败而畏首畏尾了。

我总是很沮丧，什么都不想做

：　　我今年刚上三年级，应该是最活泼好动的年纪了，可是我却十分沮丧，整天打不起精神。身边的同学们每天都是开开心心的，我却很苦恼，因为我什么也不想做，我只想安安静静地一个人待着。可我又真的很羡慕他们无忧无虑的样子，我好想融入他们，也做一个无忧无虑的小孩，但我不知道如何调整自己的心态，我该怎么办呢？

心理大分析

　　人有沮丧、失落等消极情绪是十分正常的，但如果我们长期处于消极状态，什么都不想做，那就是不正常的。首先，我们应该明确的是，人生在世，不可能一帆风顺。人在遇到困难时，难免会产生挫折感，也会有沮丧、无助等消极的情绪。尤其是在看到别人过着开心、乐观的生活时，强烈的反差还会加剧消极的情绪，因此心情会越来越沮丧，人也变得越来越悲观。

　　其次，我们也应该意识到，别人看起来无忧无虑的，并不是因为他们比我们更幸运，而是因为他们具有积极乐观的心态和越挫越勇的品质。他们敢于直面困难，遇到挫折后还能进行自我调节，从而克服自己的悲观情绪。

　　所以，我们应该以积极、乐观的心态面对生活。比如不要因为考试没考好就认为自己很笨，应该从这次的试卷中发现自己的不足，然后将掌握不牢的知识学明白，在下次考试中取得进步。

　　悲观的人总是将事情往坏处想，即使是一次小小的挫折，也会被他们当作难以逾越的高山；而乐观的人，会将挫折当作迈向下一个阶梯的垫脚石，我们应该成为乐观的人，从困难中汲取力量，这样才能不断进步。

心理大课堂

 我们为什么会变得沮丧，难以自拔呢？

1 遭遇挫折导致内心受挫

由于我们尚且年幼，自我调节能力差，遇到挫折时通常难以释怀，还可能对自尊心造成伤害。而自尊心对我们的情绪有很大影响，如果自尊心受到伤害，我们往往会变得非常沮丧。

2 内心脆弱，容易失落

成长是一个循序渐进的过程，由于我们的内心没有经过磨炼，抗压能力不足，在遇到挫折时，很容易产生消极情绪。有时候，即使是一次不起眼的小挫折，都可能会让我们难过很久。

3 心理成熟的体现

有时候，我们在遭遇挫折后，可能会觉得自己长大了，应该独立解决问题并排解忧虑，不应该总是求助于人或多愁善感。于是就把事情藏在心里，想要独立缓解负面情绪，这些负面情绪会让我们暂时变得低落、沮丧。

总是沉浸在沮丧中，会给我们带来哪些负面影响呢？

1 内心压抑，产生心理阴影

如果我们在遭遇挫折后，一直放任自己处于失落、焦虑、沮丧等负面情绪中，这些负面情绪长期积累下来，很容易导致我们内心变得压抑，产生诸如"我太笨了""我不行的"等消极心理，甚至对这次挫折产生心理阴影，在以后也难以释怀。

2 沉默寡言，社交能力变弱

沮丧时，我们往往会变得沉默寡言、不愿意与人交流，甚至可能对家人和朋友的帮助产生抵触心理。这样会导致我们不能有效地与别人沟通交流，严重的小伙伴甚至可能出现孤僻、自闭的情况，对我们的社交能力有严重影响。

3 内心闭塞，学习能力变弱

导致我们长期沮丧的重要原因之一是自尊心受挫。自尊心受挫会导致我们产生消极的心态，不仅会影响我们的沟通能力，而且会影响我们的学习能力，导致我们不敢面对挑战，学习的积极性也逐渐减退。

① 用积极的话语激励自己

人们在沮丧的时候常常重复一些消极的话语，比如"我太笨了""我学不会""我还是放弃吧"等，这些带有消极色彩的话语会增强负面的情绪。为何不改用积极的话语来激励自己呢？我们可以试着对自己说："我能学会的""我还有别的优点""没什么大不了"。多用积极的话语暗示自己，我们会慢慢变得开朗起来。

② 主动向人倾诉

我们若是独自承受消极情绪，往往需要很长时间才能走出来，如果没有别人的帮助，可能会一直消沉下去。我们可以试着鼓起勇气，向好朋友、家人聊一聊，倾诉我们内心的苦闷和悲伤。而且，如果倾诉的对象愿意帮助我们，带给我们一些激励和信心，那对于我们的改变会有很大帮助。

③ 暂避一时，调整心态

有时候，我们难以消除负面情绪，不想面对巨大的心理压力，但一时又找不到比较好的放松方法。这时候，不如暂时远离压力源，不再去想那些让我们烦心的事情，避免负面情绪扩散。等到心态调整好以后，再以更好的状态去应对这些困难。

经常高估自己，我好失败

 ：　　在课堂上，我的表现一直很积极，经常主动回答问题，作业也总受到老师的表扬。因此，我一直认为我比其他同学要聪明，我甚至还和同桌吹嘘说自己考试能拿满分。可是，事实总是出乎我的意料，每次考试我都没有取得预期的成绩。同桌说我是自视甚高，不清楚自己的真实水平。我感觉好失败，我该怎样才能更清楚地认识自己？

心理学上有一种"达克效应"，这是一种认知偏差现象，通常表现为能力不足的人在欠缺考虑的情况下高估自己的能力，从而做出了错误的判断。在达克效应的影响下，我们会乐观地认为自己很优秀，因此高估自己，然后盲目地去做一些超出自己能力范围的事情，而结果自然也不尽如人意。

实际上也正是如此，越是认知有限的人，就越是有着一种莫名其妙的自信。很多时候，正是知识贫乏、对自己的了解不足、对事情的判断不准确导致了我们的失败。不过，这不完全是一件坏事，遭遇了失败，能够让我们认识到自己有所欠缺，打破我们的盲目自信，这恰恰是我们发愤图强的契机。

所以，当我们因自己的盲目自信而遭遇失败时，首先要做的就是接受自己能力不足这件事，借此机会认清自己的真实水平，好好地反思一下，在这次失败中我们到底有哪些不足，哪些方面还有待进步，哪些方面是本应做到却没做到的，等等。不要仅依靠主观判断来衡量自己的能力，而是要通过客观的反馈和评价来了解我们的实际水平。

当我们对自己形成了清晰的认知后，接着要做的就是保持谦逊的态度，不断地努力学习，弥补自己的不足。在接下来的挑战中，我们应不断修正对自己的评价，并且完善、提升自己的能力。

心理大课堂

我们为什么总是容易高估自己呢？

① 天赋过人，轻视挑战

一些小伙伴从小就表现出过人的天赋，他们的学习能力比同龄人都要强，因此认为自己能应付所有的挑战。然而在接触了较难的新知识后，他们由于"轻敌"，最终在新知识面前吃了"败仗"。

② 爸爸妈妈教育方法不当

有些小伙伴从小受到的是"夸奖教育"，他们的爸爸妈妈毫不吝惜自己的称赞，一旦他们取得某些进步，爸爸妈妈就对他们大加赞赏。这就使小伙伴对自己的看法产生了偏差，变得骄傲自满。

③ 经历的挫折太少

有时候，我们高估自己是因为失败经历太少，很少遭受挫折，因此我们的自我意识发展不够完善，难以客观地评价自己或者眼前的困难，甚至产生一种"我能力很强"的错觉。

总是高估自己会给我们带来哪些负面影响呢？

 难以认清自己，喜欢吹牛

如果我们学什么都很快，并且很少遭遇失败，我们就会变得飘飘然。长此以往，我们会难以认清自己的真实水平，总是把自己想象得很强大，并且渐渐养成了吹牛的坏习惯，可实际能力却并不强，因此在面对困难的时候，往往会"翻车"。

心理承受能力变差，经不起失败

有些小伙伴总是错误地高估自己，他们在遭遇失败后，心理落差很大，内心受到了巨大的打击。长此以往，这些小伙伴的心理承受能力就会变得比较差，难以承受失败。在遭遇失败后，往往会表现得难以接受、情绪失控。

目空一切，变成"熊孩子"

如果我们对自己没有正确的认知，总是自视甚高，容易变得骄傲自大，甚至会变得目空一切，认为自己永远是对的，总能轻易地摆脱困境，在这样的恶性循环下，一个"熊孩子"就诞生了。

我来支招儿啦!

1 重拾信心，不要一蹶不振

我们在遭遇失败后，自信心难免会受挫，在一次次失败后，我们可能会失去信心，甚至对自己产生怀疑。失败是难免的，但我们要学会在困境中重拾信心。在这种时候，我们不要灰心丧气，应该静下心来，想想自己的长处，以此重拾自信。

2 吸取教训，客观评价自己

在我们错误地评价自己，导致遭遇失败后，最重要的就是从失败中吸取教训以及重新评价自己。比如，我们自认为数学不错，但数学却没考好，这时候我们就应该根据试卷，一点一点地分析自己的错误，重新评价自己的真实水平，修正自己的错误看法。

3 戒骄戒躁，改正自身错误

如果我们总是高估自己，很容易会变得心浮气躁。当我们生活顺风顺水的时候会自高自大，这容易导致我们轻视困难，招来失败。其实，不如将失败作为一个提升自己的契机，它在提醒我们要戒骄戒躁，改正自己的错误，让自己变得更出色。

努力了没结果，我想"躺平"了

我今年上五年级，新学期我的目标是成为三好学生，为了实现这个目标，我开始更加努力地学习。除平时上课、写作业外，课余时间，同学们都在玩的时候我也总是在看书。然而，连续几次考试我的成绩都不太理想，而那些似乎总是玩的同学，他们的成绩都比我好，我对自己感到非常失望，想要"躺平"了，难道我真的这么笨吗？

心理大分析

有时候，我们充满动力地去做某件事，付出了许多努力，但结果却一无所获，因此我们会觉得十分沮丧，产生放弃的念头。这种现象在心理学中叫作"失败效应"。失败效应指的是，能力较差的学生如果付出了很多努力却没能成功，经过多次失败后，往往会变得灰心、失落，渐渐产生厌学心理。

不仅是学习上，失败效应也是生活中常见的现象。有时我们为一件事付出了许多努力，收获的却是失败的结果，于是变得失望、灰心，这是人之常情。因为无论是学习还是生活，我们都需要成就感来激励自己，而努力了却没有成果，则会打击我们的积极性。

由于我们的内心往往比较敏感、脆弱，比成年人更加害怕失败，因此当我们付出极大努力却没有获得成功时，会怀疑自己的能力，会怀疑努力的意义，会害怕别人认为自己不优秀等，于是产生了"破罐子破摔"的心理。

虽然努力了也不一定能成功，但不努力一定不能成功。因失败而暂时感到灰心是正常的，只要能重整旗鼓便是"好汉"。我们不必害怕努力了没有成功，也不必在意别人的看法，因为失败本就是生活的一部分。只要我们有不怕失败、迎难而上的决心，在遭遇失败后，仔细反思失败的原因，找到克服困难的方法，再进行下次尝试，困难就能迎刃而解了。

心理大课堂

我们学习很努力，却总考不好的原因有哪些呢？

1 学习方法不对

我们付出了很多努力，却没有获得好成绩，最先思考的应该是学习方法是否出了问题。比如老师讲课时，我们忙着记笔记；写作业时，边翻书边做题等。一旦用错方法，我们很容易"事倍功半"，自然就难以取得好成绩。

2 学习效率低下

有些小伙伴总是无法提高成绩的原因是学习效率太低。同样是学一项内容，其他同学在课上就学会了，下课就能去玩。而这些小伙伴上课没有认真听，下课还要多花时间去学，虽然看起来很努力，但很有可能是在做无用功。

3 缺乏上进心

有时候，我们缺乏明确的目标，因此没有上进的动力，认为只要完成老师和家长布置的任务就可以了。或者只是不想让爸爸妈妈和老师太失望，因此表现出比较努力的样子，但结果就是成绩并不突出。

 轻易放弃会给我们带来哪些负面影响呢?

1 养成容易放弃的习惯

有时候,我们在付出努力但没有获得成功后,自信心受到打击,会直接选择退缩、放弃。比如,因为学习游泳呛到水就再也不愿意下水。如果我们遇到困难总是选择退缩、放弃,畏难的心理会在我们心中渐渐扎根,让我们一遇到困难就习惯性地打退堂鼓,最终一事无成。

2 不利于培养自信心

一些小伙伴在经历多次失败后,积极性受挫,会变得无助、消极,害怕失败。当他们面对困难的时候,会感到焦虑、不安,害怕自己再次失败,导致自己受到别人的负面评价。渐渐地,这些小伙伴的心理承受能力和自信心都会大幅减弱,甚至变得自卑、懦弱。

3 不利于培养独立性

如果我们在面对困难时,习惯性地选择放弃,长此以往,我们的判断能力会变差,难以看清自己的真实水平以及事情的难易程度,因此总是选择向别人求助,于是错失了大量锻炼自立能力的机会,从而变得娇惯、软弱,不擅长社交和独立生活。

我来支招儿啦!

① 分析失败原因，寻找克服方法

如果我们一直努力，但总是难以成功，很有可能是方法出了问题，所以，在进行下一次尝试之前，我们最好认真分析一下自己失败的原因。找到原因后，思考解决困难的最好途径，针对自己的薄弱环节进行强化锻炼，困难就能迎刃而解了。

② 适时肯定自己，重新建立信心

成就感可以激发我们前进的动力，如果总是遭遇失败，我们的积极性肯定会大受打击。所以，为了重新培养积极性，我们最好从小事上开始肯定自己，每当我们完成了一件事情，就从中发掘自己的优点并肯定自己，渐渐地，我们就可以重新建立起信心，不再畏惧失败。

③ 主动挑战困难，挖掘自身潜力

在经历多次失败后，我们难免会怀疑自己的能力，变得消极、脆弱。为克服这些缺点，我们可以主动挑战困难，先从略有难度的小事开始，一点一点挖掘自己的潜力，不久后我们就会发现，其实我们远比自己想象中强大。

"强迫心魔"让我头疼

上了六年级后，我感觉我的行为越来越反常了。随着学习难度的提高，我的压力越来越大，我非常害怕出错，做事总是追求完美。做数学题时，我总是要验算好几次；写作文时也要反复阅读检查错别字和病句。到了现在，类似的行为已经越来越严重了，就连用过的水杯我也必须要摆回原来的位置，我真的很头疼，我是得了强迫症吗？我该怎么办？

心理大分析

　　心理学上，强迫症的主要表现是有明知不必要，但又难以摆脱的观念或行为。比如追求完美、重复检查、过度执着等，许多人都曾因强迫症而苦恼。

　　但是，我们不必太过忧虑。实际上，强迫行为很可能是大脑在进行自我保护。当我们压力过大时，大脑为了减少负担，会向身体发出信号，让我们做出反复的行为，其目的是提醒我们：我们应该及时放松，避免压力进一步增加了。另外，人的性格往往也是导致强迫症出现的一个重要原因，有些人是完美主义者，性格固执，做事十分较真，为了追求完美时常表现出刻板行为，最终演变成了强迫症。

　　虽然强迫症确实让人头疼，但绝大多数强迫行为或强迫观念都属于强迫症的早期表现，并不是什么重大的问题，完全不用"吃药打针"。只要进行适当的自我调节控制，耐心地调整一段时间，强迫症是完全可以治愈的。

　　当我们表现出强迫症状后，我们应该迅速地调整自己的心态，将自己的注意力转移到其他地方，比如自己的兴趣爱好，或者暂时放松，休息一下。大部分强迫症甚至不需要刻意调整，在正常生活中不知不觉就消失不见了。所以，强迫症真的没有什么大不了的。

心理大课堂

 我们出现强迫症的原因有哪些呢？

1 先天因素影响

研究显示，强迫症具有遗传性，如果家族中有强迫症患者，那么我们患上强迫症的概率会升高。另外，性格也是诱发强迫症的原因之一，如果我们的性格有呆板、过于严肃、追求完美等特征，会更加容易出现强迫行为。

2 来自爸爸妈妈的压力

有时爸爸妈妈总是对我们有过高、过多的要求，让我们的行为受到了很大的限制，并且感受到很大的压力。当压力超出我们的承受范围时，我们就容易变得紧张、焦虑，出现强迫观念和行为。

3 外界环境刺激

如果我们在短时间之内承受了巨大的压力，或是受到了较大的刺激，比如受到过多的指责或批评、家中发生重大变故等，超出了我们的心理承受能力，我们的情绪和心理就容易出现异常，甚至引发强迫症。

强迫症会给我们带来哪些负面影响呢？

1 情绪多变，社交能力差

许多有强迫症的小伙伴并不清楚什么是强迫症，也不清楚自己有强迫症。这些小伙伴偶尔会出现难以自控的反复行为，甚至会难以控制自己的情绪，比如有时候会莫名其妙地发火或是哭泣，这种情况不利于社交能力的发展。

2 爱较真，学习能力变差

强迫症对我们的学习也有一定程度的影响。强迫症会让我们变得特别爱较真，喜欢在一些小事上钻牛角尖，使我们因为一些难以掌握的知识或做不出来的题目纠结很久，影响学习进度。而且，强迫症还会影响我们的策划和组织能力，不利于我们的综合学习能力的发展。

3 焦虑无助，生活态度消极

严重的强迫症会导致我们频繁地出现强迫行为和强迫观念，使我们总是违背自己的意愿做出反复的行为，我们的内心会因此变得焦虑无助。而强迫观念还可能会干扰我们的正常思考，甚至使我们产生自我怀疑的负面心理，生活态度也变得消极。

我来支招儿啦！

❶ 顺其自然，泰然处之

对于不太频繁的强迫行为，最好的办法就是不去在意，顺其自然。比如，当我们想反复验算时，干脆直接做下一道题；当我们想把水杯放回原位时，直接将水杯放到别处。对于无足轻重的小事，做了一次就不再管，任由它去，最开始的确会产生一些负面情绪，但这还远远没有达到无法控制的程度，所以我们完全可以把它们压制下去，经过一段时间的"训练"，强迫行为会自己消失的。

❷ 当断则断，不受其乱

强迫思维并非坚不可破，当我们感到难以控制自己的思维时，试着寻找某些方法强行打断它，比如大喊一声或原地跳跃两下。利用疼痛来打断强迫思维也是一种方法，一些心理医生会给患有强迫症的小伙伴的手上戴一根皮筋，当小伙伴感觉难以自控时就拉动皮筋弹自己一下。

❸ 放松心态，积极治疗

如果我们已经难以控制自己的强迫行为和强迫思维，产生了强烈的负面情绪，甚至影响到正常的生活和学习，一定要及时向爸爸妈妈求助，让他们带我们去找心理咨询师接受专业的心理疏导，也可以去医院的心理科进行检查。放松心态，相信在医生的帮助下，我们很快就会恢复正常。

依赖症让我成了"小公主"

：　　从小爸爸妈妈就一直给我无微不至的照顾，帮我穿衣服、接送我上学、陪我写作业……在爸爸妈妈的照顾下，我做任何事几乎都不费力。后来，我渐渐从爸爸妈妈的"翅膀"下脱离出来，进入了小学。学校里的同学们很快都适应了校园生活，反观我，鞋带不会系、头发不会梳、做事笨手笨脚，同学都笑话我是娇生惯养的"小公主"，我感到十分丢人，我怎样才能摆脱对爸爸妈妈的依赖呢？

心理大分析

在生物学中，有一种"用进废退"理论，指的是生物的器官经常使用会变得越来越发达，反之，不经常使用就会逐渐退化。人也是一样，如果我们经常做一些事情，那我们做这些事情就会越来越熟练，总是逃避不做，就会渐渐丧失这种能力。

很多小伙伴从小就备受宠爱，不管做什么都有爸爸妈妈的帮助，缺乏独立自主的能力，一旦他们需要独立处理某些事情，就会变得恐慌、不安，必须有个人帮忙才能踏实下来，这其实是典型的依赖型人格。

依赖型人格形成于幼儿时期，在幼儿的印象中，爸爸妈妈是他们的保护神，能满足他们的一切需要，因此十分依赖爸爸妈妈。此时如果爸爸妈妈过度宠爱幼儿，使他们失去锻炼和成长的机会，那么他们就会越来越依赖爸爸妈妈，自立能力也就越来越差。依赖型人格在生活中十分常见，这样的人往往比较胆怯，缺乏自信和自主性，离开了别人的帮助就很难生存。

因此，依赖型人格对我们的成长十分不利，尽管我们年纪还小，但早晚有一天要学会独立生活，所以，从小锻炼独立性是非常必要的。只要我们多多锻炼自理能力，克服胆怯心理，积极探索外面的世界，培养自己的独立性和自信，相信我们一定能摆脱依赖性。

心理大课堂

 导致我们依赖爸爸妈妈的原因有哪些呢？

1 爸爸妈妈代劳过多

小时候，爸爸妈妈总是非常宠爱我们，他们事事都为我们代劳，恨不得为我们安排好一切。然而，这样的成长环境会使我们变得缺乏独立性，不会独立思考和解决问题，形成依赖爸爸妈妈的习惯。

2 抗挫力差，习惯求助

一些小伙伴性格比较软弱，抗挫力差，害怕面对困难，缺乏克服困难的能力，难以承受打击。这就导致他们在遇到困难时也习惯于向爸爸妈妈求助，长此以往，对爸爸妈妈的依赖会更加严重。

3 缺乏自信，独立性差

有些性格内向、敏感的小伙伴也比较依赖爸爸妈妈，由于他们缺乏安全感和自信，总是对自己的能力产生怀疑，需要爸爸妈妈的帮助和鼓励才能做好一件事，所以难以摆脱对爸爸妈妈的依赖。

过度依赖爸爸妈妈对我们有哪些负面影响呢?

1 不利于锻炼我们的独立性

如果我们过度依赖爸爸妈妈,事事都希望得到爸爸妈妈的帮助,那么我们就无法锻炼基本的生活技能,难以独立应对社交活动,甚至不会自己思考并解决问题,总是想求助他人,这对提高我们的独立性十分不利。

2 自主性变弱,思维迟钝

我们对世界总是充满好奇,有着很强的探索欲望。如果我们愿意积极去探索,亲自动手实践,我们的自主性和创造力就能大幅提高。可是,如果我们过度依赖爸爸妈妈,遇事总想求助于人,渐渐就会失去思考和锻炼的机会,长此以往,思维也会变得迟钝。

3 影响我们的社交能力

活泼、机灵的小伙伴往往很受人欢迎,他们不怕生,总能结识新朋友。可是,如果我们过度依赖爸爸妈妈,总是躲在爸爸妈妈的身后,一到陌生环境就变得局促不安,不敢主动和人接触,会使我们的社交能力变得越来越弱,难以结交新朋友。

❶ 锻炼自理能力，走出安乐窝

我们越是依赖爸爸妈妈，事事都想求助别人，就越不具备独立性，变得更加自卑、胆怯，形成一个恶性循环。所以，我们要尽早走出安乐窝，锻炼自己的自理能力，就从最简单的事情开始，比如自己穿衣服、系鞋带，在家学习做家务，在学校多参加集体活动，培养自己独立的人格和精神。

❷ 多和同龄人接触，培养自信心

我们可以寻找身边那些独立性强的同学，观察他们是如何独立做事的，模仿他们的行为习惯，让自己也变得独立起来。最好还能大胆一些，主动和他们交往，向他们学习，培养自己的独立意识和自信心。

❸ 积极参加集体活动，探索新世界

过度依赖爸爸妈妈会导致我们的社交能力变差，不敢和人接触。为避免这种现象的产生，我们应该积极参加各类集体活动，探索外面的世界，多和同龄人接触，结交更多的朋友，提高我们的社交能力，同时锻炼多种技能，促进我们的身心发展。

和朋友闹别扭了，我不理他了

： 　　上周三，轮到我和梓墨一起做值日，我们提前做好了分工。然而，下课后梓墨却不知去向了，最后我一个人做完了值日。第二天我质问梓墨为什么当"逃兵"，梓墨只是说他突然有事，让我不要太小心眼。梓墨的话让我很生气，我干脆不理他了，而梓墨不仅没做解释，反而和我打起了"冷战"。我们为什么会相互沉默呢，一直这样冷战真的很痛苦，我该怎么办？

心理大分析

人与人之间相处，偶尔闹别扭、相互赌气是很正常的事情，不仅是我们，即使是大人之间偶尔也会发生争执，然后开启"冷战"模式。

我们和朋友因为矛盾陷入"冷战"，相互沉默，确实是急需解决的问题，但至少比吵架要好。相较于情绪的爆发，沉默还有一些积极作用。朋友之间闹矛盾，相互沉默，并不意味着彼此相互厌烦了，而是为了给彼此一段时间先冷静下来。如果两个人都选择爆发，展开了激烈的争吵，难免会产生更大的矛盾。而沉默可以让人冷静下来，有利于接下来的交流，从而化解矛盾。

但有一种不利于化解矛盾的沉默——因消极、反抗而沉默。这种沉默往往伴随着强烈的抵抗心理，这种心理会让我们变得拒绝交流、一个人生闷气，这样很容易加深矛盾，造成难以扭转的局面。另外，长期沉默也是不好的，长时间逃避交流，会让矛盾双方产生消极情绪，同样不利于化解矛盾。

所以，当我们和朋友之间闹矛盾、彼此沉默时，不要选择消极、逃避的态度，而是应该冷静下来，思考解决问题的方式。只要我们愿意和好，那么就应该毫不犹豫地打破沉默，主动和对方谈一谈，相信矛盾很快就能化解了。

心理大课堂

为什么我们和朋友闹别扭后会相互沉默呢？

1 沟通不畅，产生误解

很多时候，我们和朋友相互"冷战"是因为我们没有进行有效的沟通，导致问题没有得到解决，都认为是对方的问题。甚至会在彼此之间产生误解，相互生闷气，使"冷战"持续很久。

2 避免矛盾激化

发生矛盾后，我们和朋友的情绪都比较激动。为避免矛盾激化，发生争吵，我们可能会选择主动沉默，让彼此冷静下来，寻找解决问题的方法。

冷静……

3 碍于面子，不愿让步

其实，朋友之间的小摩擦往往只需要简单地解释几句就可以化解。但有的时候，我们可能会碍于面子，不愿意让步，认为主动说话或者道歉会伤害到自己的自尊或情绪，因此选择消极地抵抗，不愿意说话。

长期和朋友处于"冷战"中会有哪些负面影响呢？

1 错失化解矛盾的良机

我们和朋友发生矛盾后往往会想"他再也不理我了怎么办？""我该怎样道歉呢？"，或者"既然不是我的错，我凭什么主动呢？"，其实有这样的想法，说明我们很在意这段友谊，但是如果碍于面子，迟迟没有行动，则很有可能会错失化解矛盾的良机。

2 不利于友谊的修复

"冷战"并非真正的冲突，而是双方友谊的一个岔路口，如果矛盾双方都采取积极的行动去修复友谊，那么很快就能和好如初。但是，如果两个人势同水火，彼此阴阳怪气，很有可能会让双方都感到失望，最终导致矛盾加深，对友谊的修复是十分不利的。

3 产生负面情绪，学习和生活受影响

当我们与同学发生矛盾后，可能会产生愤怒、沮丧、焦虑等负面情绪。长时间的沉默与逃避可能会加剧这些负面情绪，对我们的身心产生不利影响。如果放任矛盾而不解决，还会扰乱我们的生活和学习。

1 一笑而过，过去的事就让它过去

当我们和朋友闹了别扭，要学会从另一个角度看待问题，在矛盾中，往往双方都有一定责任，因此不要一味地埋怨对方，也不必苛责自己。俗话说"退一步海阔天空"，也许我们主动忽略矛盾，像往常那样和朋友相处，就能"相逢一笑泯恩仇"了。

2 曲线出击，圆滑处理

当我们和朋友发生矛盾后，可能会碍于面子，选择逃避和沉默，没有及时进行沟通；而对方可能也有着相同的顾虑，双方就这样陷入了僵局。这时候，我们可以采用一些圆滑的处理方式，比如请个中间人帮我们传话，邀请对方一起玩等，只要我们的态度积极，相信对方也会响应我们的主动。

3 直截了当，开诚布公

真诚是永远的"必杀技"，如果是我们做错了，那就应该主动向对方道歉，没有人会拒绝一颗真诚的心。如果我们感到害羞，那也可以给对方写一封道歉信。如果错的是对方，我们则应该大度一些，给对方主动道歉的机会，只要对方表现出道歉的态度，我们就可以顺水推舟，接受道歉，让对方不那么尴尬。

好朋友和别人玩，我"吃醋"了

我和雨晴一直是最好的朋友，平时总是形影不离，班里的同学都非常羡慕我们的友谊。可是最近我发现，雨晴和隔壁班新转来的楠楠总是一起玩，放学还一起回家。看着她们俩有说有笑的样子，我感觉很"吃醋"，因为雨晴是我最好的朋友，她却不声不响地和别人一起玩，我似乎受到了背叛，难道在雨晴的心里我已经不是她最好的朋友了吗？

心理大分析

有时候，我们最要好的朋友可能会不声不响地突然"离开"，和别人成为关系密切的好友，让我们感到十分失落，其实这是很正常的心理反应。在心理上，人和人之间的亲密关系具有排他性，一对关系亲密的人之间通常难以容下"第三者"的存在，不仅是亲情、爱情，友情也是如此。

由于我们年纪还小，对他人有着较强的依赖性，十分重视亲密的关系或情感，因此不希望自己与好朋友的友谊因别人的"闯入"而被破坏，如果看到自己的好朋友和其他人在一起玩，往往会"吃醋"，甚至感觉特别生气。

不过，我们要知道，每个人都有和其他人成为朋友的权利。我们每个人都有不止一个朋友，对不对？而且，人与人之间应该相互尊重，所以，我们不能干涉其他小伙伴的选择，尤其是对好朋友。我们应该相信彼此之间的友谊，尊重对方的选择。

如果好朋友和我们同样重视这段友谊，那么他肯定不会置我们于不顾，说不定一段时间后，他会向我们介绍他的新朋友，让我们收获一段新的友谊。总之，即使对方有了新的好朋友，也不代表我们会从此失去这段友谊，或许他只是暂时忽略了我们的感受，我们可以找个好机会和他聊聊，说出自己的想法。

心理大课堂

 我们怀疑朋友"背叛"自己的原因有哪些呢？

1 缺乏自信

我们见到自己的朋友和别人在一起玩，担心好朋友不喜欢自己了，认为自己是导致好朋友"离开"的原因，担心自己不经意间说了什么得罪人的话，或是自己不如其他小伙伴受欢迎等，其实这都是缺乏自信的表现。

2 过于敏感

我们可能在家里没有受到足够的关怀，因此格外珍惜与朋友之间的关系，害怕与好朋友的友谊会突然破裂，因此对别人的态度总是很敏感，当我们发现别人对待我们的态度发生变化时，就容易产生猜疑心理。

3 封闭思维作祟

封闭式思维是一种消极的思维模式，这种思维模式会让我们不愿意接受别人的观点，抗拒改变，遇见问题总是往坏处想。当我们见到好朋友结交新朋友时，就容易往坏处想，认为好朋友背叛了自己。

 怀疑心太重会给我们带来哪些负面影响呢?

1 增加朋友的压力

在生活中我们偶尔会遇见一些有"疑心病"的人，他们总是敏感多疑，让人难以与他们交往。与疑心很重的朋友相处时，我们往往面临着巨大的压力，举手投足间都要小心翼翼，生怕得罪了朋友。换位想一下，如果我们总是疑心太重，恐怕也会给朋友带去压力。

2 损害朋友间的信任

信任是朋友交往的前提，彼此信任的才是真心朋友。如果我们怀疑心较重，好朋友一些微小的举动都有可能引起我们的密切关注，一些稍反常的行为甚至会被过度解读成背叛的行为。对朋友的猜疑多了，难免会产生误会，影响朋友对我们的信任。

3 不利于人际交往

交朋友往往是为了一起玩耍、畅所欲言、释放压力。但如果我们敏感多疑，总是戴着有色眼镜看待身边的人、经常把事情往坏处想，那么想必身边的人是不愿意与我们相处的。长此以往，我们的人际关系会变得越来越差。

我来支招儿啦！

❶ 转移注意力，减轻占有欲

我们看到自己最好的朋友和别人一起玩，感到"吃醋"，很有可能是我们的占有欲太强了，这是一种幼稚且自私的行为。我们每个人都是独立自由的，都有交朋友的权利，而友谊也应该建立在平等、尊重的基础上。我们不妨试着转移注意力，做一些自己喜欢的事情，暂时忘掉这件事，以此来减轻自己的占有欲。

❷ 和朋友认真谈一谈

好朋友之间应该是相互尊重、信任和理解的，如果我们觉得自己被好朋友忽略了，并为此感到烦恼，为什么不主动和对方谈一谈呢？毕竟我们是最好的朋友，彼此之间有信任的基础，只要对方还把我们当作好朋友，相信彼此的感情是可以恢复如初的。

❸ 尝试结交新朋友

有时候，我们害怕失去朋友是因为我们的"朋友圈"太狭窄了。如果我们朋友太少，一旦好朋友离我们而去，那我们的情绪和心态必然会受到极大的影响。所以，要多接触新的人和事，试着多结交几个新朋友，扩大我们的"朋友圈"。

好朋友转学了，我万分难过

佳宁是我最好的朋友，我们的爸爸妈妈是多年的好朋友，因此我和佳宁从小就走得近，我们每天一起上学、放学，一起学习、玩耍，有佳宁的陪伴，我每天都非常开心。可是这个暑假，佳宁和家人一起搬到了别的城市，失去了佳宁的陪伴，我感到万分难过，学习和玩耍也没有动力，感觉生活灰暗无趣，我不适应没有她的日子，我该怎么办？

心理大分析

　　人生就是不断相遇，又不断离别的过程。从小到大，我们会结识许多朋友，又和许多人告别。离别难免会令我们难过，尤其是和最好的朋友分开后，忧伤就像一朵乌云，会笼罩在我们的心头，许久也无法消散。

　　虽然和最好的朋友分别会令我们万分难过，但是，这并不意味着我们之间的友谊画上了句号。对朋友而言，距离的遥远、时间的流逝并不会阻断彼此的友谊，我们会时常回忆和朋友在一起的快乐时光，而对方也同样牵挂着我们。

　　而且，现在的通信技术如此发达，即使天各一方，我们也可以通过视频通话实时看到对方的脸，要对彼此的友谊有信心，不必太过忧虑，不要因分离的忧伤影响正常的学习和生活，眼下最重要的是调整好自己的情绪和心态，尽快恢复正常的生活。

　　另外，暂时的离别，并不意味着永久的分开。因离别而伤心是正常的反应，但我们不能放任负面情绪吞噬自己，更不能因此消沉、失意。想象一下佳宁在一个陌生的城市即将开启新生活的状态，她一定比我们有更多的紧张、害怕、悲伤，但她一定会坚强起来，努力适应新的生活。如果我们因此消沉，岂不是会令好友感到失望？所以我们应该适度宣泄自己的悲伤，只要找到合适的方法，很快就能从悲伤中走出来。

心理大课堂

好朋友离开后，我们感到难过、失落的原因有哪些呢？

1 分离带来的不确定性

我们和结识多年的好朋友突然分开后，内心会被一种不确定性包围。我们不知道好朋友什么时候会回来，也不知道什么时候才能再见到他。这种不确定性会让我们感到不安和焦虑，产生难过、失落等情绪。

2 生活发生改变

由于我们已经习惯了和好朋友朝夕相处的生活，他突然离开后，我们的日常生活可能会发生很大变化。比如社交互动突然减少；缺少了聊天、谈心的对象；感觉生活中缺少了一部分等，我们会感到非常不适应。

3 失去归属感

好朋友不仅是我们社交圈的一部分，还可能是我们的精神支柱和倾诉对象。当他们离开时，我们会因为内心缺少了支持和安慰而失去了一种归属感，内心空落落的，从而产生孤独、低落和焦虑等情绪。

长时间因离别而悲伤，会给我们带来哪些负面影响呢？

情绪低落，感到孤独、无助

与好朋友分别，感到难过是正常的，但这并不是无法克服的问题。如果我们长期沉浸在悲伤中，情绪一直处于低落状态，就会产生孤独、无助等负面情绪。这些负面情绪会转化为巨大的心理压力，使我们变得悲观、消极，影响我们的身心健康。

给我们带来社交障碍

有时候，最好的朋友突然离开，会给我们带来巨大打击，我们可能会想："最好的朋友走了，我以后再也没有知心朋友了。"然后在离别的悲伤中逐渐消沉，不愿意和人交往，逃避社交，难以与他人建立亲密关系。

产生分离焦虑症，性格发生转变

如果我们放任自己被悲伤吞噬，不想办法从失落中走出来，会逐渐变得郁郁寡欢，茫然无助，甚至对其他人产生抵触情绪，很有可能会产生分离焦虑症。这是一种常见的情绪障碍，分离焦虑会让我们变得恐惧社交、害怕分离，越来越内向和自卑。

我来支招儿啦!

① 赠送礼物，郑重告别

好朋友离开后，我们十分难过，心里有很多话想说，很多情感想表达。这时候，我们可以制作一份有纪念意义的礼物送给好朋友，比如一张亲手写就的明信片、一本对方喜欢的书籍等，同时附上一则郑重的临别赠言，让这些礼物代替我们向好朋友表达告别与祝福。相信好朋友一定会十分感动，同时我们心中的忧伤也能得以缓解。

② 展望未来，结交新朋友

离别是人生的常态，没有谁可以永远陪伴我们。与其因为回忆而伤感，不如敞开襟怀继续前行。试着多和身边的同龄人交往，多结交新的朋友，在新的友谊中获得欢乐来消除心中的忧伤。

③ 保持联系，延续友谊

虽然我们和好朋友身处异地，但距离并不能阻断彼此的友谊。现在的通信技术这么发达，我们可以通过打电话或视频的方式和对方保持联系，时常和朋友分享身边的趣事，诉说对彼此的思念。即使朋友不在我们身边，我们也可以用这种方式延续友谊。

同学们说我是"拖油瓶"

从小我就是个慢性子，吃早饭要半个小时，写作业要一下午，妈妈总因为我做事磨磨蹭蹭批评我。上周，学校组织了消防演习，报警声一响，所有同学都跑向操场集合。因为我太磨蹭，导致我们班是最晚集合完毕的班级，在全校师生面前丢了脸。同学们都说我是"拖油瓶"，我真想找个地缝钻进去，我怎样才能改掉性子慢的毛病呢？我真的好头疼。

心理大分析

生活中，人们往往嫌弃慢性子、磨蹭的人，而喜欢和爽快、机敏的人交往，很多人认为，动作麻利、迅速是一个人智商高的体现，真是这样吗？心理学家指出，动作迅速的人往往是因为经验丰富，大脑还未处理信息就凭经验做出了判断；而反应慢的人遇事总要思考一番再做决定，因此显得磨蹭。所以，慢性子的人思考更多，这恰恰是高智商的表现。

做事快慢还与我们的性格有关，有的小伙伴直来直去，做事雷厉风行；有的小伙伴则谨小慎微，做事必须三思而后行。另外，能力高低、动机强弱也都是影响做事效率的因素，对于我们不擅长、不喜欢做的事，我们的意愿不强，做起来自然就慢。

因此，性子慢不是什么大毛病，只要不影响生活和学习，节奏慢一些、细致一些反而是好事。可有时，学习任务太重、时间充裕等原因也会导致我们缺乏紧张感，变得拖延。如果导致我们性子慢的不是这类客观因素，而是心理或生理上的问题，那我们就不能掉以轻心了，应该寻找问题的起因，从根本上矫正自己的问题。

总之，慢性子不是笨的体现，我们不必太过纠结。可如果性子慢耽误了我们的学习，扰乱了生活节奏，我们就要先接受自己的不足，找出自己性子慢的原因，然后想办法提高做事效率。

心理大课堂

 导致我们性子慢的原因有哪些呢？

1 不急不躁，有条不紊

有些小伙伴做事说话总是慢悠悠的，即使别人再三催促也不为所动，让人感觉"佛系"、呆板。实际上他们认为"事缓则圆"，所以才故意放慢节奏。他们往往比同龄人更成熟、更稳健。

2 没有目标，缺乏动力

有些小伙伴对学习和生活没有清晰的认识，没有明确的目标，缺少前进的动力。因此他们显得比较懒惰，行动迟缓，缺少紧张感，没有时间观念，同龄人都在努力学习时，他们更愿意安逸地"躺平"。

3 病理性慢性子

有时候，我们的慢性子是无意识、非主观的。这可能是注意缺陷与多动障碍，过度焦虑、抑郁心理，或者是由一些其他心理障碍导致的，这会导致我们非常容易被外界的刺激吸引，无法专注于某件事，因此变得拖拖拉拉。

83

 性子太慢对我们可能有哪些负面影响呢？

1 错过学习和锻炼的机会

性子太慢对我们最明显的影响是，会因为行为上的迟缓而错失很多机会。例如，在机会摆在眼前时，我们可能需要更长的时间来做出反应和准备，而其他人则可能已经抓住机会并准备好了，这就会导致我们错过学习和锻炼的机会。

2 不利于我们的人际交往

性子太慢对我们的社交能力也有一定的影响。由于我们总是瞻前顾后，沟通时经常不能完整地表达自己的想法，容易被其他小伙伴认为是内向、迟钝，不利于我们的人际交往，还会使我们失去许多提高语言表达能力的机会。

3 难以形成良好的自我认知

如果我们性子过慢，很少与他人互动，也很少参加集体活动，不仅会使我们缺少锻炼和表现的机会，也不利于我们发现自己的优点和缺点，难以对自己形成客观、完整的评价，难以形成良好的自我认知。

① 扬长避短，求稳不求快

性子急或慢并没有好坏之分，急性子的人做事自然有效率，但慢性子的人也有自己的优点，比如认真细致、考虑周全等。所以不必因自己性子慢而烦恼，放平心态，遇事保持沉着冷静，发挥自己的优势，把事情按部就班地处理好，一样能体现出我们的能力。

② 顺其自然，形成自己的风格

每个人都是不一样的，我们不必因为别人的看法改变自己的性格或做事的风格，既然我们习惯了三思而后行，那么就要把做事的思路整理好再行动。行动时也不必模仿其他人的方式，而是应该不断地积累经验，适当地提高效率，形成自己的做事风格。

③ 科学训练，提高做事效率

有时候，我们做事磨磨蹭蹭，是因为我们缺乏紧迫感，即使知道事情紧急，也会因为三思而后行的习惯导致无法快速行动。对于这种情况，我们可以通过科学的训练提高自己的反应速度和行动能力。经过反复的练习，也会提升我们的思维能力和协调能力，做事效率自然就提高了。

明明不是我的错，为什么批评我

：　　昨天，轮到我担任班里的值日生，每到课间我总是把黑板擦干净、把粉笔码放好之后才去玩。下午上课时，粉笔竟然莫名其妙地散落在讲台上；为此老师把我批评了一顿，说我只顾着玩，不好好做值日。可我明明将粉笔收拾好了，不知道它为什么散落了。李老师不分青红皂白就当众批评我，是因为不喜欢我吗？为什么冤枉我呢？我真的好难过。

心理大分析

现实生活中，被人冤枉或误解是时有发生的事情。由于我们是当天的值日生，负责码放粉笔的工作，而老师见到粉笔散落在讲台上，很自然地就认为这是我们的疏忽。首先，我们应该知道，老师批评我们并不一定是因为不喜欢我们，可能只是希望我们能更认真地履行值日生的职责，或者是因为粉笔散落影响了教学进度等，并不是在针对我们个人。实际上，真正令我们感到委屈的是老师没有调查事情的原委，不分青红皂白就批评我们。

在心理学上，引起这种现象的原因是认知偏差，这是由人们的主观判断和客观现实不相符所导致的。类似的心理学现象有很多，比如"透明幻觉"现象，当我们和别人相处一段时间后，我们以为别人已经十分了解我们了，有些事情我们不用说，对方也能理解，可实际上，对方完全不能理解我们的想法，一切都只是我们的幻觉。在这种情况下，我们许多行为都容易引起别人的误解。

平时被冤枉、误解会令我们又羞又恼，被老师冤枉则会令我们更加难受，这是因为在我们眼里，老师是公平、正义的化身，不会做出冤枉人的行为。可是换个角度想，老师没有那么神通广大，他们也是普通人，也会被蒙蔽，也会误解别人。而且，被误解和冤枉也没什么大不了的，因为我们毕竟没有犯错，这时候只要我们主动向老师解释清楚，相信老师会理解我们的，到时候误解自然就消除了，我们也不会觉得难受了。

 导致误解产生的主要原因有哪些呢？

1 错误的第一印象

我们对一个人的认识往往是由第一印象决定的，这在心理学中叫作首因效应。第一印象很难被改变，尤其在教育环境中，许多老师会根据第一印象判断学生的优劣，这可能导致之后的相处产生误会。

2 归因错误

归因错误是导致误解产生的重要因素之一，意思是将行为归咎于人本身而忽略了外在因素。例如，老师看到粉笔散落在地上，可能会不自觉地将其归结于值日生不认真，而忽略了导致粉笔散落的其他原因。

值日生

3 惯性思维作祟

我们往往习惯按照我们长期使用的思维方式进行思考和判断，越是简单的事情我们越容易根据直觉做出判断。可实际上，一些事情表面看起来简单，但其原因比较复杂，这时候用惯性思维做出判断就有可能导致误解产生。

被老师或家长误解会给我们造成哪些负面影响呢？

1 缺乏自信，产生自卑心理

在我们心中，父母、老师有着极高的地位，他们象征着权威、知识、正义等。因此，父母和老师的误解对我们的伤害格外大。如果我们被父母或老师误解，并且一直没能澄清真相，那么我们很有可能会认为自己不受重视，变得缺乏自信，甚至产生自卑心理。

2 内心变得封闭，疏远他人

当我们被误解后，如果没能及时澄清事实，仍然被周围的人以错误的眼光看待，我们会越来越不信任周围的人，心里渐渐生出对他人的抵触和怨恨，不再愿意与他人交流。长此以往，甚至会选择封闭自己的内心，主动疏远他人。

3 怨恨他人，自暴自弃

我们的内心比较脆弱和敏感，在成长过程中渴望得到认可和尊重，如果受到他人的误解，我们的内心一定会十分痛苦。如果误会长期得不到解决，痛苦会渐渐积累，最终转化成对他人的怨恨，可能会使我们憎恨老师、同学，讨厌上学，变得自暴自弃。

① 转移注意力，忘记不愉快的经历

被老师冤枉后，我们的心情难免会受到影响，可能会因为怨恨老师而不愿意听课。这种因为赌气而耽误学习的行为并不利于解决问题，我们可以试着把注意力转移到一些快乐的事情上，慢慢地忘记这段不愉快的经历。

② 书面表达，避免尴尬

有些小伙伴在被误解时，急于澄清事实，却因为情绪激动而语无伦次，导致无法讲清原委。在这种情况下，我们不如暂时控制激动的情绪，等到稍微冷静一些后，在纸上将事情表达清楚，再交给老师，老师看到后，感受到我们真诚的态度，自然就能消除误会了。

③ 心平气和，私下沟通

我们如果受到了不公正的批评，往往会变得情绪化，同时老师为维持课堂秩序，一般是不会让我们做过多解释的。而且，身为学生，我们应该在老师方便的时候有礼貌地做解释。比如，我们可以等到下课后，主动找到老师，心平气和地向老师澄清事实，表示我们受到了冤枉，老师一定会理解我们的。

爸爸批评我，我难以释怀

：　　上周六，忙碌了许久的爸爸终于迎来了休息日，为了慰劳爸爸，我主动提出帮爸爸沏茶。就在我放好茶叶、端来热水壶准备沏茶的时候，不小心把茶壶碰到了地上，茶壶被摔得粉碎。我惊慌失措，可爸爸不但没有安慰我，反而大声批评我做事毛手毛脚，叫我不要再多管闲事了。我十分委屈，我明明是出于好心，爸爸为什么要批评我呢？

心理大分析

　　我们在成长的过程中，总是会犯各种各样的错误，因此被爸爸妈妈批评是再正常不过的事了。只是，有些时候我们明明只犯了一些小错，不值得大动干戈，可爸爸妈妈却大发雷霆，令我们难以接受，感到十分委屈，甚至怀疑爸爸妈妈是不是不爱自己了。

　　这时候，我们不妨换个角度，从爸爸的立场思考这件事。爸爸批评我们，不一定是因为我们打碎了茶壶，有可能是他担心我们被开水烫伤、被碎片划伤，情急之下批评的话语脱口而出，这绝不是因为不爱我们了，恰恰是爱我们的表现。还有可能是因为爸爸最近工作压力比较大，一不小心情绪失控。毕竟，爸爸妈妈和我们一样，也有喜怒哀乐，不是毫无感情的机器人，我们应该试着理解爸爸妈妈。

　　从我们的角度看，我们感到难过的原因也是复杂的。心理学家发现，事件本身并不会影响我们的情绪，我们对事件的看法才是导致情绪爆发的真正原因。比如，我们不小心打碎了茶壶而被爸爸批评，表面看来，是爸爸的批评让我们难过。可实际上，我们难过的是我们对批评的理解。我们害怕失去爸爸的爱，害怕被误解，所以才感到难过。但如果我们试着去理解爸爸的想法，就能想到，也许他是怕我们受伤才发脾气。在我们理解了爸爸妈妈生气的原因后，就不会那么难受了。

心理大课堂

爸爸妈妈对我们发火的原因有哪些呢？

1 我们的不当行为

爸爸妈妈很关心我们的安全和健康，有时我们无意间做出的一些行为可能会危及自身安全，甚至引发事故。爸爸妈妈因此感到担忧和着急，他们对我们发火是为了让我们意识到事情的危险性。

2 内心的愧疚感

当爸爸妈妈由于各种原因，对我们关注不够时，会因为对我们不够好、不能为我们创造更好的条件而产生愧疚感。这种愧疚感会给爸爸妈妈带来无形的压力，还可能会导致对我们的反应比平常更激烈。

3 教育中的挫败感

爸爸妈妈对我们往往有着很高的期待，当我们犯了错误，或是没有达到爸爸妈妈的期望时，他们会认为自己的教育方式出了问题，或是对我们的前途感到担忧，从而产生失望、沮丧或愤怒等情绪。

爸爸妈妈总对我们发火会带来哪些负面影响呢？

1 失去主见，变得软弱

爸爸妈妈对我们发火时，我们往往会感到害怕、委屈。为避免受到批评，我们会产生顺从心理，对爸爸妈妈的要求言听计从。如果长期保持这种心理，我们可能会渐渐失去自我，越来越没有主见，甚至会变得软弱、自卑，影响我们的社交能力和心理发展。

2 失去安全感，逃避社交

如果爸爸妈妈总是因为一些小事就突然大发雷霆，容易让我们受到惊吓，内心对爸爸妈妈产生恐惧。如果我们频繁地受到惊吓，很容易失去安全感，内心变得脆弱，抗压能力下降，渐渐逃避社交，总是独处。长此以往，我们的性格会渐渐变得孤僻，甚至有抑郁的风险。

3 变得暴躁易怒，容易乱发脾气

我们是爸爸妈妈的影子，爸爸妈妈的性格、生活习惯、教育方式等会潜移默化地影响我们。如果爸爸妈妈总是对我们发火，我们可能会无意识地模仿这种行为，形成暴躁的性格，每当和别人发生分歧，或是事情不顺心时就会乱发脾气。

① 主动承认错误

俗话说"知错能改，善莫大焉"，既然犯错已经成了事实，那我们就应该主动承认错误，不小心打碎了茶壶不是什么大错，只要主动向爸爸道歉，解释自己不是故意的，并承诺下次会小心一点，相信爸爸一定会原谅我们的无心之失。

② 回忆温馨的瞬间

爸爸妈妈对我们发火，批评我们，很多时候只是说气话，并非真的责怪我们，他们肯定还是爱我们的，而且看到我们难过、委屈，他们心里也不好受。这时候，我们只要回想和爸爸妈妈在一起温馨、快乐的时光，难过和委屈很快就会消散了。

③ 向爸爸妈妈吐露自己的感受

有时候爸爸妈妈并不理解我们的做法，也不一定能理解我们的感受，我们被责备后，心里有犯错后的愧疚、被批评的难过、不被理解的委屈等，想找人一诉衷肠。其实，最佳的倾诉对象就是爸爸妈妈，只有我们将这些感受全部告诉他们，爸爸妈妈才会理解我们的感受。

当众被批评，我抬不起头

： 这学期，我被选为数学课代表，负责每天早上帮老师收作业，这是我第一次担任班干部，心里非常高兴。就在上周，由于我的疏忽，不小心弄丢了几份作业。老师发现后当众批评了我的不认真，还撤了我的职。我清楚自己犯了错，但这段丢人的经历让我难以释怀，回到家不敢和爸爸妈妈说，在同学们面前也抬不起头，我该怎么办呢？

心理大分析

身为学生，偶尔犯错被老师批评是非常正常的事情，被批评会让我们觉得丢人、难过，这也是很正常的事情。但我们必须清楚一点：老师批评学生是为了教育学生，是想通过严厉的教育方式让学生记住自己的行为是错的。当众批评学生，则是为了给其他学生敲响警钟。

老师的批评有助于我们纠正错误，避免以后再犯，所以，我们不必因为受到了批评而过分感到难过或羞耻，放平心态，接受老师的批评，保证以后不再犯错就好了。

行为心理学家指出，批评教育对于纠正孩子的错误行为是有效的，但对孩子的心理健康却有一定的副作用，即使是轻度的批评，也有可能给孩子的心理带来阴影。

人们在犯错后内心难免会觉得不安、失落。尤其是对于我们来说，在学校犯错，被老师当众批评，通常会给我们的内心带来很大打击，成为一段难以释怀的痛苦经历。许多小伙伴被当众批评后，都感到十分丢人，害怕给同学们留下不好的印象，以后再想起这段经历还会感到十分难受；还有可能对老师产生怨恨，对同学心生排斥，甚至影响到正常的学习和社交。

这时候，一个人消除痛苦不是错误的选择，痛苦如果得不到排解，只会越积越多，最好的办法是寻求他人的帮助，而最好的求助对象就是我们的爸爸妈妈。

心理大课堂

为什么我们犯了错误后会难以释怀呢？

1 担心自己形象受损

我们正处在自我意识快速发展的时期，往往有着很强的自尊心。在我们犯了错误，被当众批评后，会担心他人因为自己的错误而对自己产生负面印象，使自己的自尊心受到伤害，因此难以释怀。

2 对自己的要求过高

有些小伙伴对自己有着很高的要求，他们希望事事做到完美。在自己犯了错误后，他们会认为自己不应该犯错，会对自己当时的行为感到懊悔，耿耿于怀，因此产生了自责和焦虑的情绪。

3 无法接受犯错的事实

有时候，我们可能会小题大做，将自己犯的错误当成了一次严重的失败或挫折，产生自卑和失落的情绪，甚至苛责自己，认为自己是个失败者，渐渐失去自信，难以释怀。

总是纠结于过去的错误，会给我们带来哪些负面影响呢？

1 影响我们的注意力，影响学习和生活

过去的事情已经发生了，再去纠结它也不能改变事实，反而会干扰我们的注意力，让我们无法专注于当前的事情。这会导致我们在学习中分心，影响我们的学习进度；还可能耗费我们大量的精力和情感，影响我们的正常生活。

2 带来负面情绪，变得焦虑不安

有些小伙伴心理承受能力比较脆弱，他们过度纠结于过去的错误，产生了消极、沮丧、自卑等负面情绪。如果这些负面情绪在很长一段时间内都无法排解，可能会影响我们的心理健康，使我们的内心充满焦虑和不安，心理承受能力更加脆弱。

3 变得敏感、自卑，影响人际交往

如果我们总是对过去的错误耿耿于怀，将一次小错误看成重大的失败和挫折，产生自我批评和自责的心理，甚至将自己看作失败者，那我们会变得越来越敏感、自卑，难以面对他人，变得惧怕与人沟通和交往，久而久之还可能变得孤僻、封闭。

① 自我反省，理性分析

如果我们总是纠结于老师的批评，并为此感到失落、难过，就会影响我们的生活和学习。我们最先做的应该是进行自我反省，思考一下自己是否真的错了，错在了哪里，老师的批评是否有道理。如果自己确实做错了，就应该主动向老师承认错误；如果觉得自己被冤枉了，那就心平气和地向老师说出自己的想法。

② 调节情绪，坦然面对

被老师当众批评，难免会觉得丢人、委屈，但碍于面子，我们不敢当众发泄情绪，只能暂时压抑自己的情感。如果我们觉得自己心里太难受，可以适当地发泄一下，比如躲在没人的地方哭一会儿，或是向信任的小伙伴倾诉一下，这都有助于调节我们的情绪，让我们更好地面对老师的批评。

③ 向爸爸妈妈寻求帮助

我们在受到批评之后，因为觉得丢人而感到难过，却又不敢将这段经历告诉其他人，这其实是自尊心脆弱的体现。但爸爸妈妈并不是外人，他们是最关心和爱护我们的人，当我们有问题难以解决时，向他们寻求帮助是最好的选择。只要我们向爸爸妈妈说出自己的困难，相信他们会安抚我们、开导我们，帮助我们解决问题的。

心爱的小狗死了，我郁郁寡欢

： 波比是我从小就养的一条宠物狗，它非常可爱，还通人性，每天放学回到家，它都会在门口迎接我，波比虽然不会说话，却是我最好的伙伴。上个月，波比突然因为疾病死亡了。从此我再也看不到它活泼的身影，波比再也不会在家门口迎接我，波比的离去让我难以接受，我的生活好像失去了乐趣，每天都垂头丧气的，我该怎么办呢？

心理大分析

现在，很多家庭都会养一只宠物，宠物不仅能给大人带来乐趣和慰藉，还能成为我们的玩伴，陪着我们一起长大，因此我们从小就对宠物有着深深的依恋。宠物带给我们的快乐是显而易见的，但宠物的死亡往往也会给我们带来巨大的打击。

有时候，大人可能理解不了我们的心情，因为他们对宠物投入的感情可能没有我们深厚，也可能是他们有过类似的经历，因此反应就没有我们那么强烈。而我们从小就和宠物朝夕相伴，高兴时，和宠物一起玩，失落时，向宠物寻求安慰，和宠物产生了深厚的情感，把它们当作最好的朋友，甚至是家人。所以，宠物死亡后我们才会那么难过。

实际上，大部分人在宠物死亡后都会产生巨大的丧失感，有些小伙伴难以承受失去爱宠的痛苦，在悲伤中难以自拔，这是一种很正常的反应。但是，如果我们不接受宠物已经离去的事实，就难以从悲伤中走出来。从另一个角度看，这其实是宠物给我们上的最后一课——死亡教育，我们必须直面宠物的死亡，理解所有的生命最终都会走向死亡这一事实。

适度地宣泄情绪可以缓解悲伤，但我们不要因此消沉下去，要铭记宠物给我们带来的欢乐，将那些美好的回忆珍藏在心中，坦然接受宠物已经离去的事实，振作起来，积极地面对生活，最终，时间会抹平我们心中的伤口。

心理大课堂

为什么我们无法接受宠物的死亡呢？

1 失去了情感的寄托

很多时候，我们都把宠物当作自己最亲密的伙伴，不仅和宠物一起玩耍，还喜欢向宠物诉说心事。然而，宠物死亡后，我们失去了寄托情感的对象，难以适应这种变化，因此无法接受宠物的死亡。

2 把宠物当作亲人

有的小伙伴，从小被宠物陪伴着长大，对他们来说，宠物不仅是伙伴，还是家庭的一分子。这些小伙伴已经和宠物建立了依恋关系，而宠物的死亡导致依恋关系破裂，因此他们会像失去亲人一样难过。

3 强烈的被抛弃感

由于我们心理承受能力还比较差，任何突如其来的变化都会令我们难以适应。亲密的宠物突然离去，将我们独自留在原地，我们就像被抛弃了一样，悲伤、孤独、不安全感等负面情绪会让我们难以承受。

 宠物死亡会给我们带来哪些负面影响呢？

1 失去陪伴，心情低落

　　我们可能已经习惯了宠物的陪伴，宠物也成了我们的重要伙伴。宠物突然死亡后，我们失去了重要的伙伴，内心必然会感到悲伤和孤独。由于宠物在我们心中有重要的地位，这种孤独自然也就难以摆脱，很长一段时间内我们的心情都会十分低落。

2 精神崩溃，变得抑郁

　　有些小伙伴的爸爸妈妈因为各种原因，选择让宠物陪伴孩子，时间一长，小伙伴们就将宠物当作精神上的依靠。有了宠物，他们就不觉得孤独，还会向宠物倾诉内心的情感。但宠物死亡后，他们失去了精神陪伴和心灵慰藉，精神很容易崩溃，变得抑郁、自闭。

3 产生心理阴影，变得患得患失

　　我们的内心往往比较脆弱，宠物突如其来的死亡带来的巨大打击，让我们难以承受，可能会留下难以磨灭的阴影，使我们对死亡产生了强烈的恐惧。我们可能害怕身边的人也会像宠物一样突然离去，变得患得患失，恐惧不安。

我来支招儿啦!

① 安葬宠物，郑重地道别

如果我们难以接受宠物的突然离去，不妨为它办一场葬礼。在葬礼上，将宠物好好安葬后，认真地回顾我们和宠物在一起的快乐时光，然后郑重地向它道别。葬礼是消化悲伤的好机会，可以让我们宣泄情绪，收拾好心态。

② 在爸爸妈妈的帮助下走出悲伤

爸爸妈妈的人生阅历比我们多，具有更强的心理承受能力，如果我们难以面对宠物的离去，无法排解自己的负面情绪，不妨求助于爸爸妈妈。在爸爸妈妈面前，我们不必克制自己的情绪，可以尽情地大哭一场。在他们的安慰和开导下，我们一定能从悲伤中走出来。

③ 转移注意力，淡化悲伤

我们还可以试着去做一些开心的事情来转移自己的注意力。比如和朋友们做游戏、在爸爸妈妈的陪伴下去动物园，多让自己感受一些快乐，让这些快乐冲淡心中的悲伤。

运动时受伤了，我好郁闷

：　　　下个月学校要举办跳长绳比赛，每个班级都积极地组织练习。上周我们班在练习跳长绳的时候，我主动申请担任排头，可是当我准备大显身手的时候，却被绳子绊了个"大马趴"，全班同学都嘲笑我。更让我郁闷的是，我的脚踝因此受伤了，唉……我不仅被同学们嘲笑，还没法参加长绳比赛了，我是不是没有运动天赋啊，我不想再参加任何体育运动了。

心理大分析

　　古人云："胜败乃兵家常事。"国外也有"失败乃成功之母"的谚语，这都是在说明失败是人生的常态，面对失败，不必耿耿于怀，只有克服困难、超越自己，才能获得成功。

　　心理学上有"心理资本"的概念，心理资本是促进个人成长的重要心理资源，它包括希望、乐观、韧性等多个方面。"希望"强调的是人要追求上进，不能自暴自弃；"乐观"强调的是将坏事归结于暂时的原因，而将好事归结于持久的原因，比如重视个人的能力而非环境因素；而"韧性"指的是从挫折、逆境、失败中恢复的能力。

　　每个人身上都有这些品质，与其因为受伤而消沉，我们不妨发挥这些品质从逆境中崛起。我们可以利用休养时间回顾一下受伤的经过，是因为某个动作不标准导致受伤，还是因为自己体能不够，抑或是热身不充足等。同时要思考下一步的锻炼计划，在以后的锻炼过程中，重点弥补这些不足，争取不再受伤。

　　另外，我们也可以试着分析自己的强项和弱项，多多尝试其他运动，找到适合自己的运动，发现运动中的乐趣，从而激发兴趣，有了兴趣才有克服困难的勇气。

　　总之，我们不能因为一次小伤就失去积极性，运动的目的不仅是锻炼身体，更重要的是磨炼意志。

心理大课堂

为什么受伤后，我们就不想再参加体育运动了？

1 害怕再次受伤

我们在受伤，尤其是比较严重的运动损伤后，由于害怕再次受伤，难免会对运动产生一定程度的心理障碍。这种障碍在心理学上叫作运动恐惧症，主要是人在运动中受伤或失败后产生心理创伤形成的。

2 害怕遭人嘲笑

我们正处在自我意识快速发展的阶段，有着很强的自尊心，十分在意别人的看法。曾经受到嘲笑的经历让我们耿耿于怀，这导致我们害怕在参加体育运动时，再次受到别人的嘲笑，因此不想再参加体育运动。

3 害怕再次失败

有时候我们不想再参加体育运动的原因是害怕再次失败，害怕自己的不足被曝光，害怕别人的负面评价，甚至会将一些小挫折看作一次惨痛的失败，变得难以释怀，因此对运动的兴趣大大降低。

总是不参加体育运动对我们有哪些负面影响呢？

1 不利于我们的身体健康

如果我们总是不参加体育运动，可能会导致我们的身体机能下降，比如心肺功能减弱、体力变差、新陈代谢降低等。身体素质太差不仅会使我们免疫力降低，容易生病，还会影响我们的精神状态。

2 不利于我们社交能力的发展

体育运动通常不是一个人的活动，许多运动都需要我们和其他人进行交流或协作。因此，如果我们总是不参加体育运动，就会失去很多培养团队合作意识和沟通技巧的机会，不利于我们提高社交能力，建立良好的人际关系。

3 导致情绪问题

体育运动是缓解压力最好的方式之一。多参加体育运动可以缓解负面情绪，减轻焦虑，振作精神。而缺乏运动则不利于我们释放压力，很容易导致情绪问题，如情绪不稳定、暴躁易怒等，这对我们的学习和生活都有不利影响。

① 寻找受伤原因，克服运动恐惧

有时候，我们将受伤的原因归结于运动本身，这是一种不正确的思维。实际上，运动并不是导致我们受伤的根本原因，其原因可能是我们自己不小心、动作不标准、体能不足等，只要想明白这一点，对于运动的恐惧感也就不那么强了。

② 针对性锻炼，避免再次受伤

电视上那些出色的运动员几乎都有过多次伤病的经历，但他们依然没有放弃。所以，我们也不必因受伤而自暴自弃，在找到自己受伤的原因后，我们应该吸取教训，仔细分析自己的强项和弱项，加强对弱项的锻炼，防止再次受伤。

③ 坚持锻炼，激发运动兴趣

受伤可能会让我们对运动渐渐失去兴趣，但这时候我们恰恰应该坚持下去，即使一时无法取得明显的进步，也不应该放弃。只要坚持进行锻炼，就一定能看到自己的进步并从中获得成就感，从而产生兴趣，有了兴趣也就有了动力的源泉。

比赛落选，我辜负了大家的期待

 ： 　　我的语文成绩一直很不错，我写的作文还经常受到老师的表扬。上个月，学校里举办了一次征文比赛，我第一时间就报了名，班里的老师和同学也对我寄予厚望。可是上周我却收到通知，我没获得任何名次，不仅没能为班级赢得荣誉，还辜负了大家的期待，我那么认真写的作文竟然没有入选，我感觉自己真的太没用了，我再也不想写作文了。

 心理大分析

　　我们有时为某件事或某个目标付出许多努力，最后却没有达到预期目标，从而产生了失落感和挫折感，甚至认为自己没用，这是正常的反应。胜败乃兵家常事，我们应该坦然地接受这次失利，不要因此就认为自己很没用，变得一蹶不振。接受失败是成长的一部分，每个人都会经历失败，重要的是如何从失败中学习和成长。

　　在任何比赛中，评委的评判都带有一定的主观成分，征文没能入选，也许并不是因为我们写作水平不高，而可能是因为作文主题没能吸引评委，或是评委不喜欢其中的观点或文风等。写作是一项需要不断练习和提高的技能，我们应该从失利中学习，找出自己写作上的不足，并努力改进。

　　比赛落选后，我们可以找评委老师了解具体评选标准，仔细分析自己落选的原因；也可以找来比赛中的优秀作品，看看是否能作为自己作品的借鉴；还可以向老师或同学请教，听取他们的建议和意见，以便更好地改进自己的写作技巧和风格。

　　总之，失败只是暂时的，坚持努力才是成功的关键。只要我们保持积极的心态，持之以恒，继续努力提高自己的写作水平，相信自己的能力和潜力，我们一定可以在未来的比赛中取得更好的成绩，达到预期目标。

心理大课堂

 经历挫折后，我们灰心丧气的原因有哪些呢？

1 对自己的能力认识不足

有些小伙伴由于各种原因，在成长时很少经历挫折，对自身的能力认知不够，可能会对自己期望过高，认为自己一定能获得好成绩。这样一来，当结果不如意的时候，他们会难以接受，变得灰心丧气。

2 性格好强，看重输赢

一些小伙伴有着很强的好胜心，十分看重输赢，喜欢与同龄人进行比较来获得优越感。然而，人外有人，当他们发现一些同龄人比自己更优秀、自己难以超越他们的时候，巨大的心理落差会使他们失去信心，导致心理失衡。

3 心理压力过大

有时候，我们本身能力出众，如果正常发挥的确能获得不错的名次，但由于周围的人对我们寄予厚望，给我们带来了巨大的心理压力，使我们变得紧张。这种时候，我们一旦失败，心态就有可能崩溃。

 过分看重输赢会给我们带来哪些负面影响呢？

1 容易被情绪左右

过分看重输赢，往往是自尊心太强导致的。如果我们的胜负欲太强，在成功时会表现得异常兴奋，而在自认为应该获得名次却没能如愿时，我们的自尊心则可能会大受打击，情绪也因此失控，甚至嫉妒获得名次的小伙伴。

2 心理承受能力下降

一些小伙伴对自己有着过高的评价，在比赛开始前就相信自己能获得出色的成绩。在失败之后，巨大的打击会击碎他们的自信心，使他们的内心受挫。为了不再承受失败带来的压力，再次面对挑战时，这些小伙伴可能会直接选择放弃。

3 变得心胸狭窄

有些小伙伴过分重视比赛结果的原因是他们对于比赛的理解有误，他们真正重视的可能是获胜的奖励以及荣誉，而不是比赛的乐趣。越是在激烈的竞争中，他们越容易被胜负心控制，甚至可能采取一些不正当的方式争取胜利。

我来支招儿啦！

❶ 总结经验，再接再厉

勇于参赛的我们已经很不错了，不必太在意比赛的结果。如果我们想找出自己落选的原因，不妨阅读这次征文比赛的获奖作品，从他人的优秀作品中找到自己的不足，总结经验，在下次的比赛中再接再厉。

❷ 放平心态，转移注意力

因为比赛落选而感到失落是正常的反应。但是，难过一段时间后，我们要振作精神，试着暂时忘记比赛的事情，把心思放在其他事情上，比如学习、课外活动等，让自己忙碌起来，从其他地方获得积极的力量，这样就不会感到失落了。

❸ 接受失败，提高自己

每一次失败都是一次学习和进步的机会，我们不应该因为一次失败就不再努力，甚至放弃自己的爱好。尤其是当我们已经有了一定的经验或技巧时，我们更应该从积极的角度看待这次失败，将它看作一块垫脚石，鼓励自己，坚持努力，最终达到更高的水平。

心理测试

测试题

1. 你是否经常胃口不好，不想吃东西？

    A. 是   B. 否

2. 你是否有吮手指的坏习惯？

    A. 是   B. 否

3. 你在做一件事的时候是否经常走神？

    A. 是   B. 否

4. 你是否总喜欢黏着爸爸妈妈？

    A. 是   B. 否

5. 你是否很少和爸爸妈妈谈心？

    A. 是   B. 否

6. 你是否喜欢参加集体活动？

    A. 是   B. 否

7. 你是否不喜欢与人交往，很少或几乎没有好朋友？

    A. 是   B. 否

8. 你在不顺心的时候是否喜欢保持沉默？

    A. 是   B. 否

9. 你是否经常忍不住发脾气，但事后又会后悔、内疚？

    A. 是   B. 否

10. 你是否经常因为一点小事而产生情绪波动，甚至情绪失控？

    A. 是   B. 否

11. 你是否经常闷闷不乐，即使遇见开心的事，也很难笑出来？

　　A. 是　　　　　　　　　B. 否

12. 你是否经常莫名其妙地哭泣，自己也说不出原因？

　　A. 是　　　　　　　　　B. 否

13. 你睡觉时是否经常做噩梦，并时常被惊醒？

　　A. 是　　　　　　　　　B. 否

14. 你是否经常因感到不如别人而自卑？

　　A. 是　　　　　　　　　B. 否

15. 你是否没有自信，一遭到嘲笑就一蹶不振？

　　A. 是　　　　　　　　　B. 否

16. 你是否会嫉妒比你优秀的人，对对方感到不满？

　　A. 是　　　　　　　　　B. 否

17. 你每天上学前会不会感到不安，甚至哭闹？

　　A. 是　　　　　　　　　B. 否

18. 你是否经常找借口来逃避上学？

　　A. 是　　　　　　　　　B. 否

19. 你是否害怕一些常见的小动物，如兔子、小猫？

　　A. 是　　　　　　　　　B. 否

20. 你是否不敢一个人待在房间，或是独自入睡？

　　A. 是　　　　　　　　　B. 否

计分方法：

　　在每道题目中，选择"是"得1分，选择"否"得0分。统计总分。

心理游戏

亲爱的小朋友，我知道你有很多很多的想法，那么，在这里写一写，画一画，涂一涂，让糟糕的、美好的情绪在这里释放吧！

表达你的情绪吧！

今天，我感觉很开心，心情像太阳一样！

涂一涂你的情绪温度吧!

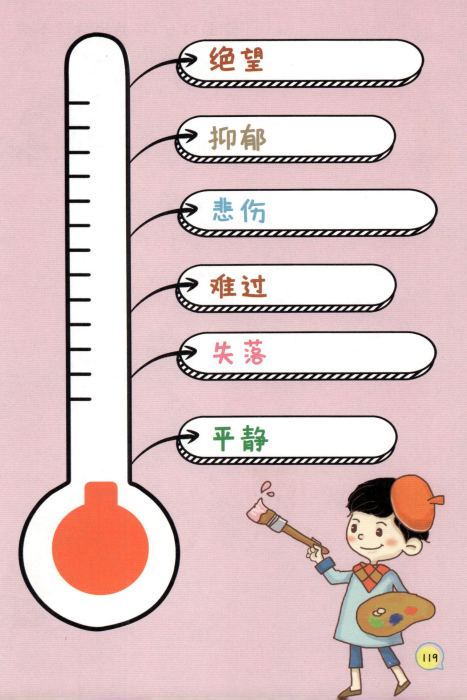

绝望

抑郁

悲伤

难过

失落

平静

认识情绪小怪兽！

直面内心，描绘出你的不愉快吧！

你真棒!

亲爱的小朋友，你尽管不算完美，但已经很棒了，通过这本书，你的情绪有变化了吗？把你的改变写进去吧！

我有耐心啦！

我不生气啦！

我有好朋友啦！

我很勇敢！

我能开心地上学啦！

我能接受失败啦！

我能面对分离啦！

心理测试参考

0～6分：恭喜你！你是个心理健康的孩子。你目前的情绪状态很稳定，基本没有负面情绪，即使有，你往往也能及时地进行自我调节直至恢复常态。经常保持稳定的情绪状态，对于保持良好的心态、健康的心理都有积极影响。

7～13分：别担心！你目前可能存在一些负面情绪，不过并不严重，对于身心健康不会有太大影响。如果得不到及时的调整和恢复，很有可能会产生消极的心理。若无法自行调节，就需要他人的帮助和引导。

14～20分：注意了！你目前的情绪状态十分不稳定，有比较严重的消极心理，已经对社交、生活产生了一定影响。如果长期保持这样的情绪状态，会对身体和心理健康产生不良影响，严重的甚至可能患上焦虑症、抑郁症等，最好及时寻求心理咨询师或相关专家的专业指导，尽早消除负面情绪。治好我们心理上的"小问题"，从而健康快乐地成长。

帮助孩子认识自我、塑造三观

给孩子的
心理帮助书

社交迷茫，怎么办？

高彩艳　主编

北京工艺美术出版社

图书在版编目（CIP）数据

给孩子的心理帮助书. 社交迷茫，怎么办？ / 高彩艳主编. —— 北京：北京工艺美术出版社，2023.10
ISBN 978-7-5140-2682-5

Ⅰ . ①给… Ⅱ . ①高… Ⅲ . ①心理学－儿童读物 Ⅳ . ①B84-49

中国国家版本馆CIP数据核字(2023)第143177号

出 版 人：陈高潮　　　　装帧设计：弘源设计
责任编辑：周　晖　　　　责任印制：王　卓

法律顾问：北京恒理律师事务所　丁　玲　张馨瑜

给孩子的心理帮助书　社交迷茫，怎么办？
GEI HAIZI DE XINLI BANGZHU SHU SHEJIAO MIMANG ZENMEBAN

高彩艳　主编

出　　版	北京工艺美术出版社	
发　　行	北京美联京工图书有限公司	
地　　址	北京市西城区北三环中路 6 号　京版大厦 B 座 702 室	
邮　　编	100120	
电　　话	(010) 58572763（总编室）	
	(010) 58572878（编辑部）	
	(010) 64280045（发　行）	
传　　真	(010) 64280045/58572763	
网　　址	www.gmcbs.cn	
经　　销	全国新华书店	
印　　刷	天津海德伟业印务有限公司	
开　　本	700 毫米 ×1000 毫米　1/16	
印　　张	8	
字　　数	78 千字	
版　　次	2023 年 10 月第 1 版	
印　　次	2023 年 10 月第 1 次印刷	
印　　数	1 ~ 20000	
定　　价	199.00 元（全五册）	

说什么呀？

嗨！你好呀！

孩子们，在成长的过程中我们会遇到不同的问题，喜欢不同的事物，有不同的爱好和特长，这些都能反映出我们的性格特点以及内心的想法。幼年的成长阶段正是我们爱好、人格、性格等形成的关键时期，这一阶段要着重注意心理健康，才能形成正确的三观和品格。

在成长的过程中，我们的很多行为常常令父母感到困惑，一举一动，甚至一个表情，都表达了我们的某种心理诉求，父母与其反复纠正我们的行为，不如深入了解我们的心理，通过了解我们的心理变化与情绪特点，针对性地解决我们遇到的实际问题，才能厘清问题的真相，指出我们存在的各种心理阻力，引导我们积极地看待问题。以此培养我们的内在感知力，提升情绪控制力，让我们学会用积极的情绪化解遇到的烦恼，拥有自信、勇敢、独立等健全的人格。

我们根据此阶段孩子们的心理特点，专门量身打造了这套《给孩子的心理帮助书》，针对孩子们成长

很烦恼！

怎么办呢？

过程中的焦虑、恐惧、抱怨、悲伤、后悔、忧郁、猜疑、孤独等不良情绪，以孩子的视角去看待问题，并一步步剖析成长难题，加以专业的心理学分析，让孩子的成长烦恼有"回音"，为孩子的心理健康提供保障。

本套书将晦涩难懂的心理学理论转化为浅显通俗的文字，配有精美的插图、丰富的栏目、科学的测试、有趣的游戏，以一种全新的方式，从儿童心理学的角度解决孩子成长过程中的各类问题，解读儿童行为，洞见儿童心理。

本套书从孩子们实际生活中遇到的问题入手，深入他们的内心世界，系统地阐述孩子的各种情绪问题及产生原因，并提供了科学有效的解决方法，所有解决方案均步骤明确，简单实用，实践性强，是一部真正意义上的儿童心理健康启蒙书。

希望本套书能够帮助孩子跨过成长中的荆棘，让孩子健康、快乐地成长！

多认识一些好朋友吧！

目录
Contents

目录

Contents

我不太会说话，大家都不爱理我

最近我发现，每次我想和同学们聊天，大家都有意无意地忽视我，这让我很苦恼，于是我问了好朋友小凯。小凯说："肯定是你不会说话，让同学们不高兴了呗。"我很不解，问小凯我哪里不会说话。小凯说："你说话太直接了，经常让人下不来台，即使是我，有时候也会对你心存不满。你要是再不改进，大家就都不和你玩了！"我真的不会说话吗？我该怎么办呢？

心理大分析

　　每个人性格都不同，有人说话比较直接，而有人则喜欢委婉的表达方式。我们在和别人交流的过程中，在不经意间让别人感到不愉快，导致别人不愿意和我们说话，这是十分常见的现象。导致别人不高兴的原因可能是我们的语气过于生硬或强势，也可能是我们的表达方式不太恰当，抑或是我们不小心触碰了别人的"雷区"等。

　　在交流中，语气和表达方式非常重要。如果我们用友好、委婉的表达方式，往往更容易受到他人的喜爱。相反，如果我们的态度过于强势，则很容易让别人感到不舒服，甚至会引起别人的反感。另外，如果我们只关注自己的需求，总是以自己喜欢的方式和人交流，而忽略了别人的想法，不仅会让别人感到不舒服或者被冒犯，还可能导致沟通受阻，影响彼此之间的关系。

　　因此，为了在以后的交流中避免出现类似的问题，我们应该多采用委婉、友善的语气和表达方式。这并不是要我们改变自己的性格，而是要我们在表达自己的想法时，也要尊重别人的想法和感受。我们可以多听一些朋友的意见和建议，试着站在对方的角度思考问题，尽量避免一味强调自己的观点，这样可以增强我们和别人之间的理解，让大家更愿意与我们交流和相处。

心理大课堂

 导致我们不会说话的原因有哪些呢？

1 自我意识太强

如果我们的自我意识太强，往往会更加关注自己的感受和需求，在交流时就容易忽略别人的想法和感受。我们会表现得傲慢、自大、无礼，别人会认为我们在忽视他们，因此会感到不高兴或者被冒犯。

2 缺乏社交技巧

我们正处在社交能力快速提升的阶段。有时候，因为经验和能力的不足，我们可能会无法顺利地表达自己的想法，表现得太直接或不稳重，出现一些偏差表达现象或是不得当的言行，导致别人不高兴。

3 家庭教育的影响

家庭教育对我们的性格和行为方式有重要的影响。如果我们的爸爸妈妈总是用强硬的态度和语气与我们说话，经常批评、指责我们，或是缺少温馨、和谐的沟通氛围，也有可能会导致我们的表达方式不得当。

总是不会说话会给我们带来哪些负面影响呢？

1 与他人产生沟通障碍

良好的语言表达能力有助于我们提升个人魅力，会说话的小伙伴总是很受欢迎。如果我们总是不会说话，表达不得当，不仅不利于别人理解我们的想法，久而久之，我们还会形成不良的表达习惯，使我们难以正常地表达自己，使我们的沟通效率降低。

2 影响我们的人际关系

如果我们总是语气太直接或者说话不好听，小伙伴们可能会觉得我们性格强势、傲慢，与我们交流很困难，因此不愿意与我们交流或相处，长此以往，可能会影响我们的人际关系。这会导致我们失去很多交流和沟通的机会，难以提高自己的社交技巧。

3 给我们带来情绪问题

如果我们的语言表达能力不好，说话总是引起别人的不满，甚至得罪别人，会导致别人疏远我们，这容易使我们产生失落、自卑等负面情绪。长此以往，我们还可能变得孤僻、自闭。

❶ 改变自己的说话方式

交流时，谦虚、客气的态度可以让人感到舒适。我们可以使用友善、委婉的措辞，比如"请""谢谢""对不起"等，这样会让我们的语气更加温和。当然，这并不意味着我们要完全改变自己的性格和习惯，只是让我们的想法和主张更容易被别人接受，也会给别人留下更好的印象。

❷ 学会倾听他人的想法

为了提高我们和别人沟通的效率，我们应该试着多关注别人的感受和需求，多站在别人的角度考虑他们的想法。这样可以让别人感受到我们对他们的尊重和关心，也可以向一些好朋友求助，听取他们的意见和建议，赢得我们在别人心中的好感。

❸ 锻炼自己的社交技巧

我们可以尝试多和同学们交流，多参加集体活动，这样不仅可以锻炼我们的社交技巧，还可以增加我们和同学们之间的了解和信任，同时有助于改善彼此之间的关系，让我们在小伙伴中更受欢迎。

我是"闷葫芦"，有话不敢说

我从小就很害怕和别人说话。虽然我也有表达欲望，但我宁可一个人偷偷自言自语，也不愿意和大家交流。每当在路上遇到熟人，我都想主动打招呼，可话到嘴边就是说不出来。课堂上，老师叫我回答问题，尽管我脑中有解题思路，却不敢开口作答。和同学们聊天时，我也不敢随意插话，大家都说我是"闷葫芦"。我为什么有话不敢说呢，我该怎么办呢？

心理大分析

明明有强烈的表达欲望，却不敢在人前说话，这是一种比较常见的现象。很多小伙伴因为表达能力差，害怕自己说错话，所以变得有话不敢说。还有一些小伙伴太过在意别人的看法，担心自己的表现被人评价，所以选择沉默不语。导致这种现象的原因有很多，通常都与社交恐惧症有关，是一种常见的心理障碍。"社恐"的小伙伴在面对社交场合时往往会产生强烈的紧张或恐惧，难以正常与人交流。

但是，在别人看来，有话不说、遮遮掩掩的行为可能是心怀戒备、不够坦诚的表现，人们通常不愿意与这类人交往。因此，我们要找到自己不敢说话的原因，然后制定针对性的解决方案，比如多和父母练习对话，提高自己的交流技巧；说话前深呼吸，缓解紧张的情绪等。这可以帮助我们更好地克服内心的障碍，提高自己的社交能力和自信心。

此外，我们还要学会敞开心扉，勇敢地表达自己，心理学上把这种行为叫作"自我暴露"。适当地表露自己的想法可以获得他人的信任，建立亲密的关系。总之，不敢说话并不是无法解决的难题，只要我们找到背后的原因，努力提高自己的表达能力，我们就可以变得更加自信、开朗，结交到更多的朋友。

心理大课堂

我们有话不敢说的原因有哪些呢？

1 害怕受到批评或嘲笑

性格往往是导致我们不敢说话的主要因素。许多小伙伴性格软弱，他们害怕说出自己的想法和观点后，会被别人批评或嘲笑，因此为了自我保护而选择沉默，把自己的真情实感藏在心里。

2 爸爸妈妈教育方式不当

有些小伙伴长期受到爸爸妈妈的"高压教育"，爸爸妈妈对他们管教过严，每当他们表达自己的想法或观点时，爸爸妈妈总是没有耐心，甚至会批评这些小伙伴。这就导致这些小伙伴认为自己的想法不被重视，变得越来越不敢表达。

3 社交恐惧症

有时候，我们有话不敢说的原因是"社恐"心理的作用。当我们身处社交场合时，会产生强烈的紧张或恐惧，难以与人正常交流。与人面对面交谈时，内心的紧张感会压迫理智，让我们变得有话不敢说。

总是有话不敢说，会给我们带来哪些负面影响呢？

不利于我们的人际关系发展

如果我们总是胆小不敢表达，这会对我们的人际交往产生不利影响。交流需要积极的语言表达，如果我们不愿意说话，就很难融入社交圈子，难以与他人建立融洽的关系，甚至会因为沉默寡言被同学们孤立，被迫变得不合群，更难以结交好友。

² 语言能力减弱

如果我们长期不爱说话、不敢表达，语言表达能力会越来越弱，难以清楚地表达自己的需求，即使内心有自己的想法，也不知道该如何与人沟通。这种情况会形成一个恶性循环：越不愿意说话，语言表达能力越差，就更难以表达自己的想法。

³ 不利于大脑功能的发展

我们的语言表达能力与大脑发育密切相关。只有通过大脑的思考，才能将我们内心的想法转化为语言来表达。如果我们总是不表达自己，大脑就无法得到有效的锻炼和训练，从而导致大脑功能发展缓慢，在思维速度与逻辑等方面逊色于爱表达的小伙伴。

1 练习社交技巧

有话不敢说、犹犹豫豫是社交能力差的表现。模拟对话是提高社交能力的好方法。我们可以假设一个社交场合，想象自己正身处其中与人对话。一个人扮演不同的角色，练习如何打招呼、如何引入话题、如何回答问题等。

2 从小事中寻找自信

有时候，我们有话不敢说是因为缺乏自信，认为自己的表达能力不足。针对这种情况，我们可以通过一些小事逐步建立自信，比如主动和同学打招呼，在别人说话时及时回应对方，举手回答问题等。慢慢地，我们就能应付越来越多的社交情形，变得越来越自信。

3 创造交流的机会，积极表达自己

想要摆脱"闷葫芦"的外号，最有效的方法就是多和人交流。我们要想办法给自己创造交流的机会，逐渐打破我们的心理障碍。比如，寻找开朗、健谈的同学，和他们多多接触。这样做不仅可以锻炼我们的表达能力，还能逐渐克服内向和缺乏自信的问题，建立起良好的社交关系，结识更多的朋友。

我性格内向，
不敢交朋友

我天生性格就很内向，不敢接触陌生人，也不敢在别人面前表现自己，在和别人交往的时候总是不知所措，需要很长时间才能和别人熟络起来，所以我的朋友很少。我今年已经三年级了，班里的同学们早就打成一片，可我还是没交到几个朋友。有时候我想主动和同学说话，但他们都嫌弃我性格内向，不愿意和我玩。我该怎么改变自己呢？

心理大分析

　　内向并不是什么缺点，只是一种性格特点，在心理学上这种性格被称为人格内倾。内倾型的人通常喜欢独处，他们比较注重自己内心的想法和感受，不太愿意在外部世界寻找刺激和满足，因此不太善于与人交往。

　　虽然内倾型的人在交友方面可能会遇到一些困难，但他们也有很多优点。比如，他们往往比较细心，能够更好地观察和理解别人的情绪，也更愿意尊重他人的需求，思考问题比较全面周到。

　　因此，我们不必因内向的性格而灰心丧气，这种性格并不意味着我们无法交到朋友。我们可以试着用真诚和自然的方式来表达自己，尽量发挥自己的优势，展现自己独特的魅力，一定能吸引到和我们有共同爱好和兴趣的人。只有和一些志同道合的人交往，才能建立起真正的友谊。而且当我们找到那些真正欣赏我们的人时，我们会变得更加自信和从容，会变得更加敢于表达，喜欢与人接触，这对我们结交更多朋友是十分有利的。

　　或许我们现在的朋友圈子不是很大，但我们和朋友间的友谊往往是经历过现实生活考验的，更加真挚和深厚。因此，没必要试图改变自己的性格，也不必刻意模仿外向的人去大力交际，做自己就好。

心理大课堂

 我们不敢主动交朋友的原因有哪些呢？

1 缺乏自信，害怕被拒绝

很多性格内向的小伙伴都有缺乏自信的表现，他们不喜欢与人交流、害怕接触他人、不敢在别人面前展示自己，是因为担心交朋友时被拒绝。这种担心会让他们感到紧张和不安，使他们不敢主动交朋友。

2 缺乏交往动机

一些小伙伴在家里是全家人的中心，身边总是有人陪伴，弥补了这些小伙伴在社交方面的需要，而这也恰恰导致他们失去了与同龄人交往的动机。与同龄人交往，往往需要大量的协调和磨合，这也给他们的交友带来了阻力。

3 爸爸妈妈教育方式不当

有时爸爸妈妈比较强势，他们希望我们按照他们的安排行事，不管是在学习、兴趣爱好，还是结交朋友方面，他们都想替我们做出决定，这可能会让我们失去自主性和独立思考的能力，变得越来越胆怯，不敢交朋友。

总是不敢交朋友会给我们带来哪些负面影响呢？

1 性格变得孤僻，容易受到排挤

有时候，我们即使有展示自己、结交朋友的想法，也不敢付诸实践，这就可能导致我们难以适应新的环境和新的社交圈，会变得越来越孤僻。此外，由于我们很少与其他同龄人一起玩耍、社交，很容易受到同龄人的排挤，甚至欺负。

2 社交能力变弱，失去锻炼机会

若我们长期不愿意结交朋友，不敢和陌生人接触，就可能会面临社交障碍，这是一种焦虑症状。这种情况可能会使我们变得越来越孤僻，对社交行为抱有抵触情绪，拒绝参加社交活动。这将导致我们难以建立良好的人际关系及适应社会环境。

3 不利于形成正确的自我认知

如果我们没有学会交朋友，社交能力太差，就很难学会如何正确表达自己的想法，也就很难发展自我认知。与人交往、协作和沟通不仅能帮助我们正确认识自己，还能使我们的大脑迸发出新的思想。因此，总是不敢交朋友，会对我们的思维产生限制，影响我们的发展。

① 从了解他人开始，逐步放下心理防线

与人交往最重要的就是敞开心扉，用心去了解、对待他人。所以，当我们想结交新朋友时，应该逐步放下心理防线，尽可能多了解他们，用适当的方式接触对方。只要有了良好的开端，我们很容易就能和对方建立亲密的关系。

② 给自己一点耐心，逐步建立朋友圈

内向并不是什么缺点，而是众多性格特征之一。每个人的性格不同，也有各自的优点，只要发掘出来，就会让我们在交际中更加得心应手。虽然内向的人很难在短时间内结交朋友，但并不意味着我们交不到朋友。我们应该多给自己一点时间，发挥自己的优势，逐步建立起朋友圈。

③ 寻找志同道合的人结交朋友

共同的兴趣爱好是结交朋友的重要途径。喜欢相同的事物可以让人们快速拉近心理距离，有了共同话题，就会更容易产生共鸣，建立起友谊。我们可以通过观察同学，找到和自己兴趣相投的人，一起去做感兴趣的事情，这样就能拓展交际圈，结交更多志同道合的朋友。

我是个"小透明"，
渴望被重视

 ： 　　我是一个"小透明"，不太擅长与人交流，身边的人似乎总是有意无意地忽视我。同学们一起聊天的时候，我根本插不上话；集体游戏时，大家也很少叫上我；就连我仅有的几个朋友，也总是忘记我的存在。我的存在感太低了，这让我非常难过，学习没有动力，生活也没有乐趣，我好想得到他人的重视，我该怎么办呢？

心理大分析

　　心理学上，我们想要通过被关注来获得存在感，是因为我们在成长过程中需要建立自我认同感和自尊心。自我认同感是一个人对自己以及自己所属的环境的认可感；自尊心是指一个人对自己的价值和能力的评价和感受。这两个心理需求是人类天生的需求，也是我们成长和发展的重要基础。

　　很多时候，别人的重视与认同，可以让我们建立自信，感受到自己的价值，进而获得归属感，否则就会有强烈的被抛弃感和自卑感。这是一种正常的心理现象，但如果这种心态过强则说明我们过分关注别人的看法，过度依赖外界。

　　在校园生活中，如果总是以追求别人的认同作为自己的目标，对我们的心理健康来说是十分不利的。并且，外界的因素是不可控的，因为我们不能保证别人会持续关注我们，当别人的视线离开我们时，我们将感到无所适从，陷入深深的焦虑中。

　　为了纠正这种错误心理，我们可以提升内在的力量，让自己变成一个独立自信的人。我们可以试着忽略其他人的目光，学会重视自己，将注意力集中在自己身上。不被关注时，自己鼓励自己；取得进步时，自己肯定自己。通过这样的方式逐渐摆脱对他人看法的依赖性，培养自我认同感，重新建立自信，那时我们就不怕被人忽视了。

心理大课堂

我们渴望被重视的原因有哪些呢?

1 心理成长的需要

我们正处于心理成长的关键时期,尚未建立足够的自信心、自尊心,需要得到家长、老师或同学的关注和支持,以此来帮助自己建立自信心、自尊心,引导自己正确地掌握生活技能等。

2 爸爸妈妈关注的缺失

有时候,爸爸妈妈由于各种原因,不能长期陪伴在我们的身边,忽视了我们的需求和情感,使我们感到被冷落或被忽视。我们的内心会因此受到伤害,从而产生害怕被忽视的心理。

3 学校生活的影响

在学校中,我们偶尔会面对一些负面的境遇,如老师的批评、误解或同学的欺负、排挤;人际关系较差,缺少朋友的支持;得不到老师、同学的尊重和认可等,这些都可能导致我们产生对忽视的恐惧心理,变得渴望被重视。

过度渴望别人的重视会给我们带来哪些负面影响呢？

1 产生心理压力

如果我们过度渴望他人的重视，总是因为缺少他人的关注或支持而感到不安、紧张；或是因为他人的忽视而变得焦虑、无助，这都会给我们的内心带来很大压力。这种压力会让我们过分在意自己的言行，难以展现真实的自我。

2 导致信心缺失，自我怀疑

当我们过度渴望别人的关注和重视，过分依赖他人的认可和赞扬，会渐渐认为自己的努力和表现是无意义的，对自身价值缺乏信心，甚至产生自我怀疑。久而久之，我们的自我价值感会越来越弱，甚至变得自闭、孤僻、忧郁等。

3 难以正确认识自我

如果我们总是追求着他人的重视和认可，总是按照别人的要求或标准来评价自己，忽略了自己内心的真实想法或需求，会导致我们的认知能力下降，难以认识到自身的优点和不足，无法对自己形成正确的评价。这对我们形成独立的人格和性格是十分不利的。

我来支招儿啦！

❶ 培养兴趣爱好

专注于自己的兴趣爱好可以让我们忘记负面情绪。我们不妨培养一些兴趣爱好，既可以让我们缓解不被重视时的难过，还可以通过这些兴趣爱好来结交志同道合的人。当我们和其他人有共同的话题和兴趣爱好时，就很容易和其他人建立联系，得到他人的关注。

❷ 学会忽视别人的看法

有时一些人对我们漠不关心，不把我们放在眼里，令我们感到被忽视，使我们烦恼不已。但实际上，我们不需要为此费心。如果有人忽视我们，我们也可以选择无视他们。毕竟，没有人能够受到每个人的重视。被某些人忽视是很正常的事情，我们不需要过度在意。

❸ 追求自我认同

我们害怕被忽视的原因之一是我们过度依赖外界的认可和关注，而忽略了自己的内在价值。要从根本上解决这个问题，我们需要积极关注自己，肯定自己，提升自我认同感。这意味着我们需要理性地看待自己，既不低估也不高估自己，始终保持对自己积极的一面的关注。这样即使别人对我们不屑一顾，我们也不会因此而轻视自己。我们应该相信自己的能力和价值，不要轻易受到他人的影响。

我是"独行侠"，不懂得合作

我从小就特立独行。上幼儿园时，同学们总是在一起搭积木，而我则喜欢一个人完成，因为我觉得他们搭出来的城堡没有我的漂亮。上小学后，同学们喜欢相互探讨解决问题，我依然选择"单打独斗"。同学们都说我是"独行侠"，老师也说我应该多和同学们合作，可我觉得和别人一起做事效率反而会更低，我这样想有错吗？

心理大分析

　　如果我们喜欢自己动手单干，并且能独自解决问题，这是非常可贵的。这说明我们有很强的独立意识和自我管理能力。但我们也要清楚，合作是我们必须具备的能力。

　　我们从小就被教育人和人之间存在竞争关系，因此我们认为学习成绩上要和别人分出高低，运动表现上也要和别人一较高下。实际上，我们的理解能力是有限的，我们把竞争错误地理解成了人与人之间的比拼，忽略了人与人之间的相关性，才喜欢单打独斗，显得特立独行。

　　我们不能否认人与人之间存在竞争关系，但也必须清楚合作的重要性。无论一个人有多么出色的能力和智力，如果不懂得与他人合作，也绝对不可能完成一个团队的任务。只有在合作中，我们才能更好地发挥自己的优势，弥补自己的不足，从而更高效地完成任务。同时，团队合作是一项非常重要的技能，它不仅可以提高团队的效率，还可以促进个人的成长和发展。

　　因此，在保持自己独立性格的同时，我们也要努力学习与他人合作，学会倾听和尊重别人的意见，借助团体的智慧和力量提升自己的能力，这样才可以更好地实现自己的目标，既能够获得更多的认可和赞赏，也能够与他人建立起更加良好的关系。

心理大课堂

 导致我们不喜欢合作的原因有哪些呢？

1 自我意识过强

　　一些小伙伴有较强的自我意识，他们十分要强，不喜欢接受他人的帮助；或者认为自己的能力和想法比别人更出色，能够更好地完成任务；也可能是喜欢自己掌控事情的进展和结果，因此不愿意与别人合作。

2 缺乏合作经验

　　有些情况下，我们不愿意与人合作是因为我们缺乏与别人合作的经验。我们不知道如何与别人展开合作，不清楚如何协调和沟通或进行分工。面对需要合作完成的任务时，会变得不知所措，因此会选择单干。

3 爸爸妈妈的过度宠爱

　　一些小伙伴从小就受到爸爸妈妈过度的宠爱，这就导致他们的性格变得比较强势，以自我为中心。他们不愿意向别人低头，而是希望别人听从自己的安排，于是渐渐变成了"独行侠"。

不懂得合作会给我们带来哪些负面影响呢？

1 影响我们的人际关系

如果我们不懂得合作，总是自己一个人单干，缺少和其他人沟通交流的机会，自然也就无法和其他人建立社交联系，久而久之，我们会变得特立独行。这样不仅不利于我们锻炼社交技巧，还使我们难以学会考虑他人的感受和需要，在集体中很容易被其他人孤立。

2 不利于培养创新精神

创新需要不同的思维相互碰撞和交流，需要从多个角度来思考问题。如果我们不喜欢合作，长时间脱离集体，那么我们就很难接触到其他人的想法和观念，这会使我们的思维越来越局限，难以开放和灵活地思考问题，不利于培养创新精神。

3 难以融入社会

合作精神是团队意识的核心。如果我们只关注自己的利益和目标，而不注重人与人之间的合作和沟通，长此以往，我们会变得自我、孤僻，难以接受别人的看法，自然也就难以融入社会。这对我们的学习、生活以及以后的发展都有很大影响。

❶ 从游戏中感受合作的乐趣

　　和别人一起玩游戏是培养合作精神的最佳选择。我们可以积极参加一些团队游戏，在游戏中与小伙伴们一起沟通、协作、互相支持，深刻感受到合作精神的重要性。认识到互相帮助、互相配合，能够更加高效地解决问题，同时能营造一种愉悦的氛围，这就是合作带来的乐趣。

❷ 在共同进步中感受共赢

　　合作不仅可以让我们更好地完成任务，还有助于我们克服自身的缺点。比如，我们可以试着与同学一起学习，相互监督，彼此指导。这是一种互惠互利的合作，在合作中我们与同学都可以将知识反复吸收、巩固，最终实现共同进步的目标。感受到合作带来的共赢后，我们就会渐渐喜欢上合作。

❸ 积极参加集体活动，培养合作精神

　　为了更好地培养合作精神，我们可以多参加一些集体活动。例如，在实验课中积极参与小组实验，在小组中集思广益，养成团队协作的思维；参加篮球、拔河等多人体育运动，与队友们共同努力，习惯团队合作的氛围。学会了与人合作后，我们的学习、生活都会比以前更加丰富多彩。

融不进小团体，感觉很孤独

：　　升入高年级后，我发现同学们之间渐渐组建起了小团体。每到课间，这些小团体有的在一起踢足球，有的在一起扔沙包，还有一些是我没见过的新游戏。大家玩得可开心了，我对他们的游戏感到十分好奇，想要加入他们的小团体。可是，我不知道如何表达自己的请求，担心小团体里面有人不喜欢我，如果被拒绝，我又该怎么办呢？

 心理大分析

　　我们想要加入同学们的小团体，又担心被拒绝，这是正常的。因为同学们已经形成了他们的小团体，而我们作为"局外人"，想要加入他们肯定会面临一些阻碍。

　　心理学家认为，我们这个年龄段的人群和成年人的社交规则是不同的。我们通常喜欢直接地表达自己的态度，如果同学们对我们不了解，或不希望新成员加入，很可能会直接说"不可以"。这时候，如果我们强行加入他们，很有可能会引起冲突，所以我们应当掌握适当的方法。

　　我们可以先观察一下小团体是否缺人或者欢迎新成员的加入，然后客气地询问他们能不能加入。如果他们接受了提议，那就要表示感谢，然后大方地加入。如果没有同意，我们可以先在旁边观察，好奇地向他们请教游戏规则，或友好地提出建议；也可以充当裁判或外援的角色，让同学们了解到我们的存在可能对他们有益。等大家对我们有了一定的了解，对我们的戒备心逐渐放下时，我们再提出加入的请求，被拒绝的概率就会大大降低。

　　所以，我们不必害怕主动提出请求，但也要注意在适当的时候去加入小团体，不要太急躁，要耐心等待适当的机会。相信我们一定能获得其他同学的欢迎！

心理大课堂

我们难以融入小团体的原因有哪些呢?

1 性格内向，不敢沟通

生活中那些难以和大家玩到一起的小伙伴，他们大多比较内向、胆怯，不敢和外人交流沟通，尤其是面对喧闹、活跃的小团体时，他们更不知道如何融入进去，因此只能看着别人愉快地玩闹，不敢加入其中。

2 受到团体的排斥

有些小伙伴难以融入团体是因为受到了团体的排斥。他们在家受到很多宠溺，形成了以自我为中心的性格，不懂得尊重别人，喜欢按照自己的意愿行事。大家不喜欢与这类小伙伴玩耍，因此将他们排斥在外，他们被孤立后自然就难以融入团体。

3 社交能力弱

我们难以融入小团体，除性格原因外，还可能和社交能力弱有关系。很多小伙伴从小生活在"安乐窝"里，很少接触外面的世界，因此缺少与他人交流的机会，这就导致他们的社交能力较弱，不知道如何与人交往，所以很难适应融入团体的状态。

总是远离团体，可能会给我们带来哪些负面影响呢？

1 不利于我们社交能力的发展

如果我们总是远离团体，孤零零地一个人玩，很少和其他同龄人来往，缺少一起游戏的玩伴和共同学习进步的好朋友，那么我们就得不到与人交往的机会，无法锻炼自己的社交能力和交往技巧，也无法学习如何与他人正确相处。

2 容易使我们变得内向、沉默

如果我们长期远离团体，与他人的交际变少，可能会导致我们的性格发生转变，变得内向、沉默寡言，甚至变得孤僻。这种被动的孤立状态会持续加重，对我们的心理健康造成极大的影响。我们可能会感到孤独、无助、失落，变得无所适从，更加难以适应集体。

3 使我们产生心理压力，无处释放

人际交往不仅是一项重要的社会活动，也是人们心理成长的必要因素。我们的内心比较敏感，在生活中获得的压力通常无法自然消化，需要和同龄人交流来释放压力。如果我们总是远离团体，不与人交往，心理压力无处释放，长此以往可能会导致心理问题的出现。

我来支招儿啦！

❶ 主动提供帮助，得到其他人的认可

当我们想加入正在进行游戏的小团体时，可以先以旁观者的身份在一旁观察，看看当前的小团体是否缺人，或者需要哪些帮助。我们可以担任裁判或者球童等角色，主动向大家提供帮助。大家受到我们的帮助，感受到我们的热情和友善，很快就会认可我们并同意我们加入。

❷ 放低姿态，引起他人的注意

想要加入同学们的小团体一定要注意态度，如果我们不讲礼貌，强硬地要求别人同意自己的请求，一定会引起别人的反感，还有可能被大家孤立。所以，我们应该适当地放低自己的姿态，委婉地向小团体的成员提问，比如"这个游戏怎么玩呢？你们可以教教我吗？"。小团体的成员没有从我们身上感受到不友好，通常会同意我们加入游戏。

❸ 练习社交技巧，灵活应对

同一个小团体中的小伙伴往往性格相似，因此面对不同的小团体也有着不同的应对方式。为了从根本上提高我们的成功率，我们可以锻炼自己的社交技巧，让自己能够与性格不一的小伙伴和谐相处，面对不同的情况时，可以灵活地采用不同的应对方式。这样我们不仅提高了自己的社交能力，还收获了许多玩伴。

集体活动让我望而却步

从小我就不喜欢人多的地方。上幼儿园时，我喜欢自己一个人玩，小伙伴叫我去玩游戏我每次都拒绝。上小学后，我也不喜欢和同学们一起玩，人多的地方我也总是躲着走。若是举办集体活动，我肯定第一时间打退堂鼓，光是远远地看到那么多人，我就感到心烦意乱。我为什么不敢参加集体活动呢？我该怎么让自己更开朗大方呢？

在心理学中，我们害怕参加集体活动很可能是回避型人格障碍导致的。这种人格障碍会让我们对社交场合感到极度不安和焦虑，害怕被别人评价、拒绝、嘲笑，或者遇到尴尬的情形。导致我们不愿意前往人多的地方，甚至会排斥一切社交活动。

回避型人格的主要表现是性格内向，内心敏感。尽管不善于人际交往，但实际上这类小伙伴的大脑往往更活跃，考虑问题更全面，做起事来非常专注、细心。但是，由于他们思虑过多，总是害怕自己会把事情搞砸，导致别人嘲笑或是指责他们，因此选择逃避人多的场合，减少自己被嘲笑和指责的可能。但这种行为不仅会让我们的内心变得更加脆弱，而且会影响我们的社交能力和自信心。

另外，有时候我们害怕参加集体活动，是因为缺乏与人交往的技巧。不知道如何协调与同龄人的关系，发生矛盾也不会解决，难以融入集体，在集体活动中也总是被忽略和冷落，时间久了，我们自然不愿意参加集体活动了。

不过，这些情况是可以改变的。只要我们有融入集体的决心，积极锻炼一些人际交往的技巧，就能在集体活动中找到乐趣并爱上集体活动。

心理大课堂

 我们不敢参加集体活动的原因有哪些呢？

1 性格内向，缺乏自信

性格内向是我们不敢参加集体活动的常见原因之一。由于我们喜欢独处，很少与人交往，面对人多的场合会感到不适应。而且，内向的小伙伴往往缺乏自信，他们担心自己不能应对人多的场合，因此不愿意参加集体活动。

2 害怕在集体面前丢人

一些小伙伴的运动、表演等技能不太突出，他们担心在集体活动时，自己的表现不好，会被其他人嘲笑或者批评，让自己失去面子和尊严。这种担忧让这些小伙伴感到害怕，使他们不敢参加集体活动。

3 家庭教育的影响

爸爸妈妈的过度保护也会让我们不敢参加集体活动。如果爸爸妈妈对我们管束太严，过度干涉我们的社交，使我们缺少与他人交往的经验和技巧，会导致我们一到人多的场合就胆怯。

不参加集体活动会对我们有哪些负面影响呢?

1 不利于培养社交能力

如果我们参加集体活动,总是逃避人多的场合,那么必然会错失很多和同龄人交往的机会。其他小伙伴在交流、合作中会逐渐收获许多社交技巧和经验,而形单影只的我们则难以与其他人建立良好的社交关系,这对于提高我们的社交能力是十分不利的。

2 不利于认识自我

如果我们经常远离集体,很容易被其他小伙伴孤立,这样我们会更加难以融入集体。同时,被孤立也会导致我们失去获得客观评价的机会。因此,长时间脱离集体,会让我们难以形成正确的自我认识和客观的自我评价。

3 使我们错失发展机会

在现代社会,我们只有借助团队协作才能够更好地生存。如果我们总是不参加集体活动,就会错失很多锻炼和成长的机会。在以后的学习和生活中,我们可能会遇到更多的挫折和困难。长时间脱离集体,会导致我们渐渐失去勇气和动力,进而难以适应社会生活。

① 多和同龄人相处，锻炼社交能力

人是社会性动物，必须依靠集体才能生存。只有在集体中，我们才能获得安全感和归属感，因此我们要积极融入集体，而不是孤立自己。与同龄人多交往可以帮助我们锻炼社交能力，学习如何与人相处，了解不同的观点和想法。这样做有助于我们更好地适应社会生活，实现个人成长和发展。

② 多多展示自己，结交第一个朋友

如果我们不主动向别人展示自己，别人是很难了解我们的，我们也就很难交到朋友，更别提融入集体了。所以我们应该试着敞开心扉，一点点地向别人展示自己的独特之处，吸引一些志同道合的人结为朋友。等我们适应了与朋友相处的状态，融入集体自然也就不难了。

③ 积极参加各类活动，建立自己的朋友圈

如果我们已经掌握了一些社交技巧，并且敢于向别人展示自己，那么接下来要做的就是积极参加各类集体活动，比如踢足球、聚餐、参加读书会等。通过在活动中感受乐趣、结交朋友，逐渐建立起自己的朋友圈，这对我们适应社交环境，学会与人相处，建立自信和勇气有很大帮助。

面对亲戚长辈，我总是扭扭捏捏

逢年过节，爸爸妈妈总会邀请一些亲戚来我家聚会，大人们在一起热热闹闹地聊天，显得非常开心，可我却非常不适应。尤其是一些过于热情的大人，他们喜欢摸我的头、揉我的脸，让我尴尬极了。我不喜欢这种场合，但爸爸妈妈总是让我主动和他们说话，不然会很失礼，可我真的不敢和他们打招呼，更不愿意陪他们聊天，我该怎么办才好呢？

心理大分析

　　我国有着很多传统节日和文化习俗，节日期间走亲访友是传统的风俗习惯，大人们相互熟悉，热衷于走亲访友，但对于我们来说，这可能是一段痛苦的经历。

　　生活中，许多小伙伴都害怕与亲戚接触，他们在面对亲戚时会紧张、不安，不敢打招呼，更不敢和对方说话，仿佛患上了"亲戚恐惧症"。其实，这种现象是社交恐惧症导致的。"社恐"的小伙伴害怕社交场合，不敢与陌生人说话，在面对一些不熟悉的亲戚时也会表现得紧张和尴尬。

　　而导致我们不敢和亲戚长辈说话的原因就比较复杂了。可能是我们性格内向或平时缺乏社交经验，面对亲戚时不知道如何表现；或者我们平时和亲戚来往较少，见面时会感到陌生和害怕，显得扭扭捏捏等。

　　其实，想要克服"亲戚恐惧症"也很简单，我们可以在亲戚到来之前，提前向爸爸妈妈求助，询问他们自己应该怎么做，为接下来的见面和问候打好"预防针"。另外，平时可以多和这些亲戚来往，和他们熟悉起来，多和他们沟通交流，再见面的时候就不会怯场了。

　　总之，我们没有必要害怕亲戚，他们都是我们的亲人，只要我们掌握一定的社交技巧，提前做好准备，平时多加联系，就能轻松克服"亲戚恐惧症"啦！

心理大课堂

我们不喜欢和亲戚长辈接触的原因有哪些呢？

1 和亲戚比较陌生

平日里，我们和亲戚之间的走动可能比较少，一些亲戚一年也许只见一两次面，几乎就是陌生人。在不熟悉的人面前，我们自然会感到不安和不适应，因此不敢主动接触。

2 社交能力差

有时候，爸爸妈妈只关注我们的成绩，很少带我们出去走动，导致我们的社交能力得不到有效的锻炼，性格也变得腼腆内敛。当我们身处人多的场合，被周围的人问东问西，就会感到不安和反感。

3 难堪的经历

许多亲戚长辈喜欢比较各自孩子的成绩、特长等，这种行为往往会让我们觉得被冒犯。还有些长辈喜欢把我们的糗事当作谈资相互分享，这会对我们的自尊心造成很大伤害，让我们对亲戚产生抵触心理。

总是不和亲戚长辈交流会对我们有哪些负面影响呢？

1 影响他人对我们的评价

如果我们总是不和亲戚长辈接触、交流，可能会被别人误解为不懂礼貌或性格内向、不爱交际等，给我们带来一系列负面评价。还可能会导致亲戚长辈的不满或反感，影响到我们与亲戚长辈间的关系。

2 不利于培养我们的社交能力

如果我们总是不和亲戚长辈说话，会缺少和大人进行交流的机会，使我们的社交能力得不到锻炼。长此以往，我们在面对陌生的大人或老师等长辈时，会不知如何是好，无法应对类似的社交情形，也就无法从他们那里获得经验和知识，对我们的学习和成长也有不利影响。

3 使我们的性格变得孤僻

如果我们总是不和亲戚长辈交流，通常也会对其他社交场合有排斥心理。这种心理会让我们不愿意与人交往，无法与他人建立良好的关系，渐渐地会被周围的人疏远甚至孤立，导致我们内心感到孤独和无助，变得孤僻、自闭，影响我们的身心健康。

❶ 多和亲戚接触，消除陌生感

我们可能把和亲戚接触这件事想得太复杂了，其实这并不是什么难事。我们不敢和亲戚接触，大概是因为平时接触太少，所以才会感到陌生，不知所措。所以平时应该找机会多和亲戚接触，哪怕只是简单的日常聊天，也能有效消除陌生感。

❷ 积极参加亲友聚会，适应环境

有时候，我们在亲戚长辈面前扭扭捏捏，在家庭聚会中局促不安，是因为我们还没有适应人多的社交环境。只要我们平时积极参加一些亲友聚会，慢慢地适应人多的环境，以后再遇到类似的场合就不会出现尴尬的局面了。

❸ 感受节日气氛，调动愉悦心情

欢乐的节日气氛也能减弱我们的恐惧心理。如果在过节时，我们面对众多亲戚感到不知所措，不妨想象大家欢聚一堂的热闹场景，比如春节时大家互相拜年、端午时大家互祝安康等。通过感受节日气氛让自己放松下来，可以让我们更从容地面对类似的情况。

和老师说话时，我不敢对视

上周，班主任叫我到办公室询问我最近的学习情况。本来我并不紧张，可当我一走进办公室，就感到浑身不自在。老师就像一尊威严的雕像，从上而下注视着我，虽然老师的态度十分和蔼，但我只要和她对视就紧张得冒汗，所以我就四处张望，一会儿看看灯泡，一会儿看看地面……我到底是怎么回事，为什么会不敢和老师对视呢？

心理大分析

眼睛是我们表达情感的重要器官，当我们与他人交流时，眼神可以透露出我们内心的情感和态度。心理学研究发现，在谈话中适当地直视别人的双眼能传递给别人友善的态度；如果我们长时间直视别人的双眼，有可能会令别人感到敌意或不适；而如果我们总是眼神飘忽不定，不敢直视别人，别人可能会认为我们不够坦率和真诚，也可能觉得我们缺乏勇气和自信。

当我们和老师面对面谈话时，却不敢直视老师的双眼，大概是由内向和羞怯导致的。有些小伙伴十分内向，有很强的自我保护意识，从不轻易对人敞开心扉，因此总是不敢直视别人的眼睛。

眼睛是心灵的窗户，如果我们总是不敢直视别人，仅仅从语气、动作等方面了解别人对我们的态度，便只能获得片面的信息，而且不利于我们给别人留下良好的印象。

心理学家指出，通过眼神察言观色来判断别人的态度是常见的社交技巧，学会目光接触是一项非常重要的社交技能。我们应该努力克服自己内心的恐惧和不安，从而更加自如地与人交往和沟通，获取乐趣和成长。同时，我们也应该注重自己的眼神变化，通过调整自己的眼神，向他人传递出友善和亲密的信息。

心理大课堂

 我们在交流时不敢对视的原因有哪些呢？

1 缺乏自信

有时候，我们在交流时不敢对视，很可能是因为我们缺乏自信。由于害怕自己说错话、做错事情，担心自己的表现会不被认可或是受到别人的责备或惩罚，因此在交流时总是感到害怕或不安，变得小心翼翼。

2 缺乏与人沟通的经验

我们不敢直视别人的眼睛说话，还可能是因为缺乏与人沟通的经验。由于我们还不太懂得如何与人交流和表达自己的想法和意见，因此在面对他人的提问时，我们往往会感到紧张，不知所措，不敢直视他人的双眼。

3 害怕受到惩罚

一些小伙伴在家里可能经常受到家长的批评或训斥，使他们的内心格外脆弱和敏感，导致他们在和别人交流时存在恐惧心理。同时，家长的惩罚牢牢地印在他们的心中，使他们不敢直视别人，尤其是大人的目光。

总是害怕对视，对我们会有哪些负面影响呢？

1 难以建立良好的人际关系

对视是人们沟通和交流的重要组成部分，如果我们总是害怕直视别人，在和别人交流时眼神总是四处闪躲，就难以达成有效的沟通，还可能给别人留下不良印象，不利于我们结交朋友，难以建立良好的人际关系。

2 影响我们的自信心和自尊心

很多时候，我们在与人交流时不敢直视对方的眼睛，是因为害怕受到别人的评判或指责，这是一种缺乏自信和勇气的表现。在交流时，我们可能感到紧张和不安，这种不安又会进一步影响我们的自信心，使我们陷入一种恶性循环，最终使我们的自尊心受挫。

3 影响我们的性格发展

有些小伙伴因为害怕对视，不敢与人交流，会认为自己不擅长交流，社交能力低下，产生消极、自卑的情绪。他们认为只要不与人交流就可以避免这些负面情绪带来的心理压力，于是变得逃避社交、自我封闭，性格越来越孤僻。

① 适应目光接触，练习眼神交流

眼神交流是人们表达情感的重要方式之一，在社交中有重要的作用。如果我们不敢直视他人的双眼，可以找一面镜子，从和自己对视开始练习，慢慢适应目光接触的感觉，进而试着在和父母、朋友之间的谈话中增加眼神交流，感受对方眼神中传递的情绪和态度，对我们提高社交能力很有帮助。

② 避免四目相对，直视他人面部

如果我们不敢直视他人的双眼，但又不得不与他人面对面交流，可以试着转移目标，注视他人的面部，尤其是双眼和嘴巴形成的三角区。心理学家认为，在与别人谈话时注视此区域能够传递出友好的态度，可以避免我们给别人留下不好的印象。

③ 放松心态，专注于对话

有时候，我们害怕目光接触是担心自己的目光给别人带来不好的感受，影响自己在他人心中的印象。其实我们没必要想太多，既然我们在和别人对话，就应该尊重对方，将注意力集中在当前的对话上，这样我们不仅可以把眼神变得自然，还能提高思考的速度和对话的效率。

家里来了客人，我不知所措

　　　　　上周，妈妈的老同学张阿姨来家里做客，我向张阿姨打了招呼后，妈妈让我先招待张阿姨，她去准备午饭。我从未招待过客人，茫然地坐在沙发上，不知道该做些什么，紧张得浑身发抖。好在张阿姨并不见外，她也没有说我不好。可是张阿姨走后，妈妈严厉地批评了我，说我没有礼貌。我十分委屈，我真的不知道如何招待客人，我该怎么办呢？

心理大分析

　　招待客人几乎是我们必须经历的一道"难关"，客人到来前，我们会倍感压力；客人到来时，我们会十分紧张；父母要求我们招待客人时，我们更是不知所措。其实不必太过忧虑。心理学家认为，只要我们认识到自己小主人的身份，招待客人时就会从容得多。不过前提是我们掌握了基本的社交礼仪，有一定的社交能力。

　　然而，我们往往很难在客人面前表现得自信、大方。原因可能是我们害羞、紧张、担心出错或不清楚该怎样招待客人等。实际上，招待客人并不是什么艰巨的任务，只要保持礼貌、热情和友好，就能成功地招待客人。

　　为了学习招待客人的具体方法，我们可以多从爸爸妈妈身上吸取经验，平时多留意爸爸妈妈招待客人的方式，家里来客人前，自己在脑海中演练几次，心中的压力就会小得多。如果我们平时观察不够，那么也可以在客人到来之前向爸爸妈妈求助，向他们询问自己都该做些什么。

　　当家里有客人来访时，我们不必讲究烦琐的礼仪，只要表现出热情和真诚，客人就能感受到自在和愉悦。值得注意的是，我们的态度应该适度，不要太过热情或冷淡，不然会令客人感到拘束或疏远。

心理大课堂

我们不善于招待客人的原因有哪些呢？

1 性格内向，不敢与人交往

有些小伙伴性格内向，比较害羞、胆怯，不太擅长与人交流和沟通，在客人来到家里时，尤其是陌生的客人，会令他们感到胆怯和不安，变得束手束脚，因此可能不敢上前招待客人。

2 社交能力不足

通常来说，我们对于没有经历过或是经历得少的事情往往怀有恐惧心理。一些小伙伴长时间待在家里不出门，缺乏足够的社交能力和经验，即使在家也依然害怕与人接触，更别说招待客人了。

3 缺乏主人翁意识

有的小伙伴有一定的社交能力，也愿意与他人接触，但依然不懂得如何招待客人，这可能是他们缺少主人翁意识的原因。他们没有意识到自己是家里的主人，依然忙着自己的事情，没有担负起照顾客人的责任和义务。

我们不善于招待客人会有哪些负面影响呢？

1 不利于提高社交能力

在接待客人时，我们可以锻炼自己的勇气、自信；与客人交流时，我们可以锻炼寻找话题、回答问题的能力，还能从聊天中学到一些为人处世的经验。但如果我们不懂得如何招待客人，总是对客人避而远之，那就会错失锻炼社交能力的宝贵机会。

2 给客人留下负面印象，影响人际关系

如果我们不善于招待客人，不了解待客之道，在面对客人时表现得十分拘谨、漫不经心或是不礼貌，可能会让客人感到自己不受欢迎或不受尊重。客人的心里可能会对我们产生不满，认为我们不懂礼貌，缺乏修养，导致我们给客人留下负面印象，影响我们的人际关系。

3 影响我们的自信心

为了给客人留下好印象，我们在招待客人时要表现得热情、礼貌、细致。可如果我们不懂得如何招待客人，没能给客人带来周到的服务，可能会使客人产生不满，甚至使我们被爸爸妈妈批评。我们会为此感到沮丧和自卑，怀疑自己的能力，自信心也会受到影响。

① 提前了解客人信息，做好准备工作

面对即将到来的客人，我们可以提前向父母询问对方的身份，以及自己应该如何称呼对方。另外，还要做好待客的准备工作，比如扫净地面，清理沙发、桌面上的杂物，洗好茶杯和茶具，然后准备一些瓜果等，避免客人到来后我们手忙脚乱。

② 多多练习待客技巧

如果我们不清楚接待客人时应该做些什么，平时就要多向爸爸妈妈学习，模仿他们的待客方式。客人到来前，自己可以在脑海中演练几次，以此增强我们的自信心。把家中来客当作锻炼自己社交能力的好机会，主动上前分担爸爸妈妈的工作，提高自己的待客技巧。

③ 尊重客人，礼貌接待

其实，接待客人没有太多的礼仪讲究，并且客人以长辈为主，我们作为晚辈，不必承担太多待客任务，只需要主动地打招呼，礼貌地回应对方，及时地回答客人的问题，偶尔帮客人端茶倒水，客人就会感受到我们的热情，产生宾至如归的感觉。

第一次去别人家做客，我忐忑不安

今天，我的好朋友子豪邀请我周六去他家参加他的生日聚会，我欣然答应了。可是，随着日期的临近，我却感到了莫名的紧张。子豪是我的好朋友，我很乐意为他庆生，但一想到要去他家做客，我就忐忑不安，这是我第一次去别人家做客，万一我说错话了怎么办？万一叔叔阿姨不喜欢我怎么办？做客时我该注意些什么？我该怎么办？

心理大分析

　　我们几乎都有去同学家做客的经历，这是我们成长中必然经历的事。但是，第一次去同学家做客可能会让我们感到紧张，不知道该怎么做才能得体又自在，这其实是十分正常的反应。

　　从心理学的角度来看，去别人家做客令我们感到紧张、忐忑不安可能是因为我们对陌生的社交场合感到不确定或担心。这种情况在心理学中被称为"社交焦虑"。社交焦虑是一种常见的情绪，这种焦虑通常与我们的形象和人际关系有关。比如，我们会担心同学的爸爸妈妈不喜欢我们；担心自己表现得不好，被其他同学嘲笑，影响自己的形象；也可能是没有做客经验，不知道如何表现。这些都可能是令我们感到紧张和焦虑的原因。

　　不过，焦虑并不可怕，可怕的是我们不知道焦虑的原因。因此，为了消除焦虑，我们必须明确自己焦虑的原因。如果原因是交流方面的不足，我们可以提前练习如何与大人打招呼以及对话；如果原因是不懂得做客礼仪，我们可以向爸爸妈妈请教，在家演练几次；如果是担心自己的形象不好，就要提前选好合适的服装，适当地打扮一下。

　　总之，只要我们谈吐大方、懂礼貌、有教养，提前做好适当的准备工作，就能轻松做好一名备受欢迎的小客人啦！

心理大课堂

 我们不敢去别人家做客的原因有哪些呢？

1 怕麻烦别人

别人的盛情邀请通常会令我们感到羞怯。这是因为邀请别人来家里做客，往往要花费很多精力去准备零食、水果等，而我们不希望别人因为自己的到来而大费周章，所以不敢去做客。

2 内向胆小，缺少自信

对于一些性格内向的小伙伴来说，去别人家玩简直是莫大的挑战，由于他们胆小、不善言谈，因此不敢与大人或陌生人交流；他们还可能会认为自己没有能力应对类似的社交场合，所以不敢去别人家做客。

3 爸爸妈妈的态度

有时爸爸妈妈因为担心我们在外面玩耍时会受到伤害，或者因为担心我们到别人家会把别人家弄乱、弄脏而不让我们去别人家。然而，这种做法可能会导致我们不敢与人交往，不敢外出，更不敢去别人家玩。

不懂得做客礼仪对我们会有哪些负面影响呢？

1 给别人带来不舒适的体验

在别人家做客时表现得很随便，不懂得约束自己，东摸摸、西看看，都是没有礼貌的行为，是对主人的不尊重，很容易让别人感到不舒服，影响到主人以及其他客人的心情，还可能影响到聚会或宴会的顺利进行。

2 影响我们的人际关系

社交能力对于我们的成长和发展非常重要。如果我们在小伙伴家做客时表现得很随便、没有礼貌，往往会被认为没有修养、素质差，很容易给小伙伴留下不好的印象，从而影响到我们的名声，导致我们的人际关系受到影响。

3 对我们的成长造成不良影响

我们的行为习惯往往是在家庭和社交环境中逐渐形成的。如果我们在别人家做客时随意乱动别人的物品，不尊重别人的私人空间，那么在日常生活中我们可能也比较随意，不尊重别人的隐私和权利。这种不良的行为习惯会渗透到我们的日常生活中，影响我们的成长和发展。

① 多使用礼貌用语，给别人留下好印象

到别人家做客时，我们应该经常使用礼貌用语，如"您好""谢谢""再见"等。这些礼貌用语虽然很简单，但是能体现我们良好的社交习惯和行为素养，同时可以表达我们对别人的尊重和感激之情，也可以让我们给别人留下良好的印象。

② 多多练习对话，提前打好"预防针"

有时候我们不敢去同学家做客，是因为害怕同学家的大人会问长问短，让我们不知所措。实际上，这种问东问西的沟通方式是大人表示友好的方式之一。我们可以提前想想大人可能会问的问题，在脑海中演练几次，通过这样的方式减轻心理负担，我们就不会那么紧张了。

③ 遵守做客的行为准则，放松心态

当我们在别人家做客时，除了对话时要使用礼貌用语，行为举止上也有一些准则要遵守，比如不能乱动别人家的东西，不能随意进入卧室，不能大声喧哗等。其实这些行为准则也是建立在懂礼貌、有修养的基础之上的，只要我们文明有礼，放松心态，就能从容地做好一名小客人啦！

来到新学校，我非常不适应

这个学期，我转学到了新学校，看着美丽的校园、活泼的同学和亲切的老师们，我本应该感到开心，可我不仅不开心，反而非常烦恼。因为这一切对我来说是完全陌生的，我不敢和同学们一起玩，不敢向老师提问，甚至不敢在校园里四处走动。我向爸爸妈妈求助，他们却说我太胆小了，应该主动去适应新学校，可我真的很难适应，我该怎么办？

　　我们在转学后感到十分不适应，往往是因为我们还没走出自己的心理舒适区。"心理舒适区"是一个心理学概念，意思是当我们习惯了一个熟悉的环境和固定的行为模式后，突然来到新的环境中，会感到不适应或恐惧。

　　在之前的学校中，我们没有感到不适应或恐惧，是因为我们待在熟悉的环境里，一切都是熟悉的，没有未知的恐惧。而转学后，外界环境发生变化，一切都十分陌生，让我们感到不适应或恐惧，其实这是十分正常的反应。任何人在突然面对不熟悉的事物或新的环境时都会不知所措，但我们要清楚，世间万物都是处在变化中的，抗拒变化不如驾驭变化，即使过程艰难，我们也要学会适应、改变，也要鼓励自己走出心理舒适区，勇敢面对新环境。

　　我们在转学后几乎都会面临类似的问题，这是因为我们身边的环境发生了巨大的变化，我们害怕自己的生活也会迎来巨大的改变，自己恐怕难以承受这种改变带来的落差等。有这种想法是很正常的，心理学家指出，在此情况下，我们只需要换个角度就能消除心中的顾虑。我们可以想象一下自己过上新生活时的新鲜感，或是自己结交了新的朋友后快乐的样子，以积极的心态接受改变，相信我们很快就能适应新环境，顺利地面对新的生活。

心理大课堂

转学后，我们为什么无法适应新环境呢？

1 环境改变，缺乏安全感

当我们来到新环境后，感受到的不仅有陌生感，往往也有强烈的不安全感，由于我们在曾经熟悉的环境中建立起的安全感被破坏，会产生强烈的孤独感和恐惧感，这些负面情绪会给我们带来巨大的心理压力，让我们非常不适。

2 性格软弱，不爱社交

转学后，最无法适应新环境的往往是那些内向、软弱的小伙伴。因为他们原本就不擅长社交，需要很长时间才能与身边的人建立联系，当这种联系被突然切断，新的社交压力迎面而来的时候，他们会感到恐慌和无助。

3 爸爸妈妈忽略我们的感受

有时候，爸爸妈妈因为各种原因选择给我们转学，但并不过问我们的意愿。由于我们的内心比较脆弱，被爸爸妈妈忽视的委屈，以及新环境带来的恐惧会转变为巨大的心理压力，让我们喘不过气来。

转学会给我们带来哪些负面影响呢？

1 影响我们的学习进度

　　当我们来到新的学校，面对陌生的同学和校园环境，往往会将大量精力放在熟悉新环境上，这就导致我们在学习上的专注力受到影响。并且，由于不同的学校学习方法和学习进度也不相同，我们也需要很多时间去适应，这就会导致我们的学习进度受到影响。

2 给我们带来社交压力

　　当我们转学后，从原本的社交圈中脱离出来，不仅远离了曾经信任的老师和亲密的朋友，还要面对陌生的老师和同学，这种陌生感会让我们感到不安和忧虑。同时，我们可能担忧认识众多新同学会耗费大量的精力，这些负面情绪会转换为巨大的社交压力，让我们难以承受。

3 影响我们的情绪

　　我们在转学后，面对完全陌生的校园环境会本能地感到害怕。如果我们本身性格就比较内向，还会缺乏安全感，产生焦虑的情绪。再加上社交、学习等方面带来的多重压力，我们会变得缺少耐心、暴躁易怒，根据性格的不同还可能变得自我封闭，沉默寡言。

我来支招儿啦!

① 从小事开始锻炼独立性

如果我们在转学后感到无所适从,事事都不敢放手去做,很有可能是因为我们缺乏独立性。我们可以从一些小事锻炼自己的独立性,比如自己收拾房间、整理文具,尝试着自己上下学、去超市等,随着我们独立性的增强,我们会变得更有自信,即使身处陌生的环境也不会那么慌乱了。

② 主动走出自己的舒适圈

当我们在熟悉的环境中待久了,再去到新环境时必然会感到不适应,这种不适应是可以通过锻炼来克服的。我们可以试着主动走出自己的舒适圈,去一些陌生的新环境中走一走,比如没去过的花园、街道、商场等,我们的勇气会慢慢增加,对新环境的恐惧感也会随之减弱,不过,千万要注意人身安全哦!

③ 在别人的帮助下适应新环境

如果独自适应新环境对我们来说太难了,我们可以向身边的同学、老师求助。虽然我们暂时和他们不那么熟悉,但早晚要成为朋友的,所以不妨主动向他们求助。比如,让同桌带我们在校园里转转,让老师带我们认识新同学等,这样做不仅可以帮我们快速适应新环境,还能锻炼我们的社交能力,帮助我们结识更多的朋友。

同学做游戏时耍赖，我不敢阻止他

：　　上周，同学们一起玩扔沙包的游戏，我担任游戏的裁判。游戏中，博文不小心被沙包擦中了胳膊，虽然按照规则他应该被淘汰，但是大家都没有注意到，博文也没有主动下场，而是若无其事地继续游戏。而我又不敢得罪博文，因此没有判他下场。后来，我一直在纠结这件事，我惹不起他，但他确实犯规了，在这种情况下，我该怎么办呢？

61

心理大分析

　　我们和同学们玩游戏时，偶尔会遇见有人犯规、耍赖，这是正常的现象。同学犯规、耍赖主要是他们好胜心太强，不想输的心理导致的。这种行为虽然不公平，但是也可以理解。作为小裁判，我们需要维护比赛的公平，不让这种行为影响其他同学的游戏体验。

　　当然，在阻止同学犯规、耍赖的时候，我们不要过于强硬或者严厉地责备对方，要先试着理解他们，然后指出他们不对的地方。而且，和同学沟通时要注意方式方法，千万别伤了对方的自尊心，影响同学间的关系。

　　其实，同学犯规、耍赖不一定是蛮横不讲理的行为，这背后往往有着复杂的原因，比如，对同学来说游戏难度大，难以追上其他人的脚步；同学在游戏中已经失败了多次，导致心态比较急躁；同学可能有较强的自尊心和好胜心，因为不想输给别人所以才出此下策等。

　　总之，作为小裁判，我们代表的是游戏的公正性，不能因为害怕惹麻烦而不敢制止犯规的同学，否则便违反了比赛的公正性。如果我们能及时勇敢地制止犯规行为、用正确的方式指出对方的错误之处，不仅能保证比赛的公平，还能锻炼自己的胆识，赢得大家的尊重和喜爱。

心理大课堂

 为什么一些小伙伴在做游戏时喜欢耍赖呢？

1 好胜心太强

有些小伙伴的好胜心很强，他们非常在乎输赢，不甘于输给别人，因为他们认为输或失败意味着自己能力不足，会让他们产生羞耻感或自卑感。因此，为了避免失败，他们有时会做出一些违反规则的举动。

2 家庭环境影响

有的小伙伴可能从小就受到爸爸妈妈的过度保护或溺爱，无论什么事爸爸妈妈都愿意迁就他们。这就导致他们缺乏独立性和自信心，他们为了获胜，可能会不顾公平性而做出一些出格的举动，比如耍赖、犯规。

3 规则意识薄弱

有些小伙伴由于参加比赛或游戏的经验较少，因此对于规则的理解并不深刻。而且，这些小伙伴可能还没有形成良好的自律习惯，对于规则和纪律的重要性还没有充分认识。这些因素都可能会导致他们缺乏遵守规则的意识。

总是不遵守规则会给我们带来哪些负面影响呢？

1 不利于我们的人际交往

如果我们经常不遵守规则，可能会缺乏遵守特定场合的公约或纪律的意识，比如校规、校纪；在人际交往方面，也不懂得如何与人正确相处，可能会做出一些不尊重人或不守规矩的行为，这会给其他人留下不好的印象，对我们的人际交往产生不利影响。

2 性格变得骄纵、自大

规则意识薄弱的小伙伴通常有着很强的自我意识，他们不懂得自我约束，总觉得自己是对的，不愿意接受其他人的意见或看法，也就难以接受新知识。长此以往，他们会变得狂妄自大，难以控制自己的情绪，甚至做出无理取闹的行为。

3 不利于形成法律意识

如果我们长期不遵守规则，习惯了犯规、耍赖等行为并且没有得到纠正，那我们可能会形成以不守规则为荣的性格。小时候，这种性格可能只会影响我们的社交关系，但是当我们长大后，可能会对法律意识漠不关心，容易走上错误的道路。

① 事先明确规则

游戏规则是所有玩家都应自觉遵守的准则，是游戏公平开展的基础。在游戏开始前，我们应该制定好明确的游戏规则和惩罚措施，让所有玩家都能公平地享受游戏的乐趣，一起监督犯规、耍赖的行为。

② 及时阻止耍赖行为，维护游戏公平

裁判就像是比赛中的小警察，负责维持秩序、执行规则。如果我们发现有人在游戏时耍赖或犯规，一定要及时制止，不然会影响其他人的游戏体验，还可能引发其他人模仿不遵守规则的行为。不要因为害怕得罪人而不敢执行规则，这样我们会失去大家的信任，也是不负责任和胆小的表现。

③ 用适当的方式纠正对方

在纠正同学的犯规行为时，我们需要注意方式方法，不能太过严厉或凶悍，以免伤害到对方的自尊心。我们可以通过重申规则的重要性让同学们认识到规则的作用，使他们自觉遵守规则。我们也可以采用先抑后扬的方式，在指出对方的错误后，给予他们一定的鼓励和支持，让他们学会自我反思，不再犯类似的错误。

好朋友很伤心，我不敢安慰她

昨天放学后，我正想找我的好朋友晓雪一起去踢毽子，找来找去，偶然发现她一个人躲在楼道的角落里抹眼泪。平时的晓雪是一个乐观开朗的女孩子，总是笑盈盈的，她这么伤心，一定是遇到了什么难处吧！我当时想上前安慰她，但又不知道说什么好，我怕说错话，让她更伤心。最后，我还是默默地走开了。面对这种情况，我到底该怎么做呢？

 心理大分析

　　许多人在面对朋友伤心的情境时，往往会因为不知道该用什么话语来安慰朋友，或是担心自己的安慰会让对方感到更难过而犹豫不决。这其实是很正常的反应，因为我们不了解朋友情绪低落的原因，也不清楚自己的安慰是否有用。

　　但是，安慰是一种非常重要的社交技能，它可以帮助我们与他人建立更好的关系，还能提高我们的社交能力。所以，我们应该尝试克服这种不安和疑虑，学会安慰他人。尤其是在面对我们的好朋友时，更没有必要感到犹豫，只要我们用正确的方式去做，就能够有效地帮助朋友。

　　在安慰他人时，要表达出自己的关心和理解，告诉对方我们愿意倾听他们的故事，给予他们支持和鼓励。同时，要尊重对方的感受，不要贬低或无视他们的遭遇和负面情绪，而是要与他们共情。

　　什么是共情呢？在心理学上，共情是指一种情感共鸣的过程，即我们能够理解和体会他人的情绪和感受。共情是一种情感能力，可以帮助我们更好地理解他人的情感和需求，增进彼此之间的信任和理解。只有与对方共情，了解他们的困境和难处，我们才能给予适当的建议和帮助。

　　总之，当我们面对伤心的朋友时，不要害怕犯错，应该积极尝试安慰他们，帮助他们渡过难关。

心理大课堂

为什么小伙伴伤心时，我们不敢上前安慰呢？

1 缺乏同理心

由于我们的内心仍处于成长阶段，同理心和情感认知能力还不够成熟。即使看到别人伤心难过，可能也难以理解对方的感受和需要，也难以从对方的角度去思考问题，这就可能导致我们不知道如何恰当地安慰对方。

2 担心安慰效果不佳

有时候，我们虽然想安慰小伙伴，却不了解小伙伴的困境，担心自己的安慰效果不佳。也有可能是担心小伙伴遇到了十分难堪的事情，自己的出现会让对方更尴尬，甚至引起反效果，导致对方更难过。

3 缺乏安慰人的经验

通常来说，我们的生活经验相对较少，缺乏有效解决问题或安慰别人的技能和经验。可能不知道如何开口安慰小伙伴，或者是不知道如何表达自己的关心和支持，也难以提供实际有效的帮助，因此不敢上前安慰。

不懂得安慰别人，对我们有哪些负面影响呢？

1 对我们的人际交往产生不利影响

如果我们不懂得安慰别人，在别人的眼中，我们看起来可能会缺乏同理心和共情能力，无法感受到别人的情感和需要，从而使我们在与人交往时显得比较冷漠和不友善，导致别人不愿意与我们接触，不利于我们形成良好的人际关系。

2 影响我们的性格和道德发展

安慰别人是一种积极的道德行为，需要我们理解和共情对方的感受。如果我们不懂得安慰别人，在别人需要安慰时袖手旁观，不利于我们培养同情心、共情能力等，可能会使我们变得冷漠、麻木，不会关注和理解他人的想法，对我们的道德发展产生不利影响。

3 不利于我们习得解决问题的能力

安慰别人需要倾听和理解对方的问题，并给出相应的建议或帮助，这就需要我们有相关的经验或技能。在安慰别人的过程中，我们可以培养解决问题的能力和经验。

我来支招儿啦!

① 给予小伙伴无声的安慰

　　如果我们想要安慰小伙伴,但又不知道说什么好,不妨就静静地陪在他的身边,做一个听众。有时候,安慰也不一定非要说些什么,如果小伙伴想要吐露心声,那我们该做的就是静静地倾听或给他一个拥抱,小伙伴就能感受到我们的心意啦!

② 帮助小伙伴宣泄情绪

　　如果我们的好朋友压抑了很久,让他放声痛哭一场也并不是什么坏事。很多时候,哭是最能缓解压力的行为,哭泣不仅能宣泄负面情绪,缓解内心的痛苦,还能放松心情,促进身心健康。用适当的方式引导朋友,让他感受到我们的陪伴,放下戒备,发泄情绪吧,相信他很快就能恢复活力啦!

③ 帮助小伙伴转移注意力

　　如果我们的好朋友已经接受了事实,心情有所放松,这时候我们可以帮助对方转移注意力,引导他从负面情绪中彻底走出来。比如,主动提出和他做游戏、给他讲一些笑话,或是带他去欣赏美景等,等对方的心情平复后,再进行适当的鼓励和建议。

和同桌发生误会，我有点烦躁

今天早上，我来到学校后，发现同桌灿灿满脸怨气地看着我。我很纳闷，便询问灿灿发生了什么事，灿灿反过来问我："昨天你是值日生，是最后一个离开教室的，是不是你把我的墨水瓶打翻了？"我很疑惑，并不知道她的墨水瓶被打翻了，就向她解释，可灿灿很生气，说我是故意的。灿灿为什么要冤枉我呢？我好烦躁，我该如何让灿灿相信我呢？

心理大分析

在日常生活中，由于观点和理解的不同，我们经常会和别人发生误会，这是很常见的事情。但如果矛盾没有及时化解，可能会影响我们的人际关系。在心理学中，误会指的是人们对于某些事物或人的看法与实际不符的情况。也就是说，误会其实是一种假象，只要好好解释就能够消除。

一方面，如果是我们的原因导致产生误会，应该勇于承认错误，不要找借口或责怪别人，不要因为害怕麻烦或者不想丢面子而不和同学交流。不把问题解释清楚，只会让误会越来越深。向别人低头道歉并不意味着我们软弱，反而表明我们具有高尚的品德和修养。只有主动道歉，才能更直接地让同学理解我们，更好地化解矛盾，修复我们和同学的关系。

另一方面，如果同学做错了事情或者误解了我们，我们不必强求对方道歉，而可以试着去理解和包容对方。当对方犯错或者误解我们时，心里可能也不好受，只是碍于面子或者没有想好怎么解释才没有承认错误。我们可以找个合适的时机，主动和同学聊聊事情的来龙去脉，解开误会，并且表示自己不会计较，彼此的友谊就不会受到影响。

所以，当我们和同学发生了矛盾，只要我们冷静地思考，沉着地面对，用适当的方法就能够化解矛盾，让我们和同学和好如初。

心理大课堂

 为什么被人误会后，我们会感到烦躁呢？

1 感到被忽视或否定

我们正处在自我意识快速发展的阶段，自尊心很强，内心渴望被人理解和接纳。而当我们被误解时，会认为别人没有看到我们的努力，或是别人在否定我们的表现，这会让我们感到不公平和烦躁。

2 认为自己的形象受损

我们的内心往往比较敏感，十分在意自己的形象和声誉。当我们被别人误解时，我们可能会认为是别人在诋毁自己的声誉，自己的形象受到了侵犯，因此会出现情绪波动，变得十分烦躁。

3 对事实的无能为力

当我们被误解时，可能无法改变别人对自己的看法，也无法让别人真正了解自己的想法和意图，因此产生无力、失望、不满、痛苦等负面情绪。这些情绪会给我们带来很大压力，使我们变得烦躁。

同学间的误会如果处理不当，会有哪些影响呢？

1 影响同学间的关系

如果我们和同学发生了矛盾，却因为交流不畅、某一方拒绝沟通等原因，没有得到妥当的处理，可能会导致彼此的关系产生裂痕，矛盾也会越来越深，对我们的人际关系也有不利影响。

2 产生负面情绪，影响个人心态

我们正处于情感发展的关键时期，如果和同学发生误会和矛盾，没有妥善处理，必然会影响我们的情绪，使我们产生焦虑、不安等负面情绪。这些负面情绪会随着矛盾的加深不断累积，我们可能会认为自己的社交能力差，对自己感到失望，甚至会影响到我们的自尊心和自信心。

3 影响我们的学习效果

在学习过程中，我们需要集中注意力，而与同学发生矛盾，本身就会对我们在学校的状态有一定影响。如果误会长时间没有解开，使我们持续受到误会和矛盾的干扰，势必会分散我们的注意力，影响学习效果。

① 学会包容，不去计较

同学之间产生误会，起因往往都是一些学习生活中的小事，只是因为彼此的观点或理解不同，导致了误解，甚至连矛盾都算不上。如果我们和对方的关系比较好，那完全可以不去计较，只要包容对方的小错误，继续像往常一样交往，彼此的关系是不会出现问题的。

② 及时解释，消除误会

和同学产生误会后，我们拖延的时间越长，就越有可能导致彼此的关系出现问题。所以，如果我们不想因为一次小小的误会影响我们和同学的关系，或者影响我们在同学眼中的形象，那么就要及时把事情解释清楚，消除误会。

③ 冷静思考，耐心解释

如果我们和同学的误会比较大，导致彼此产生了强烈的不满，如果此时再极力解释，可能不仅没有用，还会激化彼此的矛盾。针对这种情况，最好的方式是等大家把气消得差不多了再进行解释。在此期间，我们要好好冷静下来，并思考导致误会的原因以及解释的方法。等找到合适的机会，再好好向对方解释清楚。

好朋友和我同台竞争，我有些生气

：　　昨天，班主任宣布班里准备竞选班长，让想要参与竞选的同学递交报名表。我认为自己成绩优异，很有希望当选班长，就第一时间递交了报名表。可同一时间递交表格的，还有我的好朋友金可。我没想到金可想要和我竞争班长的职位，感觉他在和我作对，心里有些生气。金可明明是我的好朋友，我为什么会感到生气呢？

心理大分析

在心理学上，竞争是指人努力想要超过或战胜其他人的心理需要和行为活动。在我们的生活中，竞争和竞争对手几乎无处不在。可是，当我们的好朋友参与到竞争中，成了我们的竞争对手后，我们会担心对方可能会威胁到自己的成功或取胜，因此感到生气。这是一种很正常的感受，因为每个人都有竞争的欲望和自我保护的本能。

不过，我们应该正确看待竞争以及竞争对手，虽然竞争对手会给我们带来挑战和压力，但他们和我们其实也在彼此成全。竞争对手能让我们认识到自己的不足，并激励我们不断进步。在正常的竞争关系中，我们能够挑战自己、发挥潜能、提高自己的能力。也就是说，我们可以把竞争对手看作最好的"陪练"，能够与我们相互切磋，共同成长。

而且，作为彼此的好朋友，我们更应该理解对方想要参与竞争的心情，谁都有参与竞争的权利，我们应该尊重对方的决定。朋友之间最健康的竞争风气应该是彼此互相支持，坦诚地分享自己竞争的原因，这有助于加深朋友之间的理解和友谊，同时有利于彼此的进步。

总之，面对竞争，我们要放平心态，不要对竞争对手产生恶意，也不要因此对朋友产生不满，更不要抹黑竞争对手，而应该与朋友在切磋中共同进步。

心理大课堂

好朋友与我们竞争时，为什么我们会感到生气呢？

1 担心自己被背叛

好朋友通常是和我们关系密切、值得信任的人，当好朋友成为我们的竞争对手时，我们可能会认为对方站在了自己的对立面，将这看作一种背叛，这种感觉会让我们感到失望和不满，甚至感到生气。

2 认为自己受到威胁

好朋友往往是愿意支持和帮助我们的人。我们在竞争中，通常会希望得到好朋友的支持和鼓励。但是，当我们看到好朋友与自己同台竞争时，可能会感到好朋友给自己带来了威胁，因此感到生气。

3 对竞争结果的担忧

我们的内心通常比较敏感，面对胜负未定的结局，内心会充满担忧。当自己的好朋友参与到竞争中，我们会更加害怕局面对自己不利，或是好朋友夺走自己的机会等，心中会产生焦虑、不满等情绪。

竞争意识太强会给我们带来哪些负面影响呢？

1 使我们产生负面情绪

　　良好的竞争意识能激发一个人的动力，增强人的自信心，使人不断进步。但如果我们竞争意识太强，过于看重输赢，就会给我们带来不必要的焦虑和压力，这可能会影响我们的情绪。另外，竞争意识太强也可能导致我们在遇到挫折或失败时，产生自我否定或自卑等情绪。

2 不利于我们的人际交往

　　如果我们的竞争意识太强，格外看重个人成就和胜利，往往会忽视与他人的合作和沟通，非常容易与他人产生冲突，这对于培养我们的合作意识和团队精神十分不利。长此以往，我们不仅难以学会合作，而且很难正确处理人际关系。

3 出现不正当的竞争行为

　　如果我们的竞争意识过于强烈，可能会产生为达目的不择手段的心理，导致我们做出不正当的竞争行为，比如恶意攻击、抹黑竞争对手等。这些行为不仅违背了竞争的公平性，而且不利于我们养成良好的道德准则，对我们的形象和声誉也有不良影响。

我来支招儿啦！

① 摆正心态，正确看待竞争对手

当好朋友变成了我们的竞争对手，并不意味着他就站在了我们的对立面，他只是换了一种方式在激励我们进步。竞争对手并不是我们的敌人，反而能让我们看清自己的缺点，督促我们不断进步和成长。所以我们不必因此感到生气，而是应该感谢对方给我们这次宝贵的机会。

② 向竞争对手学习，取长补短

参与竞争的每个人都是值得我们学习的榜样。他们都敢于挑战自我，还有着不同的优点和特长。而且，好朋友与我们关系密切，了解深入，更能在竞争中找到我们的不足之处，虽然难免使我们在竞争中头疼不已，但也给了我们难得的"补短"的机会。

③ 与朋友合作，形成良性竞争

与好朋友竞争是一件令我们十分头痛的事情。但是，只要我们能正确看待竞争，与朋友保持良好的沟通与合作，相互了解彼此的想法，坚持公平竞争的原则，相互鼓励、支持，就能形成良性竞争，这对我们的进步和成长都是十分有利的。

小伙伴笑说我是"小气鬼"

：　　上周末，我在楼下凉亭处玩自己的汽车模型，我把好几辆小汽车摆在一起，想象着自己是一个亿万富翁，别提多开心了。后来，我的小伙伴新奇看到我的汽车模型十分羡慕，想要借一两个回家玩，我担心他弄丢或弄坏我的汽车模型，便拒绝了他的请求。新奇觉得我自私，还说我是小气鬼。我是家里的独生子，从小都是一个人玩玩具，从来没有和别人分享过，我做错了吗？

心理大分析

　　身为独生子女，没有兄弟姐妹，所以不懂得分享的意义和快乐，这并不是我们的错。我们喜欢自己的玩具，觉得自己的玩具最好，不愿意和别人分享，这也很正常，不是什么不道德、没礼貌的事情，这背后有很复杂的原因。

　　心理学研究发现，6岁以前的孩子都是以自我为中心的，他们只能从自己的角度看世界，难以认识到他人的想法，因此完全不理解分享的概念。即使长大后，我们的物权意识也可能较弱，这导致我们只看重自己的东西，不懂得珍惜别人的物品，也使我们不愿意将自己的物品借出去。

　　因此，若小伙伴说我们不懂得分享，我们不必太过责怪自己，可以慢慢改变自己的观念，让自己变得愿意分享。毕竟，我们的玩具就是属于我们的，即使借给了别人，最后也会回到我们手上，这样一想，我们就不会那么不情愿了。

　　我们再换个角度想一想，虽然我们把玩具借给别人玩两天，暂时不能收获乐趣了，但是这份乐趣却能传递给别人，还能让别人感受到我们的善良和慷慨，别人可能会因为我们的分享行为喜欢上我们，更愿意和我们一起玩。总之，如果我们能够学会分享，就能从分享中收获更多快乐，还能变得更受欢迎。

心理大课堂

 我们不愿意分享的原因有哪些呢？

1 自我意识的本能体现

我们年龄还小，处在自我意识的形成阶段。自我意识让我们产生了自尊、自立，以及自我保护意识，自我意识会让我们无意识地保护自己的东西，对别人的借用行为有抵触心理。看起来像是小气、自私，实际上只是自我意识的本能体现。

2 家庭教育影响

一些小伙伴受到爸爸妈妈的溺爱，总是能独享很多资源，却没有受到分享教育，他们会渐渐养成以自我为中心的性格。他们会依赖自己的东西，认为自己的东西最好，同时不喜欢和别人交流或分享。

3 家长行为的投影

一些小伙伴的爸爸妈妈比较小气，在家中也喜欢斤斤计较，可能会让小伙伴形成一种自己的资源不够多、不能轻易与人分享的心理。爸爸妈妈这种不正确的价值观和行为习惯会给我们造成潜移默化的影响。

太"抠门"对我们有哪些负面影响呢？

1 贪小便宜吃大亏

如果我们从小就没有学会与人分享，表现得很"抠门"，并且这些行为得不到及时的纠正和引导，随着我们的成长，可能会形成贪小便宜的习惯，这种习惯会导致我们容易忽略全局，给坏人可乘之机，为了蝇头小利而吃亏上当。

2 不利于培养我们的社交能力

如果我们缺乏分享意识，在人际交往中可能会表现出自私和斤斤计较的行为，从而影响我们的人际关系。虽然分享不是人最重要的良好品德，但它是建立良好人际关系的重要因素。愿意分享的小伙伴往往能够得到更多的关注和认可，建立起更加稳固的人际关系。

3 导致我们缺少共情能力

虽然有时候我们认为自己不愿意分享的行为没有什么不良影响，但是如果我们的物权主义太过强烈，眼中只有自己的得失，会变得自私自利，最终会使我们的共情能力变弱，变得不懂得考虑他人的想法，同时性格可能会变得扭曲。

❶ 从赠送小物件开始，学会分享

我们不喜欢与人分享，可能是还没有感受到分享带来的快乐。我们可以试着向小伙伴们赠送一些小物件，比如画笔、橡皮、徽章等，同时对他们说："我很高兴能够分享这个玩具给你，希望你也能感到快乐。"通过这种方式感受到分享的乐趣，逐渐学会分享。

❷ 和其他小伙伴交换物品

分享行为可以帮助我们与小伙伴建立更好的友谊。我们不能强迫别人把自己的东西送给我们，也不能随意拿走别人的东西。不过，我们可以通过交换玩具的方式，让彼此都能体验到不同的乐趣，这样我们就能更好地与小伙伴相处，收获更多的快乐。

❸ 伸出援助的手

帮助别人其实也是一种分享。我们在帮助别人时，分享了自己的时间、精力和知识，帮助他人解决了问题。这样既可以让别人感到高兴，也可以让我们感到满足。通过帮助别人，我们可以感受到自己的价值，让我们更加愿意分享。

爸妈反对我和成绩差的同学玩

：　　　最近，每到周末我就喜欢和我们班的高畅、孙昊一起打篮球，他们俩球技很好，我能从他们那里学到很多技巧。同时，我们性格很像，有很多共同话题，因此我们很喜欢在一起玩。但是，妈妈却因为高畅、孙昊的学习成绩不好，担心他们影响我的学习成绩，不让我和他们在一起玩。我很不理解妈妈的做法，我也不想失去这两个好玩伴，我该怎么办呢？

心理大分析

　　爸爸妈妈反对我们和成绩差的同学玩，主要是担心这些同学会对我们的学习产生不良影响。他们认为只有和成绩好的同学交往，才有益于我们的成长。实际上，爸爸妈妈的观点有一些片面，因为学习成绩不能代表我们的全部品质。成绩差的小伙伴也有自己独特的优点，并且学习成绩差往往也只是暂时的。因此和成绩不如我们的同学玩，并不代表我们的成长就一定会受到负面影响。

　　在人际交往中，吸引力法则是一个非常重要的概念，它指的是人们倾向于和那些与自己相似或者互补的人交往，因为这样的人更容易让我们感到舒适和自在。相似的人之间更容易找到共同话题和兴趣，更容易建立起友谊和信任。互补的人之间则可能会产生新的创意和思维方式，带来一些意想不到的改变，使彼此的生活更加丰富多彩。

　　我们与别的小伙伴能成为朋友，往往是吸引力法则在起作用。他们或许在性格、脾气、爱好等方面与我们高度相似，或者恰好拥有我们所缺少的品质。

　　我们喜欢和学习成绩不好的同学交往，这并没有错，这是因为我们之间在相互吸引。只要我们能做到一如既往地用功，成绩不会受到影响，不沾染不良习气，就可以发展出健康的友谊，爸爸妈妈也就不会反对我们了。

心理大课堂

父母不让我们和成绩差的同学玩，这是为什么呢？

1 担心我们受到影响

有些爸爸妈妈的观念比较片面，他们将我们同龄人的品行与学习成绩混为一谈，认为我们那些学习成绩不好的同学，品行、素质一定也不好。为了不让我们的学习、品行受到影响才约束我们交友。

2 不相信我们的判断能力

如果我们与好朋友相处得非常愉快，爸爸妈妈应该高兴才对。然而，有时爸爸妈妈却喜欢干涉我们的选择，这种行为侧面体现了爸爸妈妈不相信我们的判断能力。爸爸妈妈把自己的标准强加在我们身上，这显然是不对的行为。

3 爸爸妈妈有类似的经历

爸爸妈妈不让我们和成绩差的同学玩，可能是他们在小时候，有过学习成绩受到其他同学影响的经历。这种经历让他们印象深刻，久而久之影响了他们的交友思想。他们为了防止我们也被影响，才会干涉我们交友。

爸爸妈妈总干涉我们的交友，会有哪些负面影响呢？

 伤害我们的自尊心和自信心

　　爸爸妈妈有时喜欢以关心的名义干涉我们的交友行为，指出我们的朋友有哪些缺点，会如何影响我们的学习等，强行中断我们和小伙伴的友谊。这种粗暴的干涉行为会对我们的自尊心造成伤害，导致我们怀疑自己的交友能力，甚至对社交失去信心。

使我们变成"势利眼"

　　一些爸爸妈妈认为我们应该和学习成绩优异、表现良好的同学交往，而不应该和成绩差、经常受批评的同学接触，甚至教导我们应该主动接触"好孩子"，而对"坏孩子"敬而远之，这种观念会对我们的价值观产生影响，让我们变得功利，难以结交真心朋友。

导致我们产生逆反心理

　　如果爸爸妈妈不顾及我们的感受，强行干预我们的交往行为，可能会让我们觉得自己不被尊重，从而产生逆反心理。即使我们知道某个朋友并不适合交往，但受逆反心理的影响，我们可能会有意与父母对抗，执意与之交往，渐渐变得叛逆、特立独行。

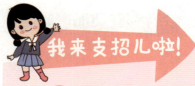

① 保持良好的行为作风

爸爸妈妈不让我们和成绩差的同学玩，往往是因为他们认为成绩差的同学不太听话、自律性差、喜欢调皮捣蛋，如果我们和成绩差的同学交往过多，可能会被他们影响。实际上，这种观念比较片面，只要我们一直保持良好的作风，不惹是生非，爸爸妈妈对他们的态度就会有所改观了。

② 用好成绩来证明自己

我们往往很难改变爸爸妈妈的观念，但我们可以用事实证明他们是错的。如果爸爸妈妈认为和成绩差的同学玩会导致我们的成绩变差，那我们要做的就是保持良好的成绩，或者更加努力地学习，甚至帮助小伙伴提高成绩。只要爸爸妈妈看到这些，自然就不会再干涉我们的友谊了。

③ 让父母认识我们的小伙伴

俗话说"百闻不如一见"，爸爸妈妈不让我们和某些小伙伴玩，可能是因为他们对小伙伴不够了解，只是因为他们学习成绩不好，就武断地做出错误的推测。为了更直接地消除爸爸妈妈对小伙伴的误解，我们可以邀请小伙伴到家里做客，让爸爸妈妈对他们有更深入的了解，看到他们积极、优秀的一面，爸爸妈妈就不会再反对我们一起玩了。

受到称赞时，我浑身不自在

： 　　上周，我参加了学校的书法比赛，并成功获得了第一名，为班级赢得了荣誉。今天，班主任特意把我叫上讲台，在全班同学面前表扬了我。同学们也为我感到高兴，纷纷发出了祝贺的掌声。虽然我心里也感到很开心，但面对大家的称赞，我却感觉浑身不自在，不知道该如何正确地回应大家的称赞和祝贺，我该怎么办呢？

心理大分析

有时候，我们在面对别人的称赞时会感到亢奋或紧张，明明内心感到开心，却浑身不自在，不知道如何是好。如果故作镇定，可能会给人留下自大、轻狂的印象；如果表现得十分激动，又怕别人认为自己不稳重。这是很正常的现象。

在心理学中，这种现象叫作"评价恐惧理论"，评价恐惧理论是指我们在社交场合中，由于担心受到他人的评价，从而感到紧张和焦虑。通常来讲，令我们恐惧的往往是负面的评价，那为什么连称赞都会令我们不安呢？

心理学家认为，他人的称赞可以提高我们对自己的期望和标准，但在潜意识中，我们可能会觉得自己的能力还不足以获得他人的认可。因此，当受到表扬时，我们可能会感到内疚，认为自己不配得到这些赞扬。

然而，第一名是我们靠自己的努力获得的，是我们能力出众的证明，自然配得上别人的赞扬。所以，我们可以大方地向大家表示感谢，这也是一次锻炼表达能力的机会。我们可以说"谢谢大家的支持和鼓励，我会继续努力的"或者"我的成功离不开老师和同学们的帮助"。这样既能表达我们的谦虚和感激之情，又不会显得过于拘谨或自大。总之，要保持自信、谦虚和感恩的态度，这样才能更好地回应大家的称赞和祝贺。

心理大课堂

 为什么我们在受到称赞时会浑身不自在呢？

1 "社恐"心理作祟

一些小伙伴由于内向、敏感等原因，不想成为被关注的焦点，也就是俗称的"社恐"心理作祟。他们害怕社交，尤其是在人多的场合，受到他人评价时，他们更容易感到紧张和恐惧，变得浑身不自在。

2 完美主义倾向

有些小伙伴对自己有很高的期望和标准。在受到称赞时，他们可能会认为自己没有达到这样的高标准，或是担心自己无法再次获得这样的成就，给自己带来较大的压力和负担，从而感到紧张和焦虑。

3 缺乏自信

有些小伙伴的自信心不足，他们可能会怀疑自己的能力和价值。即使受到了称赞也会觉得自己配不上别人的认可和赞扬，从而感到不自在或紧张。

93

不恰当地回应赞美会给我们带来哪些负面影响呢？

1 给我们的形象和声誉带来损害

我们的言行反映了自身的礼貌和修养。当我们受到称赞，尤其是集体的称赞时，如果采用了不恰当的回应方式，没有正确地回应赞美，可能会让别人认为我们不够成熟或者不懂礼貌，从而给我们的形象和声誉带来损害。

2 影响我们的人际关系

在人多的场合，我们的一言一行都被别人看在眼里，如果我们没能正确地回应大家的赞美，表现得支支吾吾，或是得意扬扬，会让称赞我们的人感到尴尬或不满，容易导致我们给他人留下不好的印象，从而影响我们的人际关系。

3 使我们变得骄傲自满

面对赞美，正确的回应方式可以增强我们的自信心和成就感，而错误的回应方式则会给我们的内心带来负面的暗示。比如，如果我们总是说"小菜一碟""没什么大不了的"等类似的话，就会让我们产生自己能力很强的潜意识，容易使我们变得骄傲自满。

① 谦虚接受，再接再厉

谦虚是中华传统美德之一。在面对别人的称赞时，我们不能表现得十分张扬，而是应该谦虚地接受，我们可以说"其实我还有很多需要努力的地方""如果没有老师的帮助，我肯定不行的"等表达自己的谦虚态度。我们要以取得的成功为基础，再接再厉，争取获得更高的成就。

② 向对方回赠赞美

在面对同龄人的赞美时，我们可以反过来赞美对方，比如说"你也很棒呀""你也有我不具备的优点"等。回赠赞美不仅可以让我们的人际关系更和谐，还可以增强我们的自尊心和自信心。

③ 大方接受，分享经验

有时候，我们只是简单地接受别人的称赞会显得太敷衍。此时，我们在表达自己的感谢之情后，可以向别人分享自己的经验和感悟，讲述一些自己取得成功的小经验或是小窍门，与大家分享喜悦，共同进步，这样还能收获更多的友谊。

我犯了错，却不愿意道歉

：　　昨天中午，我在一棵大树下发现了一只毛毛虫，我把毛毛虫放在同桌嘉琪的桌子上，想要和她开个玩笑。嘉琪回到座位后，被桌上的毛毛虫吓了一跳，差点就哭了出来。嘉琪用发红的双眼瞪着我，然后她也不理我了。我这才意识到自己的玩笑开大了。我知道自己做错了，想向她道歉，但不知道为什么，道歉的话我就是说不出口，我该怎么办呢？

心理大分析

　　生活中，我们难免会做错一些事情，伤害到别人的感情或是我们与别人之间的关系。但是，有时候我们会因为不安或害怕、担心被对方责骂、担心对方不接受我们的道歉，或是感到不好意思等原因而不敢向别人道歉。这些担忧是可以理解的。

　　但是，如果我们不道歉，我们与他人之间的关系肯定会受到影响，为了修复关系，重新建立信任，我们应诚恳地向对方道歉，表达我们的懊悔之情，让对方知道我们已经认识到自己的错误，从而获得对方的原谅。

　　心理学家研究发现，人在情绪激动时理性思维会受到影响，这时的人们经常会做出一些过激的行为。因此，在对方生气时，我们最好不要急于向对方解释，这可能会使对方的情绪更加激动，我们要等对方冷静了再去道歉。在这段时间里，我们要认真思考自己的行为有哪些不对，给对方造成了哪些影响，同时思考自己应该如何道歉才能体现出自己的真诚。

　　然后我们应该找一个合适的时间和地点，真诚地向对方表达我们的愧疚以及想要弥补错误的态度，并保证以后会避免这种情况发生。总之，学会道歉是一项非常重要的社交技能，可以帮助我们在日常生活中更好地与他人相处，维护我们与他人的关系和信任。

心理大课堂

我们犯了错，却不愿意道歉的原因有哪些呢？

1 自尊心太强或倔强

有些小伙伴有很强的自尊心，他们性格好强，认为向别人道歉是一种软弱的行为。还有些小伙伴性格倔强，他们明知道自己犯了错，但碍于面子，而不愿意承认自己做错了或不愿意向别人道歉。

2 害怕承担后果

我们通常都不愿意受到他人的指责或批评，这会令我们感到难过和焦虑。因此有时候我们即使知道自己做错了，也不愿意承认自己的错误或道歉，因为我们害怕自己会受到惩罚。

3 不懂得如何道歉

一些小伙伴从小被爸爸妈妈保护得太好，即使犯错后爸爸妈妈也会帮忙出面"摆平"，导致他们缺少道歉的能力和经验，不知道如何表达自己的歉意，也不知道如何请求原谅，因此不愿意道歉。

不懂得道歉会给我们带来哪些负面影响呢？

影响我们的人际关系

如果我们在犯错后不懂得承认错误或道歉，对于受到伤害的人来说是一种不公正的对待，往往会伤害到他人的情绪。他人很有可能会认为我们不尊重人，没有教养或是缺乏责任感，导致我们给他人留下不好的印象，从而影响我们的人际关系。

不利于培养责任感

学会为自己的行为负责是成长中十分重要的一课。如果我们不懂得承认错误和道歉，就会缺乏对自己行为的责任感，会导致我们难以认识到自己行为带来的后果，更难以从错误中吸取经验教训。长此以往，我们会更加不愿意承担责任，难以成为一个负责任的人。

不利于学会如何解决问题

我们在犯错后，必须学会如何解决问题以及弥补自己的错误。如果我们不懂得道歉，往往也很难学会如何处理冲突和解决问题，这可能会导致问题无法解决，或是不断积累，带来更大的麻烦，最终甚至会变得无法解决。

我来支招儿啦！

❶ 及时承认错误，诚恳道歉

当我们犯了错，给别人造成了伤害后，我们应该及时道歉，而且应该真诚。在道歉时，我们不要把自己的责任推到其他人身上，只有这样，我们才能得到对方的原谅。对于某些具体的错误，一句"对不起"可能还不够，我们可以就具体的事情跟同学承认错误，这样才能及时地解决问题，维护彼此的关系。

❷ 书面道歉，委婉表达

有时候，我们由于害羞等原因，不敢当面和同学道歉。在这种情况下，书面道歉就是很好的选择。在写道歉信的时候，要注意写清自己已经认识到了错误、愿意承担错误的后果，并且保证以后不会再犯，以此来请求对方的原谅。有时候，书面道歉比当面道歉更真诚、更有效哦！

❸ 造成了损失，主动赔偿

当我们的行为给别人造成了损失，除了道歉，我们还应该通过赔偿来弥补自己的错误。比如，如果我们不小心把同学的东西弄坏了，就要给同学赔偿，用实际行动来表达我们的歉意。这样，我们才能真正让对方感受到我们的诚意和负责任的态度。我们也能够牢记这次教训，避免类似的问题再次发生。

该拒绝的时候，我不敢说"不"

：　　最近有件事让我很苦恼，浩峰是我的好朋友，他学习不太好，前几天他和我说，家庭作业太难了，想要借我的作业"借鉴"一下。我知道他的小心思，不想纵容他的错误行为，但浩峰和我关系很好，我碍于面子而不敢拒绝他的请求，最后只好把作业借给了他。我明明不想答应，但总是不敢说"不"，我该怎么办呢？

心理大分析

有时候，我们会觉得拒绝别人的请求很难，或者会因为拒绝了别人而感到内疚，甚至还会认为，无论别人向我们提出什么请求，我们都应该无条件地接受，因为拒绝别人是不礼貌的，有可能会伤害到对方。这往往是因为我们渴望得到别人的认可和喜爱，因此非常在意别人对自己的看法。于是我们宁愿委屈自己，也不想拒绝别人，影响别人对自己的看法。

然而，这种"委曲求全"的心理实际上是一种人格障碍，这种障碍让我们总是把别人的需求放在自己的需求之前，使我们忽视自己的感受和需要，给自己带来很大困扰。因此，我们应该勇于拒绝，保护好自己的感受和需要。拒绝别人的请求并不可怕，当我们面临不合理的请求时，我们不应该因为害怕或愧疚而妥协，而是应该勇敢地拒绝。

当别人向我们寻求帮助时，我们若是直接拒绝有可能会伤害到对方的情感，因此我们不好意思拒绝。但如果别人的请求超出了我们的能力范围，或者我们实在没有时间去帮助他们，这时候，妥协只会让我们陷入麻烦和烦恼。因此，我们可以用委婉的方式拒绝，以避免伤害对方的感情。拒绝别人并不意味着我们不友好，而是因为我们既要发展人际关系，也要保护好自己。

心理大课堂

 我们不敢拒绝别人的原因有哪些呢？

1 爸爸妈妈的教育方式不当

有时爸爸妈妈要求我们必须听他们的话，在他们眼中，我们有自己的想法是叛逆、不听话的表现，他们会打压我们的想法。就这样，我们在重压之下变得越来越压抑，为了获得爸爸妈妈的肯定，逐渐放弃了自己的想法，变得不敢拒绝别人。

2 性格软弱

一些小伙伴性格比较软弱，害怕与人发生争执，而提出要求的同学性格又很强势，会给小伙伴带来一种无形的压迫，甚至使小伙伴心生恐惧，所以软弱的小伙伴在遇见强势的孩子时，往往会因为对方强大的气场而屈服，最终选择妥协。

3 缺乏拒绝经验

有些小伙伴的爸爸妈妈十分强势，喜欢实行"包办式"的教育方式，在成长路上，为小伙伴做好一切决策，在小伙伴遇到不公正的待遇或不合理的要求时，也选择替小伙伴出头。这就导致小伙伴缺少学习拒绝的机会，变得不敢拒绝别人。

不懂得拒绝可能会给我们带来哪些负面影响呢？

1 容易形成讨好型人格

如果我们不懂得拒绝别人，当别人提出了很过分的要求时，出于树立自己的形象、维护人际关系或获得别人的认可等原因，我们可能会选择委曲求全。久而久之，我们就会形成讨好型人格，为了迎合别人的期望和需求，不敢表达自己的真实想法和感受，对我们的身心成长有很大影响。

2 性格变得软弱，容易受到欺负

如果我们一味逆来顺受、向他人不合理的请求妥协，不仅会助长他人的不良习惯，还会使我们的性格变得越来越软弱，更加不敢拒绝别人，这样的恶性循环导致我们容易受到他人的欺负，在学习、生活、社交等方面也很容易吃亏。

3 自我意识变得薄弱，缺乏主见

如果我们不懂得拒绝，总是迁就他人的要求或期待，虽然在外人看来这是无私、谦让的表现，然而这是一种错误的心理。如果不及时纠正，我们的自我意识会越来越薄弱，变得缺乏主见和独立思考的能力，在面对挑战和决策时缺乏自信和自主性。

① 告诉对方自己的难处

　　如果对方的请求超出了我们的能力范围，或者我们此时腾不出时间，实在没空帮助对方，不要委曲求全，为难自己。而是要如实地告知对方自己的难处，让对方明白自己不是故意不帮忙。只要对方感受到我们的真诚，理解了我们的难处，自然就不会再强人所难。

② 提出建议或其他解决方案

　　当有人向我们求助，我们不想答应，但又怕拒绝会伤害彼此的关系时，我们可以根据对方的需要，提出相应的建议或弥补方案。比如，同学向我们借作业，我们可以将学习笔记借给对方；也可以让他先等等，等我们忙完了再辅导他写作业。这样做既可以帮到别人，也不会影响彼此的关系。

③ 直截了当，勇敢地说"不"

　　无论是陌生人还是朋友需要我们的帮忙，如果是力所能及的事我们可以伸出援手。但如果有人向我们提出了无理的请求，想强迫我们做办不到或不想做的事，这时候不要委屈自己，应该勇敢地说"不"。因为我们并不亏欠对方什么，因此不用在意拒绝的后果。

需要帮助时，我不敢开口

我是班里的语文课代表，每天早上都要负责收作业的任务。上周五，轮到我担任班里的值日生，早上我来到班里后，很快就陷入了两难的境地，因为我发现时间不够用，我没法同时完成收作业和做值日的任务。于是，我想找别人帮忙，可其他同学都在忙各自的事情。我犹豫再三，最后也没有开口。我很困惑，为什么在需要帮助时，我会不敢开口呢？

心理大分析

　　有时候，我们同时面对多项任务，需要别人的帮助，却不敢开口寻求帮助。实际上，很多人都有类似的困扰，我们在遇到无法解决的困难时，心里会想"如果有人能帮我一把就好了"，可左思右想后，却选择了沉默，这是很正常的现象。

　　有些小伙伴觉得别人正忙着自己的事情，不应该给别人添麻烦；有些小伙伴比较内向，害怕自己被拒绝后感到丢脸或尴尬；还有些小伙伴认为向别人求助是软弱的表现，自己应该独立完成任务。其实，我们没有必要这样想，向别人寻求帮助并不是什么丢人的事情，反而是一种正常和健康的行为。它不仅可以增进我们与别人的关系，还可以让我们更快地解决问题，避免浪费时间和精力。

　　如果我们不愿意向别人求助，往往会因为完不成任务、应付不了困难而陷入更大的麻烦。相反，如果我们敢于向别人求助，这表明我们有勇气去解决问题，让事情变得更好。当然，有时候，别人可能没有意识到我们需要帮助，或者不知道如何帮助我们。这就需要我们有一定的社交能力和沟通技巧，委婉地向别人提出请求，让别人了解到我们当前的困境，这样别人就愿意帮助我们啦！

心理大课堂

为什么我们在需要帮助时不敢求助别人呢？

1 害怕被嘲笑或批评

我们的内心通常比较敏感，有时候我们会认为，向他人寻求帮助会暴露自己的缺点，并且自己的求助行为可能会遭到别人的嘲笑或批评。于是在打算寻求帮助时，我们由于害怕而犹豫不决，变得不敢求助别人。

2 害怕被拒绝

一些小伙伴的性格比较内向，他们缺乏自信，不敢面对可能的失败或者拒绝。如果求助被拒绝，他们会感到十分尴尬和难堪，内心产生失望和挫败感。为了避免这种情况，他们就选择放弃寻求帮助。

3 对他人的失望

有时候，爸爸妈妈由于各种原因，经常忽略我们的情感和需求，导致我们对别人的帮助渐渐失去了信心。甚至可能在我们需要帮助时批评我们独立性差或是不上进，长此以往，我们就失去了寻求帮助的耐心。

不懂得求助，对我们有哪些负面影响呢？

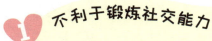 不利于锻炼社交能力

　　寻求帮助本身就是一种社交行为，当我们向别人求助时，往往需要一定的社交经验和技巧才能说服别人来帮助我们。如果我们不敢、不懂得求助，往往是因为我们在沟通交流方面有一定的胆怯心理，若我们总是不敢求助于他人，对于锻炼我们的社交能力是十分不利的。

不利于培养解决问题的能力

　　如果我们在面对问题时不懂得寻求帮助，那么我们就无法得到别人的经验和知识，无法学习和掌握新的知识和技能，同时难以获得他人的评价或建议，我们也就无法发现自己的不足和缺点。这就导致我们可能无法全面地了解问题，也无法更好地解决问题。

不利于形成独立的人格

　　一些小伙伴认为求助于他人是一种软弱的行为，只有事事都自己解决才是独立。实际上，这是一种假性独立。懂得适度依赖他人才是真正的独立，反之则会局限于自己的想法中，难以获得真正的成长。

我来支招儿啦!

① 清晰地表达问题，正确地请求帮助

如果我们不能清楚地告诉别人我们遇到了麻烦，或是需要怎样的帮助，比如我们只对小伙伴说"来帮我一下"，对方不一定能理解我们当前的困境，也不知道该如何帮助我们。所以必须把问题具体化，让别人明白我们需要怎样的帮助，比如"我搬不动这个箱子，能帮我抬一下吗"。

② 语气委婉，多说一些礼貌用语

有时候我们因为着急、慌乱等原因，没有注意自己的语气，强硬地命令别人帮助我们，这样会使别人感到不快，不愿意帮助我们。所以，尽可能用委婉的语气和礼貌的语言向他人求助。别人帮助我们后，也要及时表达谢意。

③ 向可以信任的人寻求帮助

有时候我们不敢向别人寻求帮助，是因为我们和对方不熟悉、关系不近等，心里对对方有一种不信任感。为了避免这种情况，可以向那些可以信任的人寻求帮助，比如好朋友、老师等，他们通常不会拒绝我们的请求，而且还能帮助我们克服被拒绝或嘲笑的心理。

想帮助别人，却驻足不前

： 昨天体育课后，体育老师让子然把同学们用过的羽毛球收集起来，放回器材室。同学们都从操场往回走，就留下子然一个人"打扫战场"，我看着满地的羽毛球，觉得子然应该很想让人帮他一把，但是我内心挣扎了一番后还是没有走上前。每次遇到类似的情况，我都犹犹豫豫，没能上前帮忙。我也想助人为乐，可我为什么做不到主动伸出援手呢？

心理大分析

生活中，我们经常会遇到想要帮助别人，却不敢伸出援手的情况。这可能是因为我们担心被拒绝，担心自己的能力不足、表现不好，或是怕被人误解等。这些都是很常见的反应。

首先，有帮助别人的想法，这是值得肯定的。其次，我们要清楚，帮助他人最需要的是行动而不是思考。帮助他人是一种善良、积极的行为，是指在自己有能力、有机会的情况下，主动去帮助别人解决问题或者提供帮助。这种行为通常是出于对他人的关爱、同情和善意，而不是出于个人利益或在被迫的情况下进行的。

帮助他人不仅可以给别人带来实际的帮助，也可以让自己感到快乐和满足。通过帮助他人，我们可以建立良好的人际关系，扩大社交圈子，增强自己的自信心和自尊心。

换个角度来想：当我们完不成一项任务的时候，同学主动过来伸出援手，任务完成后，我们自然会很开心，而看到我们开心，同学也会觉得开心。而且，回想一下，我们也一定有过被人帮助的经历吧？既然别人愿意主动帮助我们，我们为什么不能帮助别人呢？

有时候，我们只看到了别人不主动求助，却忽略了他可能也因为不好意思，正在犹豫是否要向我们求助呢！总之，主动帮助他人是一种积极、善良的行为，是我们应该时刻保持的美德。

心理大课堂

 为什么我们想要主动帮助别人却不敢伸出援手呢？

1 缺乏勇气和自信心

由于我们的内心仍处于发育阶段，自信心和勇气尚且不足。因此，当我们想要帮助别人时，可能会因为缺乏自信心和勇气而感到害怕或紧张，也可能感到难为情或不好意思，因此不敢伸出援手。

2 害怕被拒绝

我们往往很在意自己在同龄人眼中的形象或声誉。因此，当我们想要帮助别人时，可能担心自己的行为会被拒绝，或是担心别人说我们是在多管闲事，于是不敢主动帮助别人。

3 缺乏助人经验

我们的知识和经验还比较有限，可能不知道该如何有效地帮助别人，或者是缺乏相关的知识和技能。因此，当我们想要帮助别人时，可能会觉得自身能力不足，于是感到犹豫和不确定，因此不敢主动帮助别人。

不懂得帮助别人，对我们有哪些负面影响呢？

1 影响我们的人际交往

乐于助人是一种美好的品质，乐于助人的小伙伴更容易与他人建立良好的关系。如果我们不懂得帮助别人，会减少我们与人交流的机会，也不利于培养我们的合作精神。

2 使我们缺乏情感体验

帮助别人可以让我们感受到自己的存在是有价值的。当我们的帮助给别人带来改变和成功时，我们自己也会收获满足感和成就感，从而感到快乐和满足。如果我们不懂得帮助别人，必然就无法获得帮助别人带来的成就感和满足感，导致情感体验的缺乏。

3 难以形成良好的道德观念

如果我们不懂得帮助别人，在别人需要帮助时总是袖手旁观，长此以往，我们对他人的关注会越来越少，同情心也会越来越弱，使我们难以理解别人的需要和感受。这可能会导致我们意识不到自己该有的责任和义务，难以形成良好的道德观念。

❶ 用温和的语气礼貌询问

有时候，说错话会引起别人的误解，帮忙时也是如此。如果我们的语气、表达方式不得体，可能会引起别人的反感。所以我们应该把语气放温和，用礼貌的方式表达。比如，"看起来好重啊，我来帮你吧！""你一个人拿不了，分给我一些吧！"

❷ 仔细观察，迅速做出决断

当我们看到别人可能需要帮忙时，要仔细观察他现在所处的状况，是不是很费力、很苦恼或很忙碌等，判断一下别人需要哪些帮助。在确定对方需要帮助后，再以正确的方式伸出援手，否则很有可能造成"帮倒忙"的尴尬局面。

❸ 寻找"帮手的帮手"

有些时候我们不敢帮助别人，是因为我们的能力不够，无法为别人提供有效的帮助。面对这种情况，如果直接走开，我们很有可能会为自己的不作为介怀许久。所以最好的办法就是再找一个帮手，大家一起想办法。

心理测试

测试题

1. 我经常主动和同学交流或玩耍。

    A. 是   B. 否

2. 我在班级中有自己的朋友圈子。

    A. 是   B. 否

3. 在和别人交流时，我能够主动表达自己的观点和想法。

    A. 是   B. 否

4. 我喜欢参加班级活动和社交聚会。

    A. 是   B. 否

5. 我和同学相处融洽，没有太多的矛盾和冲突。

    A. 是   B. 否

6. 在和陌生人交流时，我不会感到紧张和不自在。

    A. 是   B. 否

7. 我能勇敢地在人多的场合发言或表演。

    A. 是   B. 否

8. 我愿意和同学分享自己的事情。

    A. 是   B. 否

9. 在和别人交往时，我能考虑对方的感受。

    A. 是   B. 否

10. 我在和同学相处时，很少被忽视或排挤。

    A. 是   B. 否

11. 我能顺利地结交朋友，并建立深厚的友谊。

    A. 是   B. 否

12. 我觉得自己有一定的社交经验和技巧。

    A. 是   B. 否

13. 在需要帮助时，我能勇敢地向别人求助。

    A. 是   B. 否

14. 我很自信，敢于主动和别人交流。

    A. 是   B. 否

15. 我觉得自己和同学们关系很好，相处融洽。

    A. 是   B. 否

16. 我在和同学交流时，经常感到舒适或愉悦。

    A. 是   B. 否

17. 我可以轻松融入集体，和同学们有很多共同语言。

    A. 是   B. 否

18. 面对不合理的请求，我有勇气拒绝别人。

    A. 是   B. 否

19. 在和别人说话时，我能看着对方的眼睛。

    A. 是   B. 否

20. 面对亲戚或长辈，我能从容地问好和交流。

    A. 是   B. 否

计分方法：

    在每道题目中，选择"是"得 1 分，选择"否"得 0 分。统计总分。

心理游戏

亲爱的小朋友，你一定有许多社交方面的小难题吧？这些难题就像一个个小魔鬼困扰着我们。来吧，把自己想象成一个小勇士，把你的难题写下来，勇敢地面对它们！

社交大闯关

深海垂钓

　　小朋友，其实我们每个人都有社交的本领，但它们就像鱼儿潜藏在深海等我们钓上来。下面是一些我们必须掌握的社交技能，试试看，你能钓到多少鱼儿呢？

合作能力

热爱交流

问候礼仪

积极反思

乐于分享

自我表达

融入集体

关心他人

119

看看你的朋友圈

小朋友，看完这本书，你是否更加擅长社交了？你都解决了哪些社交问题，结交了哪些新朋友呢？在你的朋友圈里炫耀一下吧！

♡ 妈妈，爸爸

♡ 晓东，金可，高畅

♡ 姐姐，妈妈，张老师

♡ 嘉琪，浩峰，刘老师

登上社交能力金字塔！

小朋友，这是一个社交能力金字塔，登上的层数越高，说明你的社交能力就越强。测一测，你能达到第几层呢？

一个六层的金字塔从上到下依次是：

我朋友很多，大家都喜欢我

我善于社交，和谁都能融洽相处

我有几个好朋友，和其他人关系一般

我朋友不多，我不愿意和别人过多接触

我不喜欢社交，总是不愿意去人多的场合

一切社交行为我都不喜欢，我只想一个人待着

答案

心理测试参考

0~6分：注意了！你的社交能力较弱，已经对你交朋友、与同学相处甚至校园生活产生了一定影响。如果长期保持这种状态，会不利于你今后的发展。建议你多参加社交活动，主动和同学交流和玩耍，增加社交经验和技巧。同时，要培养自信心，勇敢地表达自己的观点和想法。

7~13分：别担心！你的社交能力虽然有待提高，但整体属于正常水准，对你的社交和生活一般不会有太大影响。只要你多和同学交流、玩耍、互动，积极表达自己的观点和想法，很快你就会变得更有自信，更善于交际，还能交到更多的朋友。

14~20分：恭喜你！你是一名社交小达人。你的社交能力比较出色，在日常的交往中基本上不会遇到什么难题。希望你继续保持乐观的心态和积极的社交态度，加强和同学之间的交流和互动，学会多关注别人，多倾听别人的想法和感受，提升自己的社交技巧和魅力。

帮助孩子认识自我、塑造三观

给孩子的
心理帮助书

没有自信，怎么办？

高彩艳　主编

北京工艺美术出版社

图书在版编目（ＣＩＰ）数据

给孩子的心理帮助书. 没有自信，怎么办？ / 高彩
艳主编. —— 北京 ：北京工艺美术出版社，2023.10
　　ISBN 978-7-5140-2682-5

　　Ⅰ . ①给… Ⅱ . ①高… Ⅲ . ①心理学－儿童读物
Ⅳ . ①B84-49

中国国家版本馆CIP数据核字(2023)第143176号

出 版 人：陈高潮　　　　　装帧设计：弘源设计
责任编辑：周　晖　　　　　责任印制：王　卓

法律顾问：北京恒理律师事务所　丁　玲　张馨瑜

给孩子的心理帮助书　没有自信，怎么办？
GEI HAIZI DE XINLI BANGZHU SHU MEIYOU ZIXIN ZENMEBAN
高彩艳　主编

出　　版	北京工艺美术出版社	
发　　行	北京美联京工图书有限公司	
地　　址	北京市西城区北三环中路 6 号　京版大厦 B 座 702 室	
邮　　编	100120	
电　　话	(010) 58572763（总编室）	
	(010) 58572878（编辑部）	
	(010) 64280045（发　行）	
传　　真	(010) 64280045/58572763	
网　　址	www.gmcbs.cn	
经　　销	全国新华书店	
印　　刷	天津海德伟业印务有限公司	
开　　本	700 毫米 ×1000 毫米　1/16	
印　　张	8	
字　　数	78 千字	
版　　次	2023 年 10 月第 1 版	
印　　次	2023 年 10 月第 1 次印刷	
印　　数	1 ~ 20000	
定　　价	199.00 元（全五册）	

要相信自己。
要自信！

好伤心！

preface

前言

　　孩子们，在成长的过程中我们会遇到不同的问题，喜欢不同的事物，有不同的爱好和特长，这些都能反映出我们的性格特点以及内心的想法。幼年的成长阶段正是我们爱好、人格、性格等形成的关键时期，这一阶段要着重注意心理健康，才能形成正确的三观和品格。

　　在成长的过程中，我们的很多行为常常令父母感到困惑，一举一动，甚至一个表情，都表达了我们的某种心理诉求，父母与其反复纠正我们的行为，不如深入了解我们的心理，通过了解我们的心理变化与情绪特点，针对性地解决我们遇到的实际问题，才能厘清问题的真相，指出我们存在的各种心理阻力，引导我们积极地看待问题。以此培养我们的内在感知力，提升情绪控制力，让我们学会用积极的情绪化解遇到的烦恼，拥有自信、勇敢、独立等健全的人格。

　　我们根据此阶段孩子们的心理特点，专门量身打造了这套《给孩子的心理帮助书》，针对孩子们成长

我该怎么办？

跟我来！

过程中的焦虑、恐惧、抱怨、悲伤、后悔、忧郁、猜疑、孤独等不良情绪，以孩子的视角去看待问题，并一步步剖析成长难题，加以专业的心理学分析，让孩子的成长烦恼有"回音"，为孩子的心理健康提供保障。

本套书将晦涩难懂的心理学理论转化为浅显通俗的文字，配有精美的插图、丰富的栏目、科学的测试、有趣的游戏，以一种全新的方式，从儿童心理学的角度解决孩子成长过程中的各类问题，解读儿童行为，洞见儿童心理。

本套书从孩子们实际生活中遇到的问题入手，深入他们的内心世界，系统地阐述孩子的各种情绪问题及产生原因，并提供了科学有效的解决方法，所有解决方案均步骤明确，简单实用，实践性强，是一部真正意义上的儿童心理健康启蒙书。

希望本套书能够帮助孩子跨过成长中的荆棘，让孩子健康、快乐地成长！

我要怎么做才能自信起来？

目录
Contents

1

目录
Contents

个子矮，让我抬不起头

： 我总是因为个子矮而抬不起头。在学校里，同龄人都比我高大，排队的时候我总是被安排在最前面，成为别人注意的焦点；上体育课的时候，我也总是跑得慢，跳得低，感觉同学都在嘲笑我。这些经历让我越发感到自卑和沮丧。我总是忍不住想，如果自己长得高一点，是否就会活得更加自信和轻松呢？我该怎么摆脱因为个子矮造成的困扰呢？

心理大分析

有的小伙伴可能由于遗传因素、营养不均衡、发育较晚等使得他们现阶段比同龄人矮小，为此他们会感到非常自卑，由此产生很多生活和学习上的烦恼。

对身高感到自卑的小伙伴往往不愿主动表现自己，喜欢把自己隐藏在人群中，也不愿意尝试结交新朋友，由此变得越来越自我封闭，长此以往会导致学习积极性下降、对生活丧失热情等一连串不良的后果。

小伙伴们，我们需要明白，每个人都有自己的闪光点和特长，我们不用事事追求完美。我们个子虽然不高，但可能我们语言表达能力很强，可能我们动手能力很强，可能我们做事特别有毅力……我们不应该把目光只局限于身高这一块，应该多看看自己的闪光点。只要充分发挥自己的特长，别人就会被我们的独特魅力所吸引。

此外，我们不能仅凭外在评价一个人的价值，内在的品质和能力，才是决定一个人成败的关键。古往今来，有许多个子不高的人都取得了辉煌的成就。比如，乒乓球运动员邓亚萍，她的个子就很矮小，可这并不妨碍她成为乒乓球大满贯得主。我们要树立积极的生活态度和正确的人生观，客观地看待自己，只有真正认识到自己的内在价值和潜力，才能真正做到自信。

小伙伴们，我们也不要心急，我们的人生才刚刚开始，身高的不足限制不了我们去实现人生的价值，应该相信我们的潜力是无限的，未来的精彩等着我们去开拓。

心理大课堂

 因为个子矮而自卑的原因有哪些呢？

1 心态过于迫切

有的小伙伴渴望长高的心态过于迫切。我们正处于生长发育的年龄阶段，还有很大的长高空间，有些小伙伴因为暂时身高落后于人，就十分在意，进而产生对身高的自卑感。

2 不能客观地看待自己

有些小伙伴不能客观地看待自己，只盯着身高不足这一个方面，看不到自己身上的优点，因此常常妄自菲薄。

3 身边人的影响

有些小伙伴可能因为个子矮而遭到过他人嘲笑；可能爸爸妈妈看到自己的孩子不如同龄人高，就过于在意这件事；可能有些长辈总喜欢让家中的小孩子比个子，进而伤到了个子矮的小伙伴的自尊。这些周围人的态度都有可能使我们因为个子矮而自卑。

我有"幻丑症"，总觉得自己丑

每天早上照镜子的时候，我都觉得自己长得太丑了，因此到哪里都想降低自己的存在感。比如，学校举办的各种文艺活动，我从未参加过；我也不敢结交新的朋友，怕他们嫌弃我；在集体活动中，也总是一个人躲在角落。实际上，大多数同学都对我非常友好，没有攻击过我的外貌，但是我始终对自己的外貌感到自卑，我该怎么办才好呢？

心理大分析

　　爱美之心人皆有之，谁都希望自己能漂亮或帅气地出现在大家面前，尤其我们正是处于对自己的形象敏感的阶段。但是如果太在意自己的外貌，非要自己达到某个完美的标准，就会误入歧途，使自己陷入不必要的焦虑之中，会对学习和生活产生很多负面影响。

　　首先，我们应该知道，美丑是一个主观概念，每个人都有自己的审美标准，不要因为别人的评价就认为自己不美。

　　其次，美也是多样的，不存在一个最完美的状态，我们要学会欣赏各种各样的美，保持一个开放的心态和眼光，这样我们的生活才会多姿多彩。

　　最后，外表并不能决定一个人的价值，我们的品性、能力等内在素质才是一个人更重要的东西。我们应该将关注点聚集在我们的内在能力的提高上，当我们感受到自己的内在价值，就不会过分在意外表。

　　小伙伴们，我们要相信自己具有独特的魅力，要珍视自己的优点，放宽心态，享受生活中的每个时刻。只有当我们真正爱自己时，才能表现出最好的自己，并得到他人的认可和尊重。

心理大课堂

觉得自己丑的原因有哪些呢？

1 过度的攀比心

在学校或社交媒体上，我们可能会看到许多有着"完美"外貌的同龄人，这容易引起过度的攀比心，处处都与他人比较，假如有一点点落后就对自己极度不满意，以致对自己产生与实际不符的负面评价。

Z 外界对外貌的评判

家长、朋友以及广告媒体表现出的价值观等都会对我们的认知产生影响。如果身边人过度关注外貌而忽略内心的品质，会让我们觉得长得不好看就不被接受，从而陷入自卑情绪。

3 长期不良的自我感受

如果我们曾经遭受过欺凌或嘲笑，或者长期处于情绪低落或焦虑状态下，也会导致我们对自己的外貌感到不满意。

总觉得自己丑会带来哪些负面影响呢?

1 丧失生活的积极性

　　如果我们总认为自己长得不好看，会导致我们觉得自己不够好、不受欢迎，进而会使我们觉得自己什么都做不好，丧失信心，对生活丧失积极性。

2 影响人际关系

　　如果我们一直对自己的外貌感到自卑，那么在与别人相处的时候就会畏手畏脚，不能更好地展现自己，从而难以与他人建立良好的关系。

3 忽视内在，厌恶学习

　　如果我们一直把关注点放在外貌上，就容易忽视内在的成长，以至于对学习产生厌恶情绪，每天只想着怎么去打扮自己，而不去关注内在的知识和技能的提升，从而影响到学习成绩以及整个人格的健康发展。

① 看到自己的独特性

小伙伴们，每个人都是独一无二的，都拥有自己独特的魅力和价值，没有必要过分追求所谓的标准美。当我们发现自己的独特之处，拥抱自己的个性和特点时，会感受到内心的满足，这样才能真正拥有健康的心态和自信的面貌。

② 纠正错误的观念

小伙伴们，我们需要明白，外貌虽然重要，但外貌并不是评价一个人的单一因素，更重要的是内在的品质。我们既不能以貌取人，也不能用外貌来评价自己。不管我们的外表如何，我们都不能否定自己。

③ 把注意力转移到其他方面

小伙伴们，过分关注外表，不但会让我们徒增烦恼，还会导致我们忽视生活中很多更为重要的东西。比如，我们的谈吐学识、性格才能等。我们可以多多探索我们的兴趣爱好，或者学习一门技能来充实自己的生活。

我有"依赖症"，总想求助别人

：　　我的独立性很差，做什么事都想让别人帮忙；我也很没有主见，做事前总想问问别人的意见。比如，手工课上老师布置的作业总是让父母跟我一起做；送给同学的生日礼物，也要让父母帮着挑选；上学需要早起，自己不定闹钟，而是让父母叫自己起床；等等。我也觉得自己应该独立一点，可是又做不到，我到底该怎么办呢？

心理大分析

　　在我们的成长过程中，总会遇到各种各样的问题和困难。有些小伙伴可能会选择自己解决问题，而另外一些小伙伴则总是想寻求他人的帮助。缺乏独立性对于我们的成长是很不利的，因此对于依赖性强的小伙伴来说，我们需要不断努力改变，一步步摆脱依赖心理，逐渐成长为一个独立自主的人。

　　依赖性强的小伙伴可能没有足够的信心来独立完成任务，或者害怕自己的决策会带来不好的结果。还有一些小伙伴可能从小被爸爸妈妈保护得太好了，他们衣来伸手，饭来张口，什么事都习惯了让爸爸妈妈来解决。然而过分依赖他人，会导致我们失去独立思考与解决问题的能力，因此错过一些重要的学习机会，无法获得真正的成长和提高。

　　因此，当我们面临困境时，不要马上求助于他人，而是应该尝试自己思考并找到解决问题的方法。如果这件事真的太困难了，我们自己真的难以解决，我们也可以请他人协助，而不是全权交给他人处理。只有独立思考并通过自己的努力解决问题，才能提高我们的能力，从而更好地应对未来的挑战。

　　小伙伴们，虽然寻求他人帮助并没有什么不好，但也不能过分依赖他人来解决问题。只有通过自己的努力和实践，才能真正地掌握解决问题的技能和方法，变得更加自信和独立。

心理大课堂

依赖性强的原因有哪些呢？

1 害怕失败与批评

遇到一件事情，我们可能担心自己做不好，把事情搞砸了，受到爸爸妈妈或老师的批评，所以为了避免遭到批评，我们就会遇到事情就找别人帮忙做，这样就算做得不好，也不能怪罪我们。

2 不够自信

我们有时候会理所当然地认为别人比自己优秀，别人做什么事都比自己做得好，看到的都是别人的优点，但看自己就只能看到缺点，所以我们面对问题的时候就特别没有自信，觉得自己肯定做不好，就会想找别人帮助。

3 缺少家庭内的锻炼

当我们遇到小问题时，家长马上就会为我们解决问题，可能会导致我们个人的需求和意愿被忽视，家长不给我们留下思考和解决问题的空间，那么我们便失去了独立思考问题的能力，从而缺乏主见性，只能依赖他人帮我们做出决定。

 依赖性强会有哪些负面影响呢？

1 心理承受能力差

如果我们依赖心理过强，一旦失去了依赖对象的帮助和支持，就会产生情绪上的波动，出现焦虑、失落等负面情绪。这会导致我们心理承受能力变差，无法应对生活中的挫折和失败。

2 不敢应对挑战

我们在寻求他人帮助的同时，也会对自己能力产生怀疑和不自信。如果我们总觉得自己脱离了别人就无法完成任务，那么我们在面对挑战的时候就会本能地退缩，不敢去尝试，进而丧失应对挑战的勇气。

3 浪费时间，错失时机

依赖性强的小伙伴没有别人的帮助便不能自己做出决定。这样我们在面对问题的时候可能会本能地拖延，犹豫不决，始终无法确定自己的想法并做出决定。这样就会浪费很多时间，不能及时抓住各种机会。

❶ 学习坦然面对失败

　　小伙伴们，不要因为害怕失败就老想着依赖别人解决问题，我们要认识到失败是正常的，在失败中我们可以学到经验教训，在失败中我们会得到巨大的成长，只要敢于行动，我们就会有所收获。

❷ 从小事做起

　　小伙伴们，我们可以从身边的小事做起，一步步地改变，把每天自己做的事情和找别人帮忙做的事情都记录下来，看看每天自己做了几件，别人帮忙做了几件，这样做到心中有数，每天进步一点点，日积月累就能获得很大的改变。

❸ 分析自己的优缺点

　　小伙伴们，我们可以对自己进行一个冷静的分析和梳理，想想自己的优点有哪些，缺点又有哪些，这样就能对自己形成一个客观全面的认识，使我们更加了解自己，这样我们在遇到任务的时候就会明确知道哪些是自己可以做到的，这样自然就不会事事都想要寻求他人的帮助。

"选择困难症"让我头痛

：　　生活中，无论是面对大事还是小事，我都很难做出果断的决定，总是畏手畏脚，想东想西，犹豫不决。尤其当他人提出相反的意见时，我的信念就更容易动摇。大到学习什么特长，小到午餐吃什么，我都要挣扎半天，陷入两难的境地。这种情况让我很焦虑，我也想变成那种可以轻松做出选择的人，但我却缺乏勇气和魄力。我该怎么办才好？

心理大分析

　　我们很多人在需要做出选择时，总是犯难，不知道该怎么办。我们会在多个选项之间犹豫不决，不可避免地陷入矛盾之中。害怕自己考虑不周全，错过更好的选择，或者做错决定带来不可挽回的损失。

　　对于有选择困难症的人来说，即使是一些小事情，比如，选择午餐吃什么，选择买哪个颜色的衣服，都会花费大量时间和精力。这种症状还可能影响到学习，写作业的时候不知道先写哪一科，复习的时候不知道从哪里入手，读名著的时候不知道先读哪一本……诸如此类，会给我们的学习和生活造成很大的困扰。

　　小伙伴们，我们需要明白，无论做出什么选择，都可能会面临一些风险和挑战，不要害怕选错，也不要总是想追求完美，因为过度追求完美可能会导致我们错失更多机会。此外，有的时候我们很难做出选择，是因为我们不知道自己真正需要什么，这就需要我们正确认识自己，了解自己的需求，从而就能够明确目的，而不被无关紧要的干扰因素影响。

　　小伙伴们，能够快速地做出决定是我们生活和学习中非常重要的一项能力，也是我们分析力和判断力的有力体现。相信只要用对方法，积极主动地去努力改善，最终我们一定会克服这个问题，迎来更美好的生活。

心理大课堂

选择困难症是由哪些因素导致的呢？

1 对后果的恐惧

我们可能担心做出错误的决定会带来严重的后果，如失败、被嘲笑或被惩罚。这种压力可能会使我们变得犹豫不决、胆怯和拖延，从而更难做出决策。

2 过度分析

有的时候，我们需要做的选择并不复杂，可能在别人看来就是一件小事，可是我们会不断地思考每个选择的结果和影响，在各个选项之中来回跳转。我们这样过度分析其中的利弊，反复权衡，反而会让我们的思维陷入混乱之中，从而无法做出选择。

3 不了解自己

很多时候我们之所以选择困难，是因为我们根本不了解自己。我们不知道自己真正喜欢什么，不喜欢什么；也不知道自己擅长什么，不擅长什么。

选择困难症会带来哪些负面影响呢？

1 做出错误的决定

有选择困难症的小伙伴往往都不能够正确地了解自己，不知道自己真正想要什么，所以在面对诸多选择的时候感到无从下手，不能够正确分析各选项和自己的匹配度，从而做出很多错误的决定。

2 感到挫败，丧失信心

迟迟不能做出选择，会使我们感到心力交瘁，痛苦不堪。这种情况下，我们可能会感觉自己处于一种沮丧和挫败的循环中，无法摆脱，从而不断地丧失对自己的信心。

3 浪费时间，错失机会

当我们面临选择时，会花费大量的时间来思考每个选项的利弊，进而导致时间上的浪费。这种犹豫不决的状态致使我们不能果断做出决定，即使机会来临也不能把握住。

我来支招儿啦!

① 学习更好地了解自己

小伙伴们，选择困难可能是由于缺乏对自己需求的了解所导致的。我们可以通过多阅读，多参加各种兴趣班，来多多探索我们的兴趣爱好，当我们对自己的喜好和优势有了更清晰的了解，我们就能更快地做出选择。

② 不要追求完美

小伙伴们，在做出决定时，不要期望得到完美的结果。任何选择都有两面性，有的时候看似错误的选择也蕴藏着机遇，重要的是我们怎样看待它，不追求完美而是相信自己当下的判断，使我们更加具有行动力。

③ 相信自己的判断力

小伙伴们，当我们缺乏自信时，明明心中有了答案，但是却不敢相信自己，担心自己想的是错的。我们只有坚定地相信自己的判断，才能从摇摆不定中解脱出来，果断做出决定。

习惯性内疚，
让我无法自拔

我总是习惯性内疚，当大家一起做的事情出现问题的时候，我总是习惯性地追究自己的责任，认为一定是自己做错了，不关别人的事，不允许自己有任何推卸责任的想法。有的时候跟别人发生不快，我也会第一时间反思自己的错误，跟对方道歉。这种总是把过错归咎于自己的做法，让我经常处于沮丧的情绪之中。我很想改变自己的这种性格，我该怎么办呢？

心理大分析

有些小伙伴平时总是习惯性内疚，即使在不是自己过错的情况下也会过度苛责自己。这种心理会导致我们长期处于焦虑、失落的情绪之中，如果得不到及时纠正，会严重影响我们的心理健康和日常生活。

例如，我们可能因为只是在游戏中不小心碰撞到了同学，就会一直自责到晚上，难以入眠；或者因为跟爸爸妈妈争吵了几句话，就会整天心情不好，一直觉得是自己错了。如果我们总是把过错归咎于自己，对自己反思过度，常常陷入对自我的否定情绪中，就很难看到自己的闪光点，只会放大自己的缺点，从而不能客观地看待自己，降低自我的价值感。

针对这种情况，我们应该以理性的态度来看待问题，运用逻辑分析来辨别不属于我们责任范围的事情。我们既不需要过分偏袒自己，把过错不分青红皂白地强加给别人，也不需要把所有的过错归咎于自己，在无关紧要的事情上承担过度的罪责。我们要学会就事论事，公平合理地处理问题。只有这样，才能更好地发现问题，解决问题。

小伙伴们，发现自己有这个问题也不要害怕，只要我们积极调整，主动应对，一点点改变，最终我们一定能摆脱这种心态，以更加健康积极的态度来面对人生。

心理大课堂

 习惯性内疚的原因有哪些呢？

1 对自己信心不足

　　缺乏自信心也会导致内疚情绪的产生。如果我们没有足够的信心去应对挑战，当我们面对失败时就会感到内疚，第一时间寻找自己的问题，觉得自己不够好，从而陷入负面情绪循环中。

2 缺乏理解和支持

　　如果爸爸妈妈在我们对过错感到内疚时能够及时地给予关心和理解，让我们知道，没有人会因此而责怪我们，我们就不会一直陷入对结果的自责当中。

3 不能正确看待错误和挫折

　　如果我们过度关注失败或错误，不能认识到犯错是每个人成长的必经过程，我们就不能允许自己犯错，进而就会过度自责，陷入负面情绪循环中。

习惯性内疚会有哪些负面影响呢？

1 总是贬低自己

如果我们一直处于内疚的情绪中，就会不断地查找自己的缺点，指责自己不够好，觉得自己比不上别人，不断地贬低自己，长此以往，我们的自信心会被严重损害。

2 不敢尝试新事物

如果我们经常把过错都归咎于自己，我们会感觉自己做事老是犯错，这样一来，在下次我们遇到新事物的时候，就算我们很感兴趣，也没有足够的信心去尝试，害怕自己会把事情搞砸，在面对未知事物的时候选择逃避。

3 注意力分散，影响学习

如果我们一遇到问题就责怪自己，那么我们就会经常花费时间和精力在自责上，从而难以将注意力集中在当前的事情上，可能会在上课时总是走神，并且没有良好的心态来应对学习，从而导致学习成绩下降。

① 学会自我关怀

小伙伴们，我们可以转换一下视角，想象一下如果是我们的朋友因为一件事情过度地谴责自己，我们会如何去安慰他，我们可以试着像安慰朋友那样安慰和关怀自己，更加包容地对待自己，这样就能使自己快速地从负面情绪中走出来。

② 树立自信心

小伙伴们，我们要相信自己，很多时候我们的做法是妥当的，我们具备解决问题的能力。即便事情进展得不顺利，也要正确反思自己，只有这样我们才能找出产生问题的真正原因，问题才能得到有效的解决。

③ 学会从外界寻找原因

小伙伴们，一件事情的结果好坏受很多因素的影响，结果不好可能是由很多因素导致的，除了寻找自身的原因，我们还应该思考外界的影响因素，认识到很多事情是我们无法把握的，这样就不会把责任都归咎于自己，也能够更好地解决问题。

几年前犯的错误还在折磨我

我感觉自己被过去束缚了，总是不断地回想起以前的经历，那些曾经犯下的错误总是无法释怀。被同学指责，被爸爸妈妈教育，被老师批评……这些不堪的画面反复出现在我的脑海里，让我无法摆脱，十分痛苦。我渴望能够消除那些记忆，但做不到，始终无法接受曾经的自己，因此经常一个人默默哭泣，我到底该怎么办呢？

心理大分析

在成长的过程中，我们难免会犯错，但随着时间的流逝，这些终究会成为过去。但是有些小伙伴对自己曾经犯下的错误可能总是无法释怀，一直受到过去错误的折磨。在背负着沉重过去的心理压力的情况下，我们无法集中精力去应对当前的生活，我们会变得非常痛苦，导致眼前的生活也变得一团糟。时间久了，甚至出现抑郁的情绪。

我们应该知道生活中出现错误是很正常的事情，而且每个人都会犯错，我们的价值不会因为我们犯了错误而遭到否定。

总是纠缠于过去没有任何意义，过去已成为历史，无论做什么都不可能改变。我们能把握的只有现在和末来。犯错之后，与其对所犯的错误耿耿于怀，耗费时间和精力，不如好好思考可以从中吸取到什么经验和教训，以避免再犯。

小伙伴们，过去的好坏不能代表我们的现在和未来，我们要学会向前看，只要我们勇于面对过去的错误，并从中吸取经验和教训，就会有无限的潜能和机会去改变自己的未来。让我们放松心态，重新建立起自信和勇气，去尝试新的事物，去迎接未来的挑战。

心理大课堂

 总是被过去的错误折磨的原因有哪些呢？

1 对自己要求过高

如果我们对自己的期望值过高，当我们无法达到这些高标准时，就会产生挫败感和自责感，进而认为自己不够好，即使过了很久，对自己所犯的错误也一直不能释怀，一直处于焦虑和自责的情绪中。

2 对错误的夸大

很多时候，我们犯的错误其实很小，并不会造成什么严重的后果，但是如果我们人为地赋予这些错误过度的意义，夸大错误带来的损失，我们就很难原谅自己，觉得自己犯的错不可饶恕。

3 对未来再犯错的担忧

我们可能会认为过去的错误是自己能力不足的证明，进而对自己信心不足，一直担心自己很有可能会再犯错，所以一直惴惴不安，对过去所犯的错误不断地回想、检视，内心不断地受到折磨。

总是被过去所犯的错误折磨会带来哪些负面影响呢？

1 对未来丧失信心

如果我们总是对过去所犯的错误不能释怀，我们就会开始怀疑自己的能力和智商，并认为自己再也做不好类似的事情了。这样的想法会让我们对自己失去信心，觉得自己以后无法取得任何进步。

2 不敢接受新的挑战

当我们总是回想过去的错误时，就很难确信自己应该做什么，并且可能会认为自己已经失败了一次，再尝试一次将会产生同样的结果。我们会对新的机遇感到担忧和恐惧，并且可能会变得越来越消极，无法尝试新的事物。

3 无法专注于当下

当我们总是陷入对过去错误的沉思中，会让注意力分散，很难专注于当下并集中精力去完成当前的任务。这种心理状态会让我们难以发挥出自己的潜力，以致无法取得应有的成就。

① 认识到犯错是人之常情

小伙伴们，每个人都会犯错，犯错了也没什么大不了，接受自己曾经犯错的事实，并尝试从中吸取经验和教训，也是一个收获。总是把精力和时间浪费在自责上，无法集中精力处理当下的事务，反而会带来更大的损失。

② 认识到过去无法改变

小伙伴们，我们需要明白，无论我们如何思考过去都无法改变已经发生的事情。我们能做的，只有把握当下，做好当前的事情，减少自己再犯错的概率。

③ 转移注意力

小伙伴们，如果我们尝试着把注意力从犯错的事情上移开，比如培养一门爱好，当我们把注意力集中在其他事情上时，就会减少对于过去错误的关注和自我指责。这可以有效地缓解焦虑、紧张心理和负面情绪，从而帮助我们更快地获得平静，恢复自信。

我总是患得患失，活得很累

：　　无论是在学习还是生活中，我总是感到焦虑和不安，对未来充满了担忧，常常会想到最坏的情况。例如，在一次学校的演讲比赛中，尽管我的演讲稿准备得很充分，但在比赛前夜，我陷入了极度焦躁不安的情绪中，总是担心如果表现不好，或者出现意外该怎么办，最终一夜未眠，第二天比赛时整个人不在状态，影响了比赛结果。我该怎么摆脱这种困境呢？

心理大分析

很多小伙伴在面对未知的结果时，会感到焦虑不安，总是不断地担心未来会出现什么意外，这些小伙伴总是消极地认为事情很有可能会往不好的方向发展，从而在结果来临前无法安心处理别的事情，一直处在对坏结果的恐惧之中。

患得患失的小伙伴可能过分在意结果，不能放平心态来面对自己的得到与失去，并且我们可能过于悲观，总是会想到事情坏的一面，如果一直处在这样的负面情绪中，就会消耗我们的精力，会使我们无法将注意力集中在我们当下的事情上。

小伙伴们，当我们陷入患得患失的旋涡中时，应该积极调整自己的心态，将关注点从对结果的担忧中转移出去，我们应该认识到我们的这种担忧完全是徒劳无功的，它只会消耗我们宝贵的时间和精力。生活中有成功就会有失败，有得到就会有失去，我们应该保持一颗平常心，既能享受成功，也能承受失败，这样不管结果是好是坏，都不妨碍我们把生活过得有意义。

小伙伴们，即便我们有了这种问题也不要害怕，只要掌握正确的方法，及时调整，就能从这种患得患失的紧张不安中走出来，重新获得平静和对生活的掌控力。

心理大课堂

 总是患得患失的原因有哪些呢？

1 不相信自己

如果我们缺乏自信，就容易对自己的能力产生怀疑，做什么事情之前都习惯先说"我不行"，这样我们会变得紧张不安，陷入恐惧焦虑之中。

2 得失心太重

如果我们得失心太重，就不能接受失去，遭受一点损失就会感到极大的不甘心，过于计较成败，把一切都看作竞争或者考试，这就会让我们一直在衡量得到与失去，而无法静下心来投入到其他的事物上。

3 过于悲观

如果我们一直用悲观的态度来想事情，不能分析事情积极的一面，我们就会把一件事情想得过于糟糕，如果只能想到不好的结果，就会对未来过度担忧，时刻感到紧张不安。

 总是患得患失会带来哪些负面影响呢？

1 不愿尝试

患得患失的小伙伴面对任何事物都会担心出现不好的结果，当出现新事物或面对未知环境时会本能地产生恐惧心理，还没有开始就对结果产生担忧，害怕承担失败的风险，进而不愿意尝试。

2 做事犹豫不决，错失机会

患得患失的小伙伴往往是犹豫不决的。如果我们需要做出一些重大的决定，我们会担心自己做不好，或是因为害怕承担失败带来的负面结果，难以做出正确的决定，最终导致失败或者在犹豫中错失机会。

3 忽视眼前的事物

患得患失的小伙伴把精力都用在对未知情况的担忧中，被可能出现的最坏的结果折磨得疲惫不堪，这样一来就无法专注当下，没有多余的精力和心情来应对当前的挑战和享受当下的快乐。

我来支招儿啦！

① 以积极的心态面对生活与挑战

小伙伴们，我们难以左右事情的结果，但是可以选择面对事情的态度，任何情况下，只要我们拥有一颗积极向上的心，就算事情发展得不如我们所预料，我们也可以从中吸取经验教训，不断获得成长。

② 专注当下

小伙伴们，我们谁也不能左右未来，我们能做的只是把握当下的每一刻，与其将时间和精力花在未知的结果上，不如将注意力集中在当前的任务上，只有我们全身心地付出努力，才有可能收获一个好的结果。

③ 接受不确定性

小伙伴们，我们应该认识到生活本身就是不确定的，谁也不可能将生活完全掌控在自己的手中，既要制订计划和目标，也要欣然接受生活中的变数。只有拥有一个好心态，生活张弛有度，才能更好地应对生活的挑战。

我是一个"计划狂", 一闲下来就心慌

我是一个"计划狂",每天都会给自己制订一个计划表,表上满满当当地列好接下来一天要完成的任务,从学校的功课到课外习题,再到要练习的兴趣特长。虽然我每天都过得很充实,但是一刻不停地忙碌,让我疲惫不堪。有的时候我也想休息一下,可是一闲下来我就会感到很心慌。我也想改变这种状态,可是不知道该怎么办。

心理大分析

　　在竞争日益激烈的环境中，很多小伙伴都变成了"计划狂"，每天都要给自己安排很多要学习的东西，让自己一直忙碌起来，一刻也不停，一旦让自己闲下来了，就会感到不安，觉得自己在浪费时间，必须要找点事情做。这种情况会让我们焦虑不安，无法放松，不能好好享受生活。

　　有这种问题的小伙伴总是觉得自己不够优秀，对自己要求过高，总是不断地逼自己取得进步，我们不能容忍自己浪费一点点时间，如果把时间用来休息或玩耍就会觉得自己是在堕落，觉得自己又落后了别人一点点，这样即使身体在休息，心里也会感到很不安。

　　但是长期处于这种忙碌而焦虑的状态之中，身体得不到休息会对健康造成极大的危害，急切地追求进步也会让我们忽视当下的美好，错失很多生活的乐趣。

　　小伙伴们，热爱学习，努力提升自己，这当然很好，积极进取的心态值得表扬，但是我们也不能把自己逼得太紧，在学习之余我们也应该好好休息、玩耍，要懂得劳逸结合，只有休息好了，才能更好地学习。

心理大课堂

 一闲下来就心慌的原因有哪些呢？

1 害怕落后于别人

有些小伙伴具有很强的危机意识，认为别人都在努力学习各种知识，自己如果不抓紧时间学习，就会一步步落后于别人的脚步。我们害怕被别人甩在后面，所以就想不断地利用一切时间提升自己。

2 害怕失去机会

有时候我们想不停地学习新知识，是因为太过于害怕失去机会，担心将来机会来临，却因为自己的知识和能力达不到要求而无法胜任，从而无法把握住，所以平时就不停地学习，为将来做准备。

3 自我要求过高

有的小伙伴对自己要求过高，给自己制定了过高的标准，希望达到自己认为的最优秀的水平，过高的要求一直让自己处在焦虑的状态之中，只有通过不断学习才会让自己感到心安，而一旦停下来就会感到心慌。

一闲下来就心慌的负面影响有哪些呢？

1 长期焦虑，影响身心健康

如果让自己太过劳累，精神也会一直处于紧绷的状态之中，长期焦虑不安的情绪会严重影响我们的身心健康，给学习和生活带来很大的危害。

2 忽视当下的美好

如果我们只是想不断地学习知识，单纯地以知识的获取来衡量我们的收获大小，我们就会对身边的很多事情不在意。比如，我们可能不觉得和家人相处一下午有多么珍贵，或者无法领略到眼前的美景，以至于失去很多生活的乐趣。

3 抑制创造力的发展

如果我们一直忙于对完成任务的追求，而不能接受让自己停下来放松一下，我们就没有时间去深思熟虑，去梳理自己，对自己形成一个清晰的认识，同时没有闲情逸致去发挥我们的想象，以至于我们的创造力受到抑制。

❶ 改变观念

小伙伴们，不要总是认为只有在课堂上听课或者专门地学习技能才能获得知识，和同伴玩耍的过程中也能学到知识，有所收获。比如，我们可以在与同伴玩耍的过程中学会如何与他人相处，在小游戏中学会如何与他人协作，这些都会对我们的人生大有裨益。

❷ 学会放松心态

小伙伴们，现如今学生的压力的确很大，可若是我们总是精神紧绷，忧心忡忡，有时候反而会影响我们做事的效果。一个人的精力是有限的，只有张弛有度，劳逸结合，才能提高做事效率，更好地完成任务。

❸ 一点点地尝试

小伙伴们，我们可以尝试逐步地放慢自己的步调，比如今天给自己安排了 5 件事，明天就减少为 4 件，这样慢慢地改变，直到将我们的计划调整到最适合自己的步调。让自己一点点地从这种紧张的节奏中放松下来，逐步调整至劳逸结合的舒服状态。

我做事总是"差不多得了"，不想尽全力

我不喜欢挑战自我，对取得好名次也从不执着，做每件事情只是满足表面上说得过去。例如，在学习中，我只是按部就班地上课、写作业，对于一些没有理解透彻的知识点，从不去请教老师或同学。在生活中，不管是做家务还是参与竞技活动，我从来没有真正尽过全力。我很想改变这种状态，但是又不知从何做起，我该怎么办呢？

心理大分析

　　有些小伙伴做事总是"差不多得了"，缺乏追求卓越的动力。这种行为模式会让我们得不到成长，错失很多机会，因为我们从来没有尝试过去突破自己的舒适区，没有尽全力去做过任何一件事，长此以往，我们就会变得浑浑噩噩，这非常不利于我们的成长和未来的发展。

　　如果想要改变这种行为模式，首先我们要相信自己不仅可以完成任务，还可以将任务完成得很出色，只有这样，我们才会有动力尽全力去行动。

　　如果在任务开始前就觉得自己无论如何都不能出色地完成任务，自然就会很泄气，那么后续就会敷衍了事，无法付出最大的努力，便是必然的了。

　　另外，很多时候，我们做事缺乏干劲是因为我们没有找到内部驱动力，我们可以多思考做某件事情的价值，如果我们觉得完成某件事情具有十足的价值和意义，那么我们就更有决心、热情来达成目标，更有积极性和毅力去坚持做这件事情。

　　小伙伴们，做任何事情，只要我们不怕辛苦，坚持不懈，竭尽全力，就一定能取得不错的成绩。

心理大课堂

 做事不想尽全力的原因有哪些呢？

任务

1 不相信自己的能力

如果我们没有感受到自己的优秀，就可能会失去动力和信心，从而影响我们的表现。相反，如果我们相信自己可以出色地完成任务，那么我们就会更加积极地投入任务中，并且在完成任务的过程中也会更加认真努力。

2 缺乏兴趣和热情

如果我们对某项任务没有兴趣，我们很可能不想花费更多的时间和精力去做好它。在这种情况下，我们可以积极探索我们感兴趣的领域，以便找到让自己感兴趣的任务。

3 之前的努力没有成效

有可能我们之前有过全力以赴去干某件事的经历，但是最终结果还是失败了，所以我们丧失信心，认为努力也不会获得成功，还白白浪费了时间和精力，所以干脆就敷衍了事。

 做事不想尽全力会有哪些负面影响呢?

1 丧失斗志

如果我们总是抱着一种敷衍的心态,只是为了应付任务而做事,而不去思考如何将事情做到最好,也不去追求自我能力的提升,那么我们的斗志就得不到激发,会变得越来越颓废。

2 没有竞争力

机会都是留给有准备的人,这种做事不尽全力的态度容易导致我们面临竞争时处于劣势。在当今竞争激烈的社会中,即使是年幼的我们也需要具备良好的竞争意识。然而,如果我们总是"差不多得了",不愿意付出努力,就很容易被其他有更强进取心的小伙伴超越。

3 产生心理问题

如果我们一直这样做事不尽全力,那么我们自然就什么事情都做不好,也就难以获得老师、家长以及同学们的认可,也很难体验到成功的喜悦和成就感,久而久之,我们就会变得焦虑、自卑、抑郁,进而产生一系列心理问题。

① 找到自己的热情所在

小伙伴们，我们平时可以多读书或者多参加兴趣班去开阔我们的视野，不断尝试，在这个过程中我们就会找到我们的兴趣所在，当我们在做自己感兴趣的事情时，就会投入很大的热情，会更加认真积极，愿意付出百分百的努力。

② 自我激励

小伙伴们，我们要学会自我激励，让自己的内心产生去完成任务的意愿。例如，让自己意识到完成任务所带来的好处，或者想象一下成功的感觉。当我们懂得自己所做的事情的重要性和意义时，很容易就会产生激情和动力去完成它。

③ 找一个对手

小伙伴们，如果我们做事情总是缺乏激情和斗志，不妨邀请一位志同道合的小伙伴和我们一起做。比如，我们可以和兴趣班的小伙伴比赛看谁能先把老师新教的一个舞蹈动作学会，下一次可以看看谁能先把老师新教的一支舞蹈练好。在这种你追我赶的比赛中，我们的斗志可以得到激发，我们做事情的积极性也可以得到提高。

我一遇到困难就想放弃

：　　我是一个特别缺乏毅力的人，一遇到困难就想放弃。有一次，我参加长跑比赛，跑到一半我就因为太累而停了下来。还有一次，我参加辩论赛，在比赛过程中，看到对方辩手那优异的表现，我脑海里都是想放弃的念头，因此我发挥严重失常。我很想改掉自己的这个弱点，该怎么办呢？

心理大分析

在我们成长的过程中，会遇到各种学习和生活上的挑战，有的小伙伴能积极应对挑战，有的小伙伴则缺乏耐心和毅力，一遇到困难就想放弃。

我们可能觉得自己做不好，认为这种困难是无法克服的。然而，如果我们一遇到困难就放弃，就会错过很多学习和成长的机会，无法充分发挥自己的潜力。如果次数多了，形成了习惯，我们就会丧失应对任何困难的勇气，被生活彻底击垮。

小伙伴们，成功意味着克服困难，不断学习。没有人可以每时每刻做好每件事情。正如古语所说："冰冻三尺，非一日之寒。"我们要正确地看待问题，每个人都会遇到困难，只有积极思考解决问题的方法，不断地尝试和坚持，才有可能获得成功。

小伙伴们，如果一时的困难使我们感到沮丧和压力，我们可以通过适当的方式来释放这些负面情绪，如运动、听音乐、看电影等。当压力释放之后，再重拾信心和勇气，以积极的心态去面对困难并一步步克服它。

心理大课堂

一遇到困难就想放弃的原因有哪些呢？

1 高估了困难程度

我们往往会被表面上的困难所迷惑，实际上，很多困难都是可以通过努力和坚持克服的。过度夸大困难，会让我们被想象中的困难所吓倒，觉得自己无法胜任，因此选择放弃。

2 动力不足

有的时候我们觉得我们做的事没有什么意义，就算做成功了也没什么好处，就会缺乏动力，一遇到困难就想放弃，如果我们能发现其中的意义，意识到做成功之后会给我们带来哪些好处，我们就会更容易坚持。

3 缺少目标和计划

如果我们在做事之前能制订一个周密严格的计划，我们就能按照计划一步步地执行，这样在遇到困难的时候也会积极主动地去想办法，以保证计划的完成。如果缺少计划，只是盲目地行动，那么遇到一点困难就会轻易放弃。

一遇到困难就想放弃的负面影响有哪些呢?

使努力白费

如果我们一遇到困难就放弃，那么我们之前所花费的所有精力和时间就会被白白浪费掉，如果经常这样，那么我们就无法在这些事情上积累经验，就很难取得成功。

离成功越来越远

有的小伙伴本来正在做的事情就是自己所擅长的，只要再多点耐心马上就可以成功了，但是就因为遇到了一点阻碍，就放弃了，这会导致我们偏离正确的方向，离成功越来越远。

无法发挥自己的潜力

如果我们一遇到困难就放弃，只做自己能力范围内的事情，不去想办法突破，我们就永远无法提升自己的能力，也不会知道自己的极限在哪里，从而无法发挥自己的最大潜力。

 我来支招儿啦！

① 学习成功者的心态

小伙伴们，遇到困难时，我们不妨为自己树立一个榜样，或者想象一个成功的人，会如何面对这个困难，那些能够有所成就的人不会因为一遇到困难就选择放弃，而是不断挑战，坚持不懈，失败了就总结经验教训，重拾信心，直到达到目的。

② 制订计划

小伙伴们，我们可以将大的目标分解成各种小的步骤，并为每个步骤设置具体的时间和行动计划。这样可以让问题更加具体化和可操作化，也能够帮助我们更好地跟进和完成任务。

③ 认识自己

小伙伴们，我们要了解自己的优点和缺点，认识自己的价值和意义，这样可以增强我们的自信心和自尊心，明确知道哪些事情我们的能力是完全可以胜任的，哪些不足需要我们加以改进，这样可以帮助我们更好地应对挑战和困难。

我的口头禅是"我不行"

当面对新的挑战时，我总是感到害怕，甚至事情还没开始就已经打了退堂鼓。每当老师或同学给予鼓励让我尝试某事时，我会立刻说出"我不行"，这已成了我的习惯性反应。长此以往，我的老师和同学再也不要求我做任何事了，因为他们知道我会拒绝。看到身边的人都充满自信地承担各种事务，我真的很沮丧。我该怎么改变这种情况呢？

心理大分析

有些小伙伴在面对一些任务和挑战的时候，在没了解任务的具体情况前，就先入为主地做出自己不行的判断，总喜欢把"我不行"挂在嘴边，时间久了这就成了一种习惯性反应，这些小伙伴永远也不敢接受新的挑战，错失许多锻炼自己的机会。

总是把"我不行"挂在嘴边，其实会给我们造成一种消极的心理暗示，很多时候我们明明可以胜任一些任务，但是因为我们说"我不行"说习惯了，就理所当然地不去迎接挑战，久而久之不断失去挑战自己的动力和勇气，以至于使自己的潜能无法得到充分的发挥。

喜欢说"我不行"的小伙伴往往对自己缺乏自信，觉得自己的能力达不到别人的要求，也害怕万一自己接受挑战，最后结果失败了，让自己丢了面子，遭到别人的嘲笑。与其这样还不如一开始就让别人知道自己无法承担任务，从而也就不需要承担失败的后果。我们需要认识到没有人是完美的，要懂得享受克服挑战的过程，即使失败了，也能收获一个宝贵的经验，至少我们从中得到了成长。

小伙伴们，"我不行"是个不好的口头禅，我们一定要积极地采取措施，努力克服。当面对任务和挑战的时候，采取积极向上的心态，勇敢地迎接挑战，并在挑战中不断突破自己，一步步成为一个更自信的人。

心理大课堂

 总把"我不行"挂在嘴边的原因有哪些呢？

1 害怕承担失败的风险

很多时候我们过于害怕失败，所以在面对一件不确定的事情时，就会想要退缩，不敢去尝试，怕试了之后造成失败的后果，所以我们干脆先说"我不行"，认为这样就能避免失败。

2 过分关注自己的缺点

有时候我们过度关注自己的缺点，只看到自己哪里不好，而看不到自己的优点，这样我们就会低估自己的能力，觉得自己没有别人优秀，就会在做事情时认为自己不行。

3 失败造成的阴影

有可能是因为我们之前遭遇过一些失败，给我们留下了心理阴影，把这个失败经验套用到其他地方，以后遇到任何问题就本能地觉得自己不行，从而形成一种"我不行"的固定思维模式。

总把"我不行"挂在嘴边会有哪些负面影响呢？

1 无法发掘自身的潜力

如果我们总是认为自己不行，在这种情况下，我们可能会失去许多本应可以尝试的机会，如参加竞赛、学习一门乐器等。这将限制我们的发展，无法发掘我们的潜力，无法拓展我们的视野和能力。

2 错失机会

如果我们总是在别人面前说"我不行"，会给别人留下一个负面印象，认为我们缺乏自信和能力，在有一些机会的情况下，也不会优先选择我们，这就导致我们无法得到锻炼，不能快速地提升能力。

3 形成恶行循环

如果我们长期跟自己说"我不行"，就会形成消极的心理暗示，越说"我不行"就越不敢尝试，越不敢尝试就越觉得自己不行，这样就形成了一个恶性循环，久而久之，我们会变得越来越自卑，也逐渐地丧失了自信心。

❶ 不畏失败，勇于尝试

小伙伴们，很多时候，我们在面对一件还没开始做的事情时就说"我不行"，并不是真的认为自己无法胜任，而是在为我们的逃避找借口。无论做什么事，我们都应该采取一个积极的态度，不管最后能不能成功，我们都可以勇敢地尝试一下。不要总担心会失败，失败了也没什么大不了的，可以从中获得经验和教训，越战越勇，也许我们做着做着就成功了。

❷ 把"我不行"改成"我能行"

小伙伴们，我们可以尝试把"我不行"改成"我能行"，不要小看这个小小的改变，这会对我们产生积极的心理暗示，潜移默化地影响我们的行动。我们只有告诉自己可以战胜挑战，才会更有动力和勇气去迈出第一步，从而更容易获得成功。

❸ 请他人协助

小伙伴们，我们可以在做一件事情前，对自己做一个仔细的分析，列举出自己的优势和劣势。擅长的事情我们可以积极去做，不擅长的事情可以请朋友或爸爸妈妈稍微协助一下我们。在他人的协助下做成一件事，也会给我们产生莫大的信心，以后我们就可以逐渐地独立完成任务了。

别人哪里都好，我总是羡慕别人

不管是在学习还是生活中，我总是羡慕别人，我总是觉得别人比自己更优秀，比自己更幸福。当看到同学们考试取得了好成绩，我就会觉得自己很笨；当看到别人买了新学习用品，我就会羡慕别人家庭条件好，觉得自己很可怜。这种消极的情绪让我很不快乐，还严重影响了我的学习，我上课常常走神，无法专心听讲，我该怎么办呢？

心理大分析

很多人都会经常羡慕别人，有些小伙伴看到别人比自己漂亮，成绩比自己好，家境比自己优越，就会对自己拥有的东西感到不满足。这是一种不健康的心理状态，如果我们一直羡慕别人而对自己不满，就会对学习和生活都产生不好的影响。

小伙伴们，过分关注自己不如别人的地方，总想着样样超过别人，不能以一颗平常心来面对他人的长处，这种负面的情绪如果长期占据我们的生活，就会使我们感受不到生活中的乐趣，甚至厌学，会产生极大的危害。

我们应该认识到每个人都有自己的优点和不足。不能只看到别人的优点，而忽视自己的长处。过分关注别人的优点和成就，只会给自己带来压力和焦虑，如果认为自己必须做得比别人好，拥有的比别人多，会给我们带来不必要的心理负担。

小伙伴们，每个人都有自己独特的成长轨迹，正是这些经历构成了独一无二的自己，不要否认自己的过去和现在，而是应该接受它们，只有这样，我们才能积极地面对自己的不足并加以改进，使我们成为更好的自己。

心理大课堂

总是羡慕别人的原因有哪些呢?

1 过度关注别人长处

我们羡慕别人往往是因为只把眼光放到别人所拥有的东西上,对于自己所拥有的东西却习以为常,不能用客观的态度去对待自己和别人,这样就会对自己的生活产生不满,向往别人的生活,陷入无休止的羡慕情绪之中。

2 过强的比较心理

如果我们从小处于竞争激烈的环境中,就容易形成过强的比较心理,在任何方面都要和别人做一番比较,只能接受自己超过别人,而无法接受在任何方面落后于人,如果发现自己在某方面不如别人,就会产生自卑感或羡慕心理。

3 迫于爸爸妈妈的压力

如果我们的爸爸妈妈总是把别人的孩子作为榜样来说教我们,或者对我们的要求过高,就会让我们感到压力和不满足,认为自己不如别人,增加我们对他人的羡慕之情。

总是羡慕别人会有哪些负面影响呢？

1 影响自尊心的建立

如果我们总是羡慕别人，往往只会看到别人身上的优点和优势，而忽略了自己身上的长处和特点。这样的心理状态容易导致我们对自己产生否定和不满，进而影响我们自尊心和自信心的建立。

2 对身边人产生不满

羡慕别人进而对自己感到不满意，这种对自己的不满往往也会迁怒到身边人的身上，比如怪罪爸爸妈妈没有给自己提供优越的生活环境，而看不见爸爸妈妈对自己的关爱和付出，从而养成自私的人格。

3 忽视努力的重要性

我们在总是羡慕别人的情况下，只能一味地看到别人取得的成就，而忽视成就背后别人所付出的努力，这种情形会导致我们觉得任何成就的取得都是轻而易举的，自己没有只是因为老天爷不公平，从而面对问题时只会怨天尤人，而不付出实际的努力。

① 停止与别人的比较

小伙伴们，与别人的比较只会浪费我们的时间和精力。我们只需要将关注力放在自己身上，全心全意地改进我们不足的地方，将自己的成就作为衡量自己进步的标准，将目光放在未来的目标上，努力实现自己的理想和抱负。

② 正确认识自己

小伙伴们，每个人都有自己的优势和不足，我们要善于发现自己身上的优点和特点并加以发扬，认真思考自己所取得的进步和成就，并为此感到自豪和满足。这样我们就能学会珍惜自己的独特价值，而不再羡慕他人。

③ 明确自己真正喜欢的东西

小伙伴们，我们可以平时多阅读，多尝试做一些事情，发现自己的兴趣爱好，找到自己真正喜爱的东西。如果我们能在我们喜爱的东西中找到乐趣，我们就不会再羡慕别人所拥有的东西。

遇到不懂的问题，我总是不懂装懂

： 我总是喜欢不懂装懂。数学课上，老师讲解了一个概念，我并没有完全理解，却因为害怕被人笑话而装作听懂了。有的时候和同学们讨论某些话题，有人提到我没听过的知识，我也总是装作很了解，连连点头，生怕别人发现我的无知。其实，每当这种情况出现，我都很心虚，害怕别人当众戳穿我。为此我也很苦恼，很想改变自己，我该怎么办呢？

心理大分析

　　在成长的过程中我们常常为了自己的面子和虚荣心，不愿意承认自己的不足之处，怕被别人认为我们笨。因此，当遇到不懂的问题时，我们往往会不懂装懂。

　　然而，不懂装懂是自欺欺人的表现，如果我们总是不愿承认自己的不足，没有勇气提出问题或寻求帮助，就会错过学习机会，进而影响到学习成绩和未来的发展。如果一个人能够正确看待自己的不足，不因自身暂时的不足而感到羞耻，而是积极寻求老师和同学的帮助，最后解决问题，这不仅可以使自己收获知识，而且可以提高和完善我们与他人沟通协作的能力。

　　与此同时，不懂装懂这种不诚实的行为，还会使我们丧失他人的信任，从而导致我们不能跟他人建立良好的关系。

　　小伙伴们，承认自己的无知并不丢人，别人并不会因此而嘲笑我们，相反，这是一种诚实的表现，只要我们虚心求教，别人会很乐意帮助我们的。

　　小伙伴们，只有勇于提问，才能获得更多的知识和经验。只有积极面对问题，勇敢迎接挑战，我们才能成为更好的自己。

心理大课堂

 不懂装懂的原因有哪些呢？

1 害怕被嘲笑

有的小伙伴为了维护自己的自尊心和虚荣心，在遇到不懂的问题时，选择不懂装懂。因为他们害怕暴露自己的无知后，会受到大家的歧视或嘲笑，这让他们感到很难堪。

2 希望获得赞扬和认可

有的小伙伴非常希望获得赞扬和认可，所以在遇到不懂的问题的时候，装作很懂的样子，希望他人能够因此赞扬他们。

3 懒于思考

有的小伙伴不愿意花时间和精力去深入思考问题，为了逃避思考问题，他们就会表面上装作很懂的样子，企图蒙混过关。

 不懂装懂会有哪些负面影响呢？

1 无法学会新知识

如果我们遇到一个不会的问题，却总是装作很懂的样子，而不愿意向他人请教，这个问题就会一直得不到解决，我们就很难学会新知识，不利于我们的成长。

2 影响人际交往

在不懂装懂的情况下，我们通常会虚张声势，夸大自己的能力和知识水平，这容易引起他人的误解和不信任。如果被揭穿，会让他人认为我们不诚实或者傲慢，从而不愿意和我们交往。

3 经常心虚害怕

如果我们一直不懂装懂，虽然可以假装自己的水平很高，但是我们自己知道我们的真实水平是怎么样的，所以我们会很心虚，时刻担心自己露怯，面对别人的时候也会变得畏畏缩缩。

❶ 放下"面子"

小伙伴们，我们要放下所谓的"面子"，谁都有自己不知道的东西，在面对不懂的问题时，不要害怕承认自己的不懂，因为学习就是一个不断修正错误、纠正不足的过程。只有大胆地向别人请教或寻求帮助，我们才能不断进步。

❷ 相信别人是友好的

小伙伴们，我们不要老是认为如果我们暴露了我们的无知，别人就会因此嘲笑我们，实际上大多数人都是友好的，只要我们虚心求教，他们往往会很乐意帮助我们解答问题。

❸ 积极学习

小伙伴们，我们要有意识地去学习新知识，要知道每当我们遇到不懂的问题的时候，都是一次提升自己的机会。我们应该积极地抓住机会请教别人，为自己学到新知识而高兴。

我总是忍不住揣测别人的想法

我性格比较敏感，别人的言谈、眼神或者小动作都会在我脑中引发一连串的联想。我对细节会过度关注和解读，总是害怕自己的举动会引发对方的不满，担心遭到他人的厌恶，但又不敢向对方求证这些想法，只能一个人默默地把这些困惑放在心里。因此我常常情绪低落，没有心情和其他人交流。我该怎么办呢？

心理大分析

　　在日常生活中，我们经常会遇到各种场景，而对于他人的话语、行为、表情等，我们总会不由自主地想要去猜测背后的含义和意图。然而，过度的揣测往往会让我们产生焦虑和担忧，甚至误解别人的真实想法。

　　这种心理问题的根源在于我们缺乏自信。当我们对自己的判断和能力缺乏信心时，就会不由自主地寻找外部线索来确认别人的意图。我们应该认识到每个人都有自己的经历、背景和个性，会对同一件事情有不同的看法和处理方式。所以，我们的揣测只是基于我们自己的假设和理解，并不能代表别人的真实想法。

　　小伙伴们，我们需要逐步改变这种不良的心理状态。放下过度的揣测和担忧，多与他人沟通交流，理性看待他们的行为和态度。我们要相信自己的判断能力，培养自信和自尊，不要依赖外部线索来确认他人的想法。

　　小伙伴们，我们要相信，只要我们积极调整自己的心态，就能一步步摆脱这种不良的心理陷阱，让社交和生活回归到正常状态。

心理大课堂

总是揣测别人的想法的原因有哪些呢？

1 害怕被批评否定

如果我们非常害怕得到别人的负面评价，在面对别人时，我们就会不断猜测别人的想法，以便对自己的行为做出调整，从而避免被否定或被嘲笑。

2 自我牵连倾向太重

主观上认为所有事情都跟自己密切相关，所有人都在时刻注视自己，他人的一切举动和言行都是有意针对自己。而我们的一举一动他人都十分在意，有这种倾向的人就会不断猜测别人对我们的想法。

3 缺乏自信

当我们缺乏自信时，可能会怀疑自己的能力和价值，从而担心别人对自己的看法。这种担忧会导致我们在与他人交往时变得紧张和焦虑，害怕别人对自己产生不好的印象。

总是揣测别人的想法会带来哪些负面影响呢？

1 不能跟他人建立信任

当我们总是揣测别人的想法时，就会产生一种不信任的情绪，并且根据自己的想象来判断别人的行为，往往会陷入错觉，这样就会出现误解和冲突，进而破坏建立信任的机会。

2 增加焦虑和压力

如果在社交场合中，我们总是对别人的心理进行揣测，这需要花费大量的精力和时间，还会让我们长期处于紧张状态，最终损害身体和心理健康。

3 影响自信心

如果我们总是在揣测他人的想法，不停地担心别人是否对我们产生负面评价，在这个过程中，我们也就会不断地质疑自己是不是哪里做得不够好，从而不能坚定地相信自己，使我们的自信心降低。

我来支招儿啦!

❶ 建立自己的价值观

小伙伴们,我们应该建立自己的价值观,通过阅读书籍或多参加各类活动,不断开拓我们的视野,逐渐形成自己的价值判断。当我们明确知道什么样的做法是好的,什么样的做法是不好的,我们就不会在乎别人是怎么想我们、怎么评价我们的。

❷ 试着相信他人

小伙伴们,在人际交往中,真诚和相互信任非常重要。其实,我们身边的大部分同学都很友善,我们以为对方有某些想法,但实际上可能和我们预料的大相径庭。因此,我们要试着相信他人和外界的友善,以更积极的态度去面对周围的人。

❸ 对外界无须过度关注

小伙伴们,就算别人不喜欢我们,也并不是多么严重的问题,因为每个人都有自己的偏好和个性,我们无法让所有人都满意。我们对自己的看法应该由自己决定,不能由别人的标准来左右,所以,与其时刻关注外界还不如用心经营自己的内心世界。当自己变得活泼有趣的时候,无须花费精力去取悦他人,也能受到欢迎。

在路上遇到同学，我不敢主动打招呼

：　　有时候在外面遇到班上的同学，我很想上前跟他打个招呼，但是又缺乏勇气。我害怕自己的热情遭到冷淡的回应，或者出现尴尬的场面。每次内心挣扎半天后，也只好装作没看见或者选择默默离开。回家后我又很沮丧，感觉自己很没用，错失了与同学交流的机会。我很想跟别人一样能够大方地跟别人打招呼，可是又很难做到，我该怎么办呢？

心理大分析

　　有些小伙伴因为害羞或缺乏自信，平时在路上见到同学，想要主动打招呼，却又鼓不起勇气，只能默默回避。这种情况会使我们错过很多与他人交流的机会，不利于我们社交能力的锻炼，社交能力的不足又会导致我们更加害怕与人交往，最终会使我们变得越来越封闭，难以融入集体。

　　小伙伴们，我们要明白交流是一种双向互动，我们不能永远指望别人主动来结交我们，很多时候，主动出击才能取得更好的效果。不必害怕走近别人，与人交往是一件很正常的事情。

　　如果我们始终无法迈开主动与他人交往的第一步，我们平时可以在家里模拟一些社交场景进行角色扮演，帮助自己提高社交能力。或者我们可以通过一些活动或游戏来培养自己的社交技能。一起玩一些团队游戏，激发自己对团队合作和交流的兴趣和热情，还可以参加一些社区活动或义工活动，让自己有机会接触更多的人，积累社交经验。此外，我们还可以学习一些交际技巧和方法，例如，如何主动打招呼、如何与人交流等。

　　小伙伴们，只要我们努力克服害羞和紧张心理，就会变得更加自信、热情友好，在面对同学的时候就会更加主动。

心理大课堂

 遇到同学不敢主动打招呼有哪些原因呢？

1 害怕得到冷漠的回应

我们可能会害怕万一自己主动和对方打招呼，对方可能并不想理自己，觉得受到打扰或者对我们很冷淡，那么我们就会感到自己的自尊心受到了伤害。

2 害怕尴尬

我们可能会担心跟对方打招呼之后，自己不知道怎样开启话题，和同学没有话聊，造成冷场，使双方都感到很尴尬。所以就不敢主动打招呼。

3 缺乏交往经验

爸爸妈妈可能过于关注我们的学习成绩，而忽略了我们的社交能力。如果没有机会锻炼，就会缺乏与人沟通的能力。即使我们在路上遇到了同学，也不知道该怎么应对。

遇到同学不敢主动打招呼会有哪些负面影响呢？

1 被误解为高傲

有的时候同学看到我们没有主动与他们打招呼，会觉得我们在漠视他们，会怀疑我们是不是看不起他们，不屑于跟他们说话，从而对我们形成高高在上、自视甚高的印象。

2 错过成为朋友的机会

很有可能我们和同学性格相投，有很多共同话题，但是由于我们不敢主动创造交流的机会，就很有可能错过机会进行交流，从而失去成为朋友的机会。

3 养成被动的性格

如果我们一直不敢主动打招呼，时间久了，我们就会缺乏主动性，进而会延伸到其他方面，做任何有点困难的事情都会畏缩，选择逃避，而不能鼓起勇气去主动争取机会，去主动创造机会。

① 积极准备

小伙伴们，我们可以在行动之前，尝试想象自己和同学互动的场景，模拟不同的对话和问候方式。这样有助于减少紧张和不安，让自己更加自信。

② 从共同话题切入

小伙伴们，我们在问完最基本的"你好"之后，有时可能还需要再稍微聊几句，这也没什么难的。我们可以从共同话题切入，比如，我们可以询问同学最近在忙什么，或者问一问同学有没有看最近很火的一本漫画书，是否打算报名最近学校举办的朗读比赛等。这样的共同话题都可以让我们更容易地打开话匣子，也更有可能让我们和同学之间建立起深厚的友谊。

③ 相信自己

小伙伴们，无论我们是不是社交达人，我们都有跟同学交流的能力。只要我们积极主动、自信大方，就一定能够成功地和同学交流，并建立起良好的关系。

我总是不敢表现真实的自己

我总是不敢表现真实的自己，和同学在一起时，虽然大家都很友好，但我仍然处处小心翼翼，无法放松自己。就算其他人谈论着一些我熟悉或者感兴趣的话题，我也总是沉默寡言，很少发表自己的看法。而当有人询问我的看法时，我也只是模棱两可地回答，不敢说出自己真正的想法。我很不喜欢这样的自己，很想改变，可是又不知道该怎么做。

心理大分析

　　很多小伙伴都有这样的一个困扰，在跟他人的相处过程中，我们总是不能随心所欲地表现自己的个性，在他人面前，我们总是时时刻刻地关注自己在他人眼里的表现，我们企图给别人留下一个完美的形象，所以总是按别人的期望去说话或做事。

　　如果我们不敢表现自己真实的个性，往往会失去表达自己的机会，导致我们的个性无法充分发挥，自己的潜力被限制，非常不利于我们的成长和发展。并且，如果我们在与他人相处时不能真实地表达自己的喜好和想法，就很难与他人进行良好的沟通和交流，从而无法建立良好的人际关系。此外，长期压抑自己的内心感受会带来压力，容易产生抑郁的情绪。

　　小伙伴们，我们应该认识到每个人都是独一无二的，而真实的自我是非常宝贵的。每个人都有自己的优点和特点，不需要一味去模仿和迎合别人，真正的成功和满足来自对自我的认知和接纳。只有认可自己的内在价值，才能真正地展现出自己的魅力和个性。

　　小伙伴们，做好自己是最重要的，而不是一味追求别人的认可和赞许。只有这样，我们才能拥有独立思考和自主发展的能力，才能变得更加自信、独立，从而更好地应对生活的挑战。

心理大课堂

不敢表现真实的自己的原因有哪些呢？

1 对自己缺乏信心

我们可能对自己缺乏信心，认为自己的想法和行为不能得到他人的认可。在这种情况下，我们不敢表现真实的自己，往往会采取假装或者逃避的方式来掩盖自己的不自信。

2 害怕冲突

因为担心自己的想法、意见和别人相反，或者自己的某些行为会冒犯到别人，进而引发别人的不满甚至发生正面冲突，我们害怕这种矛盾冲突，担心自己没有能力化解，进而选择回避、隐藏自己真实的想法。

3 追求完美主义

追求完美主义，认为只有完美才能得到他人的认可和满意，这使得我们不敢表现真实的自己。如果自己表现得不够理想，就会担心被别人否定或者质疑。在这种情况下，我们可能会对自己的言行进行过度的控制和约束，以达到所谓的"完美"标准。

不敢表现真实的自己会带来哪些负面影响呢？

限制创造力

　　如果我们长期压抑自己的想法、感受和行为，不敢大胆尝试新的事物或思考独特的观点，我们的创造力就会被限制。只有勇于表现真实的自己，才能拥有更多的机会和空间去发挥自己的才华和创造力。

无法建立亲密的关系

　　如果我们不敢表现真实的自己，别人就无法真正地了解我们，我们很难与他人建立真诚的互动和沟通，从而难以和他人形成亲密的关系。

无法真正认可自己

　　有些小伙伴可能会把他人的期望当成标准来要求自己，产生过分的自我批评和苛责。他们可能会认为自己没有达到别人的期望，觉得自己的能力和表现都不如别人，从而贬低自己的价值。

1 多多发掘自己的长处

小伙伴们，我们可以多多发掘自己的长处，学会欣赏自己的优点，了解自己的价值所在。当我们能够认识到自己的长处和可爱之处时，就更容易勇敢地表现出真实的一面。

2 逐步展示自我

小伙伴们，在亲密的朋友或家人面前可以开始小步骤地展示自我。当我们发现，真实的自己是可爱的，受人欢迎的，我们就会对自己充满自信，自然就会在别人面前大方自如地表现自己的个性。

3 坚定践行自己的价值观

小伙伴们，我们应该尊重和践行自己的价值观，不违背内心的原则，即使周围环境压力很大也不退缩，只要我们相信自己的做法是对的，就不用惧怕别人的眼光。

我不敢打扮得太漂亮，怕引人注目

：　　我很爱漂亮，但是有时候逛街看见款式华丽的衣服，明明自己很喜欢却不敢买，甚至连试穿都不敢。我平时的穿着总是力图朴素、低调，因为我不希望自己过于突出。我怕打扮得太漂亮，别人会盯着我看，我怕成为人群中的焦点，也不想被别人评头论足。有时候自己内心也很纠结，希望自己看起来漂亮但是又害怕引起关注，我该怎么办呢？

爱美之心，人皆有之，我们都有着对自己外貌的强烈关注。我们希望能够让自己看起来更好看、更时尚，但是同时，我们也害怕因为太过引人注目而遭受别人的指点或嘲笑。我们为了避免成为"批评对象"或者是"被排斥的一方"，会拒绝穿颜色鲜艳、款式时髦的衣服。我们可能更愿意选择低调简单、不起眼的衣服，不引起他人关注，或与他人保持一致。我们之所以存在这种心理，归根结底是因为自卑，觉得自己不配耀眼的打扮。

对于正在成长中的我们来说，对于自己的外貌和穿衣风格进行探索是一种正常而自然的现象。而且表达自己的审美和喜好是非常重要的，通过选择自己钟意的服装、发型和饰品等，可以增强我们的自信心和身份认同感，有助于形成良好的自我形象，也有助于我们更自如地和他人进行交流。

小伙伴们，打扮得漂亮并不是一件坏事，而是可以让自己变得更加自信和积极的事情。不要过于在意别人的想法，而是应该停止自我怀疑，更多地关注自己的感受，尊重自己内心的选择。不要因为担心引人注目而限制自我，只有这样，我们才能逐渐从外界的"眼神"中解脱出来。

心理大课堂

不敢打扮得太漂亮，怕引人注目的原因有哪些呢？

1 担心引起非议

我们可能是担心别人会看不惯我们的穿着，或者在别人看来过于高调，别人会对我们进行议论和指指点点，所以我们宁愿选择低调的衣着，以此来避免遭受他人的非议。

2 认为自己不配

在缺乏自信的小伙伴眼中，自己并不足够出众，无法胜任一个"引人注目"的形象。打扮得过于高调，反而会凸显自己的平庸，给人一种"丑人多作怪"的感觉，所以我们就不敢打扮得过于出众。

3 害怕被认为"不合群"

我们打扮得漂亮，客观上会与周围的小伙伴形成对比，这种对比可能会使一些小伙伴疏远我们，因此我们可能为了维护人际关系而选择朴素的衣服。

 不敢打扮得太漂亮，怕引人注目会有哪些负面影响呢？

1 不敢表现自己

如果我们不敢打扮得太漂亮，怕引人注目，我们就会倾向于在人群中隐藏自己的存在，不习惯受到他人的关注，不敢展示自己的才能，从而无法建立自己的自信心。

2 社交能力受限

打扮得漂亮可以增强我们的自信，从而帮助我们更好地与他人交往。如果我们不敢打扮得太漂亮，怕引人注目，可能会错过一些社交机会，从而限制了我们的社交能力。

3 影响个性发展

每个人都有自己独特的个性和风格，打扮也是表达自我风格的一种方式。如果我们不敢打扮得太漂亮，怕引人注目，可能会抑制自己的个性发展，不敢表现出真实的自己。

❶ 从小处改变

小伙伴们，如果对于个人形象的改变感到不安，可以尝试从小的方面开始，比如换一款发型或者尝试不同的配饰等，逐渐增强自己的自信心和勇气。

❷ 认识到别人的看法并不重要

小伙伴们，很多时候，尽管我们害怕别人的评价和看法，其实大多数人并不会过分在意我们的穿着打扮。因此，不要把别人的看法放在心上，做自己认为合适的事情就好。

❸ 培养自信心

小伙伴们，打扮漂亮需要一定的自信心和勇气。我们可以通过学习、锻炼、社交等方式来提升自己的自信心，从而更加自如地表达自己的个性和风格。

我在公共场合讲话总是感到很紧张

对于我来说，在公共场合讲话非常困难，尤其是像班会或者同学聚会这样的场合。每次轮到我发言的时候，我都会紧张得手心冒汗，说话语无伦次。即便有时候我讲的话题很有趣，也会因为我的过分紧张而使效果大打折扣。每次讲完话，我都会因为刚才糟糕的表现感到很沮丧。我真的很想摆脱这种紧张的心理，我该怎么办呢？

心理大分析

　　对于很多小伙伴来说，在公共场合讲话很困难，面对大家的注目，我们会很不自在，感到非常紧张，会出现结巴或者记忆混乱等问题，还有可能出现胃部不适、出汗、心跳加速等状况，如果这种情况得不到解决，将会给我们的学习和生活造成极大的困扰。

　　我们在公共场合讲话会紧张是可以理解的，可能是因为平时缺乏在公共场合讲话的锻炼，没有足够的类似的经验。另外，我们可能还不具备强大的心理承受能力，可能会担心自己的表现会被别人嘲笑或者批评。

　　但是，不管是在学习还是生活中，具备在公众面前讲话的能力都非常重要。如果我们总是因为紧张而避免在公共场合讲话，就可能错过很多机会。

　　我们可以通过一些游戏、角色扮演等方式，逐步提高在公共场合讲话的信心和能力，也可以参加一些演讲或朗诵比赛，提高自己的表现能力和自信心。

　　小伙伴们，所有人都有紧张的时候，只要我们增强信心，充分准备并尽力去做，就一定能够一步步地克服它。

心理大课堂

在公共场合讲话总是感到很紧张的原因有哪些呢？

1 太在意听众的表现

在当众发言时，我们并不知道听众的评价是怎样的，于是不由自主地对听众的表情、动作背后的含义进行猜测。当这些想法占据我们的脑海时，不仅会造成情绪紧张，还会使精力分散，影响能力的发挥。

2 语言表达能力不足

在公共场合发言需要面对众多听众，如果不能清晰地表达自己的想法和观点，就容易受到质疑、挑战或嘲笑。这些反应可能会使我们感到尴尬和不舒服，进而紧张不安。

3 害怕自己表现不完美

害怕自己表现不完美是一种心理压力，这种压力会加剧我们在公共场合讲话时的紧张感。我们担心自己的表现不够好，可能会被别人嘲笑或批评，因此对这种情况的担忧，会使我们变得非常紧张和焦虑。

在公共场合讲话总是感到很紧张会带来哪些负面影响呢?

影响社交

1

如果我们在公共场合讲话时感到紧张，也就不能自如地和他人进行互动，我们会想要逃避和他人的交流沟通，从而减少了和他人建立关系的机会。

不能清楚地表达想法

2

紧张会导致我们的注意力不集中，经常出现思路跳跃、语言组织混乱等情况，影响我们思考和表达能力的发挥，导致我们不能充分地表达自己的想法和感受。

造成心理压力

3

如果我们在公共场合讲话时感到紧张，就会在讲话前一直感到恐惧不安，不能很好地放松休息和做其他事情，造成严重的心理压力，进而影响我们的学习和生活。

我来支招儿啦！

❶ 要克服完美主义情结

　　小伙伴们，我们紧张就是害怕自己出错，希望自己能表现完美。但是，我们要知道再厉害的人也不可能将什么事情都做得完美，我们要允许自己出错，允许自己表现不好，允许自己表达失误。不要过分苛求自己，适度降低要求，有助于心态的放松。

❷ 提前想象自己出丑或出错的场景

　　小伙伴们，我们在讲话之前可以提前想象一下可能会出现的失误，以及失误后别人可能会出现的反应，提前有了这样的体验之后，就会减少我们对出丑的恐惧，这样，我们在面临真实情况的时候就会更加从容、放松。

❸ 做好充分准备

　　小伙伴们，如果我们没有做好充分准备，就很容易出现忘词、回答不上问题等失误，这些失误可能会增加我们讲话时的压力和紧张，进而影响我们的表现。当我们做足准备之后，我们会更加放松，更有信心。

我总感觉大家都瞧不起我

：　　我经常感到自己被周围的人瞧不起。有的时候上课回答问题答错了，我感到大家就不停地嘲笑我；在我发表自己的意见的时候，我总感觉大家都没有认真听我说话，对我有一种轻视的态度；同学聚会的时候，大家对我也不是很热情，常常忽视我。我很不理解为什么大家要区别对待我，被人瞧不起的滋味真的很不好受，我该怎么办呢？

心理大分析

在成长的过程中，我们会遇到各种各样的困难和挑战，而且很容易因为失败或者被批评而陷入自卑的情绪中，以至于总是感觉周围的人都看不起自己，这种情况可能会影响我们的自尊心，对学习和生活产生消极的影响。

也许是因为过去的一些经历或言语引发了我们的内心敏感，导致我们产生"瞧不起自己"的想法，而这种感受其实是一种错觉。我们总是习惯根据自己的认识，去解读别人的行为，喜欢从自己的角度分析、判断他人的想法。很多时候，当我们以为所有人都瞧不起我们，其实是我们瞧不起自己。

小伙伴们，我们需要积极地肯定自己的优点和特长，认识到自己的价值和能力；增强自信心和自尊心，减少对他人评价的过分关注；我们还可以参加一些有益的活动，例如加入兴趣班等，通过这些活动，我们可以结交更多的志同道合的朋友，并且能充分发挥自己的才华和能力，这样可以有助于我们摆脱孤独和自卑的情绪，让自己更自信。

小伙伴们，放下对别人的过度揣测，把注意力放在提升自己的能力上，当我们真正认可自己的时候，就不会在意他人的想法，这样才能更加自信和坚定地过好自己的人生。

心理大课堂

 总感觉大家都瞧不起自己的原因有哪些呢？

1 想得太多了

有些小伙伴总是想得太多，总是高估别人对自己的关注程度。其实除我们身边特别亲近的人之外，别人很少会刻意关注我们。我们有时候一些事情没做好，就觉得自己出丑了，觉得别人会因此而看不起我们，其实别人可能压根没关注这些，或注意到了也并不在意。

2 比较心理

我们有过强的比较心理，可能会处处比较自己和他人之间的差异，过分在意自己的不足之处，产生强烈的自卑感，连自己都瞧不起自己，自然也会觉得周围人瞧不起自己。

3 经常遭受批评和否定

家庭环境也会对我们的自信心产生影响。如果我们在家里经常遭受父母或其他亲戚长辈的否定或批评，就会对自己形成过低的自我评价，觉得自己不够好，大家都看不起自己。

总感觉大家都瞧不起自己会有哪些负面影响呢?

1 对别人产生误解和敌意

如果我们总感觉别人都瞧不起自己,我们就倾向于把别人的一些语言、行为联想为在针对自己,进而曲解别人的真实意图,从而造成不必要的误会,也会使自己对别人产生敌意。

2 社交能力下降

在与人交往时,如果我们总感觉大家瞧不起自己,在别人面前就会表现得唯唯诺诺,不敢与人交流,也不愿意结交新朋友,难以同他人建立良好的关系,从而使我们的社交能力下降,并可能出现孤僻和自闭等问题。

3 不敢接受挑战

当我们总感觉大家都瞧不起自己时,我们的自信心就会受到影响,对自己的能力产生怀疑,低估自己,觉得自己无法完成新的挑战,进而面对挑战时就会退缩回避。

① 不要高看别人，低估自己

小伙伴们，我们不能用区别的眼光看待自己和别人，不能总是高看别人，低估自己。如果我们能用看待别人的眼光和心态来看待自己，就不会觉得低人一等，也不会觉得别人瞧不起自己。

② 把注意力放在自己身上

小伙伴们，总觉得别人瞧不起自己，说明我们时刻把注意力放在别人身上，总是在意别人怎么想。其实，别人的想法不是那么重要，重要的是自己是否对自己满意。我们要树立对自己的正确的价值观，只要我们做人做事不违背自己的本心，就不惧别人的看法和评价。

③ 与他人积极互动

小伙伴们，感觉别人瞧不起自己的这种心理，往往源于我们缺乏与别人的实际交流，而是通过想象来揣摩别人的想法。我们需要积极地与别人接触互动，只有真正参与其中，我们才能清楚地了解他人的想法，从而减少凭空的想象与猜测。

在人前我总是不敢表露自己的负面情绪

 ：　　　我在大家的印象里是个无忧无虑的小孩。在家里，我经常会给爷爷奶奶表演节目；在学校里，我也经常逗同学开心。然而，很多时候我并不是像表面看起来那样大大咧咧，没心没肺，我也会因为一些事情感到不开心，但是我总是习惯把自己的负面情绪隐藏起来。这种做法也让我常常感到很压抑，我该怎么办呢？

很多时候，我们可以轻松地将高兴表露出来，而选择将不开心的情绪隐藏起来。明明自己的情绪很低落，但是也不想让别人看出来，总是把负面情绪压抑在心底。这样时间久了，会给我们带来很大的心理压力。

我们可能是害怕如果自己表现得不开心，会坏了别人的兴致，或者不想打破别人对我们形成的积极正面的印象，害怕让别人感到失望。但是，如果我们一直压抑自己的情绪，不能将负面情绪倾诉出来，甚至还要伪装成积极的样子，会让我们感到很疲惫，不能享受与人交往的乐趣，我们会越来越想逃离人群，形成孤僻的性格。

小伙伴们，没有人能够时刻保持开心，人是感性的动物，我们的心情会因为不同的境遇而发生改变，这是非常正常的事情。我们要正确地看待自己的负面情绪，有了负面情绪首先要接受它，然后可以选择向身边的人倾诉，我们要相信别人会非常乐意帮助我们，会跟我们一起想办法解决问题。其实，当我们把不开心的情绪抒发出去，即使问题没有得到解决，我们也会感觉心情轻松了很多。

小伙伴们，让我们慢慢地调整自己的心态，从小的改变做起，一点点地尝试，最终我们会学会如何表达自己的负面情绪。

心理大课堂

总是不敢表露负面情绪的原因有哪些呢？

1 希望得到正面积极的评价

　　我们希望自己在别人的眼中永远是积极的、向上的，我们希望别人在谈论我们的时候会夸我们是一个乐观阳光的小孩，夸我们给身边的人带来了很多正能量，而不希望得到多愁善感、忧郁这类消极的评价。

Z 害怕展现内心的脆弱

　　我们隐藏自己的不开心，也是因为不愿意向别人展现我们的脆弱，我们害怕别人认为我们不够坚强，过度敏感，所以不愿意向别人展现我们软弱的一面。

3 害怕自己不受欢迎

　　有的时候，我们担心自己流露出负面情绪，会给别人的心情带来影响，如果别人觉得跟我们待在一起不开心，可能就渐渐地不喜欢跟我们相处了。所以我们选择隐藏自己的情绪，来维持自己的友谊。

总是不敢表露负面情绪会有哪些负面影响呢？

1 压力积累

如果我们一直压抑自己的情绪，不把自己的感受表达出来，那么这些情绪就会积聚起来，给我们造成很大的心理负担。时间久了，会严重影响我们的身心健康。

2 无法享受当下

当我们内心明明很难受却装作很开心的时候，我们会感到很痛苦，我们会无法全身心地投入当下的聚会或者活动，无法享受跟朋友们在一起相处的时光，对他们谈论的话题也不能做到真正的关心，只能应付式地回应朋友的话题。

3 无法获取真正的信任

如果我们总是不敢表露出负面情绪，别人总是看到我们开心的一面，会察觉到我们对他们有所隐藏，并没有把真实的自己呈现给他们，这样的话，他们自然也就不会完全信任我们，也不会对我们袒露心扉，从而达不到真正的互相了解。

1 正确看待负面情绪

小伙伴们，我们应该正确地看待负面情绪，不要认为负面情绪是不好的，每个人都有喜怒哀乐，当我们因为某些事情不开心的时候，我们没必要为此感到抱歉，我们可以大方地表达出来。

2 相信身边的人

小伙伴们，有的时候我们需要相信身边的人，当别人知道我们的不开心时，并不会觉得自己受到影响，相反，他们会过来关心我们，并且希望可以提供给我们一些帮助。

3 从记录做起

小伙伴们，如果觉得一下难以改变，我们可以先从记录做起，我们可以把自己不开心的情绪在纸上写下来，这样一点点地练习表达自己情绪的能力，久而久之，我们就能慢慢地向周围的人吐露我们的心声。

我只敢把梦想藏在心里

作文比赛

：　　我的学习算不上很优秀，但是我很喜欢写作，并且梦想着有朝一日成为一名出色的作家。可是，我从来不敢向别人透露自己的梦想，我怕受到嘲笑。我想参加市里的作文比赛，又不敢报名；在作文课上也不敢和同学分享自己的构思。我也很想像别人一样大大方方地说出自己的梦想，可总是缺乏勇气，我该怎么办呢？

心理大分析

　　我们总是有着各种各样的梦想，但有时却不敢说出来。因为我们害怕被嘲笑、被否定，害怕在别人心中留下好高骛远的印象。但是这样的情况，不利于我们梦想的实现。

　　梦想的实现需要勇气，如果我们连说出自己梦想的勇气都没有，又怎么会有足够的勇气去实现自己的梦想呢？

　　当别人对自己的梦想产生质疑或嘲讽时，我们不用去在意，因为他们并不真正了解我们，只有我们自己才真正了解自己。我们知道自己最擅长什么，知道自己的热情所在。如果我们对梦想足够坚定，就不会惧怕这些质疑。如果不敢说出自己的梦想，就表明我们实现梦想的决心还不够坚定，没有足够的毅力且不能付出足够的努力去实现它。

　　很多时候，我们不敢说出自己的梦想，其实就是在逃避困难和挑战，不敢付出实际的行动去实现它。别人不知道自己的梦想也就不用承受梦想未能实现的心理负担。但这样做只会将梦想停留在幻想阶段，会带来更多的沮丧和焦虑。

　　小伙伴们，在追寻梦想的过程中，遭受质疑和挫折是难免的，我们不能轻易放弃，而是要用积极的心态去面对和解决问题。我们要时刻告诉自己，一切皆有可能，只要我们敢于尝试，不惧挑战，梦想最终一定能够实现。

心理大课堂

 不敢说出自己的梦想的原因有哪些呢？

1 **缺乏自信心**

有些小伙伴缺乏自信心，他们会觉得自己不够优秀，于是对自己的梦想不够坚定，现在把梦想说出来，怕将来实现不了，这样自己就会很丢脸。

2 **害怕被评价**

梦想说出来自然会被周围人评价，有人会支持，有人会觉得不切实际，有人甚至会嘲笑。有的小伙伴，自尊心极强，害怕被别人评头论足，因此为了不给周围人这种机会，干脆不说出梦想。

3 **遭到反对的意见**

我们的爸爸妈妈或者老师可能都希望我们成为一个"好学生"、一个"优等生"。但是有的时候我们的梦想可能并不符合这些标准，我们担心遭到爸爸妈妈或者身边人的反对，从而增加自己的心理压力。

不敢说出自己的梦想会有哪些负面影响呢？

1 磨灭对梦想的热情

如果我们一直不敢提及自己的梦想，那么我们对于实现梦想的态度就会越发消极，久而久之，我们会觉得梦想遥不可及，甚至会越来越淡忘，不记得当初是为什么产生了这个梦想，这会使我们追逐梦想的热情逐渐被磨灭。

2 阻碍梦想的实现

如果我们一直隐藏自己的梦想，不敢向别人透露，那么我们就不能光明正大地为了梦想而努力，那么在梦想实现的过程中就会产生很多阻碍。相反，如果我们勇敢地向身边的人表达自己的梦想，就能得到更多的帮助和指导，让自己更顺利地实现梦想。

3 变得自我封闭

如果我们总是不敢大方地表达自己的梦想，总是需要隐藏自己内心真正的想法，久而久之，会让我们养成自我封闭的性格，不能坦荡、真诚地与别人相处，这会使我们无法和他人建立良好的人际关系，进而导致未来不能很好地融入社会。

我来支招儿啦！

① 明确梦想，饱含信心

小伙伴们，我们需要明确自己的梦想是什么，然后逐步制订实现梦想的计划。同时也要对自己的能力充满信心，相信只要付出努力就一定可以实现梦想。

② 要学会坚守自己的信念，不受外界干扰

小伙伴们，很多时候，别人的质疑或者嘲笑可能会让我们产生怀疑和退缩，但这并不能代表我们的梦想不值得追求。我们应该坚定自己的信念，不受外界干扰，勇敢地走自己的路。

③ 寻找志同道合的朋友和支持者

小伙伴们，一个人的梦想孤独而艰难，但如果能找到一些志同道合的朋友和支持者，我们的生活中就会充满正能量。在实现梦想的道路上，我们可以互相鼓励，互相帮助，互相给对方面对质疑的勇气，一起向着梦想前进。

对爸爸妈妈，我总是报喜不报忧

我总是习惯对爸爸妈妈报喜不报忧。比如，有时在学校里跟同学发生了矛盾，但当爸爸妈妈问起的时候，我只字不提。有时学习上我感到有些吃力，但是当爸爸妈妈询问我的学习情况的时候，我也总是告诉他们一切顺利。其实，我也想向他们吐露心声，但是又不想让他们操心。为此我很纠结，我该怎么办呢？

心理大分析

我们通常会向爸爸妈妈分享自己的成功和进步，却不愿意透露我们的烦恼或担忧。有可能是不想让爸爸妈妈担心，有时是怕他们无法理解自己的感受，有时是怕他们批评自己。然而，这种对爸爸妈妈隐藏事实的做法并不是一个好的选择，对我们的成长是不利的。

小伙伴们，与爸爸妈妈进行开放、信任和坦诚的沟通非常重要。我们不仅要和他们分享好消息，面对挑战和困难时，也要和他们进行积极的沟通，这样他们才能真正了解我们的情况，并及时给予我们帮助和鼓励。

如果我们总是报喜不报忧，就会把烦心事一直闷在心里，不但会让我们长时间处于沮丧、苦恼的情绪中，还有可能因为得不到正确的指导，而做出错误的决定。因此，这个习惯很不好，我们应该学着改变。

如果我们面临一些困难或烦恼，可以尝试找一个合适的时间和地点，与爸爸妈妈坦诚地交流，告诉他们自己正在经历的事情和内心的感受。如果感到难以说出口，也可以通过写信的方式告诉他们。

记住，爸爸妈妈是我们生命中最重要的人。没人比他们更关心我们，更爱我们，不要害怕向他们寻求帮助，只要我们敞开心扉，就一定可以得到他们的理解。

心理大课堂

总是对爸爸妈妈报喜不报忧的原因有哪些呢？

1 怕让爸爸妈妈担心

我们可能想保护爸爸妈妈，不想让爸爸妈妈担心或者增加他们的负担。不愿意让爸爸妈妈因为自己的事情操心而影响心情，所以不愿意告诉他们不好的消息。

2 害怕被责备或批评

我们可能由于平时在学习或生活上的一些小错误而受到过爸爸妈妈的批评和责备，因此我们就会担心把出现的问题告诉他们，他们会批评和责备我们。在这种情况下，我们往往会选择隐瞒问题，以免引起不必要的麻烦和压力。

3 认为向别人倾诉是软弱的行为

我们可能认为出现问题自己解决是坚强的表现，而一遇到事情就向别人倾诉是软弱的行为。所以我们就要求自己遇到问题不让任何人知道，自己默默地把事情解决掉。

总是对爸爸妈妈报喜不报忧会带来哪些负面影响呢？

1 增加内心负担

　　如果我们总是将自己的问题和困惑藏在心里，就得不到家人的鼓励和分担，只能自己一个人默默承受。长此以往，这些积压的问题可能会变得越来越沉重，给我们的心理造成很大的压力，从而影响我们的身心健康。

2 阻碍家庭成员之间的沟通和理解

　　如果我们总是把问题藏在心里，爸爸妈妈就不能了解我们的真实感受和需求，这样往往会引起误会，使彼此之间的沟通出现障碍，进而不利于形成良好的亲子关系。

3 做出错误的决定

　　如果我们不向爸爸妈妈诉说问题和困难，可能会导致我们做出错误的决定。没有爸爸妈妈的指导和支持，我们很可能会失去正确判断和把握机会的能力，进而做出错误的选择，给自己带来更多的问题和困难。

我来支招儿啦!

① 扭转想法

　　小伙伴们,不要认为向爸爸妈妈述说自己的烦恼是一件坏事。相反,这是一种表达自己情感的方式,当我们说出自己的困扰,爸爸妈妈就会更加了解我们心里是怎么想的,会和我们一起想办法,从而克服困难。

② 寻找恰当的机会和方式

　　小伙伴们,我们可以选择一个合适的时间和场合,比如晚饭时或是旅行时,向他们讲述我们的烦恼。这样可以增进我们和爸爸妈妈之间的沟通和理解,使我们的关系更加亲密。

③ 相信他们

　　小伙伴们,我们要对自己的爸爸妈妈充满信心,对于他们而言,我们永远是这个世界上最重要的人,无论我们遇到任何困难,他们始终都会站在我们这一边,无条件地帮助我们,支持我们。只要我们足够相信他们,敞开心扉向他们诉说我们的烦恼和忧愁,一定会得到他们的理解和支持。

爸爸表扬了其他孩子，是不是不爱我了

：　　我是一个很敏感的孩子。有一天，我和爸爸一起看电视节目，看到一个和我同龄的女孩子获得了歌唱大赛的一等奖。爸爸感慨地说："这个女孩子真优秀！她一定又聪明又勤奋，真值得我们学习啊！"听到这些话，我一下变得很失落，我觉得爸爸只喜欢那些优秀的孩子，是不是不爱我了？我开始胡思乱想，失眠到半夜，我该怎么摆脱这种疑虑呢？

作为孩子，我们很在乎爸爸妈妈对自己的评价，总是非常希望得到他们的认可，并且往往会过度敏感，他们夸奖别的孩子的行为会引起我们的警觉，怀疑是不是爸爸妈妈觉得自己不够好，没有别人优秀，担心爸爸妈妈会因此不再爱自己了，这种猜忌使我们处于怀疑不安的情绪之中，非常不利于良好的家庭氛围的建立。

如果我们不能确信爸爸妈妈是爱自己的，那么我们就会变得不再信任他们，就很难和爸爸妈妈交流或分享自己的心事，甚至隐瞒一些事情，对于爸爸妈妈也会产生叛逆的心理。这种情况会给我们的学习和成长带来极大的负面影响。

我们应该认识到每个人都是独立的，都有自己的优点和劣势。爸爸妈妈表扬了别人，并不代表他们不关心我们，相反，他们可能是希望我们能够像那些被表扬的孩子一样，努力学习，积极进取，取得更好的成绩和进步。爸爸妈妈表扬别人并不会降低我们的价值和地位，在爸爸妈妈的眼中，我们是最独特的，没有任何一个人可以代替我们的存在。

小伙伴们，我们可以和父母进行坦诚的沟通，说出自己内心的感受和想法，只要保持互相理解和开放的心态，不断增加彼此的了解，就会对彼此的爱不再产生怀疑。

心理大课堂

 怀疑爸爸妈妈对自己的爱的原因有哪些呢？

1 缺乏安全感

　　我们的爸爸妈妈可能性情比较内敛，在平时的相处中，很少通过语言表达对我们的爱，我们的内心就可能因此缺乏足够的安全感。当爸爸妈妈表扬别人时，我们就会很容易感到失落或认为自己没有受到足够的关注和认可，从而产生不满和抵触情绪。

2 无法认可别人

　　如果我们无法认可别人的成就，一看到优秀的同龄人就很容易产生嫉妒心理，而此时，若是爸爸妈妈表扬了对方，我们就会感到挫败，进而将其转化为自己不被爱的想法。

3 爸爸妈妈的表扬方式不当

　　爸爸妈妈为了敦促我们进步，在我们面前频繁地表扬别人，而没有给我们足够的肯定和鼓励，就会让我们感到失望和沮丧，感到自己不被爸爸妈妈重视，认为爸爸妈妈根本不爱我们。

怀疑爸爸妈妈对自己的爱会有哪些负面影响呢？

1 引起叛逆心理

当我们听到爸爸妈妈表扬别人时，我们可能会感到自己被排除在外，从而导致我们认为自己没有受到足够的关注和认可，感到失落或者被忽视。我们就会对他们产生不满和抵触情绪，从而故意跟他们反着来，引起叛逆心理。

2 隐瞒心事

如果我们怀疑爸爸妈妈对自己的爱，就会不再信任他们，我们在遇到问题和困扰的时候，就会向他们隐瞒，这样有可能使问题得不到解决，或者导致自己误入歧途。

3 产生误会

如果我们怀疑爸爸妈妈不爱自己，我们就有可能误解他们的一些语言和行为，认为他们不是为了我们好，就会跟他们产生矛盾冲突，发生争执。

我来支招儿啦！

① 学会欣赏他人

小伙伴们，有时候我们因为过于关注自己而忽略了别人的优点和成就。如果他人真的很优秀，得到周围人的赞扬是很正常的，我们没必要不高兴。其实，我们可以试着放下内心的怨恨和不满，学会真正欣赏别人的优点，只有这样，我们才能不断学习别人的优点，成为更好的自己。而且，当我们能够给予身边的人支持和鼓励时，意味着我们自己也是强大的，同时会收获他人的鼓励和关爱。

② 相信爸爸妈妈对我们的爱

小伙伴们，我们的爸爸妈妈也许只是想鼓励别人，也许是想借此敦促我们，这并不能说明他们就不爱我们了，我们应该相信爸爸妈妈对我们的爱。

③ 与爸爸妈妈沟通，表达感受和需求

小伙伴们，当我们表现好，也想获得爸爸妈妈的表扬时，我们可以主动地告诉他们，他们有时只是因为一些事情疏忽了，只要让他们了解我们的心声，他们以后就会多加注意，多多夸奖我们，让我们能够充分感受到他们的爱意。

心理测试

测试题

1. 当有人向你提出无理的要求时，你会（   ）。

   A. 果断拒绝无理要求

   B. 不好意思拒绝，只好答应

2. 当你看到其他人做得比你好时，你会感觉（   ）。

   A. 没关系，我也可以变得这么好

   B. 有些失落或嫉妒

3. 当你想要表达自己的意见时，你会（   ）。

   A. 直接说出来

   B. 放弃思考和表达

4. 当你想要学习一项新技能时，你会（   ）。

   A. 积极地尝试并坚持不懈

   B. 觉得自己做不好并放弃

5. 当别人嘲笑你时，你会（   ）。

   A. 不介意，因为我知道自己是非常优秀的

   B. 觉得自己很糟糕，想躲起来

6. 当你面对陌生人时，你的第一反应是（   ）。

   A. 自信主动地与他们打招呼

   B. 害怕或不安，不愿意与任何人交流

7. 当你在做某件事情，遇到困难时，你会（   ）。

   A. 继续努力尝试，相信自己可以攻克难关

   B. 放弃并认为自己无法完成任务

8．当别人批评你或指出你的错误时，你会（　　）。

　　A. 谢谢他们，并考虑如何改正错误

　　B. 不开心，感觉自己被针对了

9．当你遇到一个新的挑战时，你的第一反应是（　　）。

　　A. 充满信心地接受挑战

　　B. 害怕或逃避挑战

10．当你面临一个需要做出决定的问题时，你会（　　）。

　　A. 考虑所有的选项，并做出最佳的决定

　　B. 迟迟无法做出决定

11．当你犯了一个错误时，你会（　　）。

　　A. 认为犯错是难免的，重要的是吸取教训

　　B. 不断回想，难以原谅自己

12．当你需要向别人提出请求时，你会（　　）。

　　A. 直接、礼貌地提出请求

　　B. 不好意思开口

13．如果你被某个人或一群人欺负时，你会（　　）。

　　A. 向老师或家长寻求帮助

　　B. 默默忍受，不敢告诉任何人

14．当你在大众面前发表演讲时，你会（　　）。

　　A. 自信并且想要展示自己的能力

　　B. 非常紧张和害怕

15．当你和同学们在一起时，你会（　　）。

A. 积极参与活动或讨论

B. 感到紧张，很少参与讨论

16. 你认为哪种态度是正确的？（   ）

A. 接受自己的缺点并努力改正

B. 总是追求完美

17. 当你做一件事但是失败了时，你会（   ）。

A. 积极面对，吸取教训

B. 无法接受，一蹶不振

18. 当你在课堂上回答问题时，你会感到（   ）。

A. 自豪和自信

B. 害羞和紧张

19. 当你听到其他人称赞你时，你会（   ）。

A. 表达感谢，并为自己感到自豪

B. 感到不自在，觉得自己并不值得称赞

20. 当爸爸妈妈夸奖你的同学时，你会（   ）。

A. 很认同，认为优秀的人都值得夸奖

B. 不高兴，感觉自己被冷落了

计分方法：

在每道题目中，选择"A"得1分，选择"B"得0分。统计总分。

心理游戏

小伙伴们，每天我们受到的夸奖那么多，赶紧把这些夸奖都记录到便利贴上面吧！

夸奖便利贴

老师夸我说

父母夸我说

朋友夸我说

同学夸我说

内心双面镜

小伙伴们，让我们直面内心，把我们觉得不自信的地方和自信的地方分别写下来吧！

我对这些很自信：

我对这些没自信：

小伙伴们，每个人都有自己的优点，将自己具备的优点的小花涂上你喜欢的颜色吧！

我很勇敢　　　我很好学　　　我很懂礼貌

我知错就改　　　我尊重他人　　　我乐于助人

我讲卫生　　　我善解人意　　　我尊敬师长

我谦虚好学　　　我爱护环境　　　我口齿伶俐

心理测试参考

0 ~ 6 分：注意了！你目前对自己十分不满意，认为自己存在很多不足，有比较严重的自卑心理，已经严重影响了你的学习和生活。如果长期存在这样的心理状态，会对身心健康产生很大危害，严重时可能会导致焦虑症、抑郁症等心理疾病，应该及时向家人、老师或相关专家寻求帮助，尽早消除自卑心理。

7 ~ 13 分：别担心！你可能偶尔会出现对自己不够有信心的情况，不过并不严重，只要平时注意调整，多给自己积极的心理暗示，慢慢就能变得越来越自信。不过，如果得不到及时的调整和恢复，很有可能会产生消极的心理。若感到无法自行调整，可以向他人寻求帮助。

14 ~ 20 分：恭喜你！你是一个非常自信的孩子。你对自己充满信心，相信自己可以应对很多挑战，继续保持这种积极的心理状态，对学习和生活都会产生积极正面的影响。

帮助孩子认识自我、塑造三观

给孩子的
心理帮助书

恐惧害怕，怎么办？

高彩艳　主编

北京工艺美术出版社

图书在版编目（ＣＩＰ）数据

给孩子的心理帮助书 . 恐惧害怕，怎么办？ / 高彩
艳主编 . —— 北京 ：北京工艺美术出版社，2023.10
　　ISBN 978-7-5140-2682-5

　　Ⅰ．①给… Ⅱ．①高… Ⅲ．①心理学－儿童读物
Ⅳ．①B84-49

中国国家版本馆CIP数据核字(2023)第143178号

出　版　人：陈高潮　　　　装帧设计：弘源设计
责任编辑：周　晖　　　　　责任印制：王　卓

法律顾问：北京恒理律师事务所　丁　玲　张馨瑜

给孩子的心理帮助书　恐惧害怕，怎么办？
GEI HAIZI DE XINLI BANGZHU SHU KONGJU HAIPA ZENMEBAN

高彩艳　主编

出　　版	北京工艺美术出版社	
发　　行	北京美联京工图书有限公司	
地　　址	北京市西城区北三环中路6号　京版大厦B座702室	
邮　　编	100120	
电　　话	(010) 58572763（总编室）	
	(010) 58572878（编辑部）	
	(010) 64280045（发　行）	
传　　真	(010) 64280045/58572763	
网　　址	www.gmcbs.cn	
经　　销	全国新华书店	
印　　刷	天津海德伟业印务有限公司	
开　　本	700 毫米 ×1000 毫米　1/16	
印　　张	8	
字　　数	78 千字	
版　　次	2023 年 10 月第 1 版	
印　　次	2023 年 10 月第 1 次印刷	
印　　数	1 ～ 20000	
定　　价	199.00 元（全五册）	

前言

preface

　　孩子们，在成长的过程中我们会遇到不同的问题，喜欢不同的事物，有不同的爱好和特长，这些都能反映出我们的性格特点以及内心的想法。幼年的成长阶段正是我们爱好、人格、性格等形成的关键时期，这一阶段要着重注意心理健康，才能形成正确的三观和品格。

　　在成长的过程中，我们的很多行为常常令父母感到困惑，一举一动，甚至一个表情，都表达了我们的某种心理诉求，父母与其反复纠正我们的行为，不如深入了解我们的心理，通过了解我们的心理变化与情绪特点，针对性地解决我们遇到的实际问题，才能厘清问题的真相，指出我们存在的各种心理阻力，引导我们积极地看待问题。以此培养我们的内在感知力，提升情绪控制力，让我们学会用积极的情绪化解遇到的烦恼，拥有自信、勇敢、独立等健全的人格。

　　我们根据此阶段孩子们的心理特点，专门量身打造了这套《给孩子的心理帮助书》，针对孩子们成长过程中的

1

嘿！加油！

焦虑、恐惧、抱怨、悲伤、后悔、忧郁、猜疑、孤独等不良情绪，以孩子的视角去看待问题，并一步步剖析成长难题，加以专业的心理学分析，让孩子的成长烦恼有"回音"，为孩子的心理健康提供保障。

本套书将晦涩难懂的心理学理论转化为浅显通俗的文字，配有精美的插图、丰富的栏目、科学的测试、有趣的游戏，以一种全新的方式，从儿童心理学的角度解决孩子成长过程中的各类问题，解读儿童行为，洞见儿童心理。

本套书从孩子们实际生活中遇到的问题入手，深入他们的内心世界，系统地阐述孩子的各种情绪问题及产生原因，并提供了科学有效的解决方法，所有解决方案均步骤明确，简单实用，实践性强，是一部真正意义上的儿童心理健康启蒙书。

希望本套书能够帮助孩子跨过成长中的荆棘，让孩子健康、快乐地成长！

我们一起打篮球吧！

目录
Contents

目录

Contents

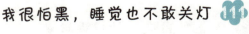

我不敢和"学霸"做朋友

: 我们班的班长梓睿学习成绩非常优异，有很多同学喜欢跟他一起做作业、讨论问题。每次考试他的成绩都是优秀，而我经常在及格线上徘徊。另外，他还特别喜欢体育运动，我经常在操场上看到他跟其他同学打篮球，而我不敢参与。我虽然也很喜欢交朋友，想和梓睿成为好伙伴，可我的学习成绩一直不太好，我为此感到很自卑，不敢接触梓睿。梓睿和我性格接近，但我为什么不敢和他做朋友呢？我该怎么办？

心理大分析

　　生活中，我们总会遇到一些有着"学霸光环"的人，他们不仅成绩名列前茅，还善于交际，朋友也多，有的还有诸多特长，看起来就像理想中的完美学生。相比之下，我们似乎没有任何突出的特点，因此和"学霸"交朋友时犹犹豫豫。其实这是很正常的现象。

　　对于我们来说，学习成绩往往是衡量优秀程度的主要标准，"学霸"成绩优异，而我们比较普通，成绩上的高低可能会让我们感到自己与"学霸"之间存在巨大的差距，从而感到自卑或羞怯，因此不敢与"学霸"交朋友。

　　学习成绩固然重要，但我们也应该清楚，每个人都有自己的优点和不足，学习成绩只是评价学生优秀与否的一个方面，不是衡量人的价值和能力的唯一标准，所以我们没有必要感到自卑。同样，学习成绩也不是两个人能否成为朋友的必要条件。我们交友更多是基于兴趣爱好、性格特点等方面的相似性。因此，学习成绩上的差异不应该成为交友的障碍。

　　除此之外，导致我们不敢和成绩优异的同学交往的原因还有很多，比如兴趣爱好不同、缺乏社交经验等。只要我们树立自信，敢于交流，大胆寻找共同话题，积极展示自身的优点和特长，让对方看到我们的独特之处，我们就可以和"学霸"成为朋友。

心理大课堂

成绩差，不敢和学习好的同学交往的原因有哪些？

1 过分强调成绩的重要性

有些小伙伴将成绩作为评价一个学生是否优秀的唯一标准。看到自己与"学霸"在学习上的差距，就认为对方高人一等，自己无法和他平起平坐，因此，不敢和学习好的同学交朋友。

害怕被拒绝

一些小伙伴内心比较敏感，会因为自己学习成绩较差而感到自卑。当他们想要和成绩好的同学交朋友时，可能会担心对方看不起自己，拒绝自己的请求，从而感到尴尬和难堪，因此，不敢主动和学习好的同学交朋友。

3 缺乏社交技能和经验

我们可能不擅长与人交流，也很少与学习成绩优异的同学接触，不懂得如何处理人际关系。因此，对自己的社交能力表现得不自信，在想要与人交朋友时，就很犹豫。

 成绩差，不敢和学习好的同学交往有哪些负面影响？

1 不利于社交能力的提升

社交能力总是在实践中才能提高，如果我们有结交朋友的想法而不敢付诸实践，就会失去大量与别人交流的机会，变得更加不善于表达，甚至对社交行为产生抵触情绪，这将导致我们难以建立良好的人际关系。

2 性格变得孤僻

感觉自己学习成绩差而不敢和学习好的同学交往是自卑心理的表现。这种心理会让我们觉得被孤立和排斥。如果我们不及时改变这种心理，就会不愿意与同龄人一起玩耍、交流，会变得越来越孤僻。长此以往，我们就很难建立良好的人际关系。

3 不利于提升自己

与成绩好的人交往，可以拓宽我们的思路，借鉴他人的经验。思想只有在交流中才能产生火花，如果我们长期"单打独斗"，那么就很难意识到自身的不足，最终导致思想僵化，缺乏创造力。

我来支招儿啦!

① 寻找自己的特长，重新建立自信

如果我们过分看重学习成绩，产生了片面的观念，就容易导致自己产生自卑心理。这是十分不明智的。我们应该积极培养自己的自信心，相信自己也有优点和特长。试着在自己擅长的领域发挥自己的优势，展示自己的才华，重新建立起自信，让自己不再自卑。

② 寻找共同爱好，创建共同话题

对于性格相似的人来说，交朋友是一件很容易的事情。我们可以尝试和学习成绩好的同学交朋友，了解他们的兴趣爱好和想法，或者主动分享我们的兴趣爱好。只要找到共同话题，我们与学习成绩好的同学就有了更多的交流机会，便于建立友谊。

③ 积极展示自我，吸引新的朋友

有时候即便我们做了很多努力，对方可能也不愿意和我们做朋友。这时候我们不必感到难过，也不必把希望都寄托在一个人身上。想想自己身上还有哪些优点和长处，勇敢地向别人展示，说不定我们会得到更多的朋友。

我"脸皮薄"，不敢和异性说话

我是个"薄脸皮"的女生，在和女生说话、玩耍时，我总是很随意。可是，一旦和男生说话，我就感到非常紧张。有时候，男同学找我请教问题，但我太紧张了，不敢说话，明明知道也会说不懂。小组讨论时，如果我和男生分到一组，我就变得支支吾吾，原本想说的也说不出来了。我是有异性恐惧症吗？为什么会不敢和男生说话呢？我该怎么办？

很多同龄人在面对异性时，都会感到紧张、不知所措，甚至害怕。这种现象确实与心理学上异性恐惧症的概念很相似，它表现为人们对异性的强烈害怕和回避行为。异性恐惧症是一种常见的心理障碍，在小学生中比较少见。

小学阶段，我们的个人意识和性别意识逐渐形成，在面对异性同学时，出现紧张或害怕的情绪是正常的，而且这种情况通常是暂时的，它会随着年龄的增长和社交经验的积累而逐渐消失，不必太过忧虑。

通常来说，我们不敢和异性同学说话与我们的性格、社交能力等因素有关。如果我们在面对他人时容易感到不安，那么往往意味着我们内向或缺乏与异性相处的经验。

为克服我们对异性的紧张和恐惧，我们应该试着提高自己的社交能力和自信心。比如，尝试和异性同学多交流，增进对彼此的了解，渐渐消除内心的障碍。还可以多参加一些集体活动，锻炼自己的社交能力，结交更多的朋友，让自己变得更加勇敢和自信。总之，和异性同学交流并不是一件难事，只要我们有信心、有勇气，经过一定的锻炼就能克服自身的胆怯。

心理大课堂

 不敢和异性同学说话的原因都有哪些呢？

1 性格内向、害羞

性格内向，不敢与别人交流，会让我们在面对异性的时候，感到非常紧张和不安，因此不敢和异性同学说话。

2 缺乏社交技巧和经验

如果我们从小就受到家长的过度照顾，与同龄人接触的机会较少，因此缺乏与异性同龄人交流的经验，自然也就不懂得如何与异性同学进行交流。面对异性同学时，感到胆怯也是在所难免的了。

3 不了解异性

如果我们学习比较忙，放学后就各自回家，参加的活动也少的话，那么我们与异性接触的机会就会较少，这不利于我们了解异性，会让我们在接触异性的时候感到紧张和不安。

不敢和异性同学说话会带来哪些负面影响呢？

1 无法进行正常的社交

社交能力的培养对我们的成长和发展非常重要。如果我们总是不敢和异性同学说话，就会错过很多锻炼社交能力的机会，我们的社交能力也就难以进步。在这种心理的驱使下，我们也很难交到异性朋友，社交圈子受到局限。

2 不利于健康心理的形成

只要与异性同学交流就产生紧张、焦虑、不安等情绪，会使我们误认为自己无法与别人正常交流，感到自卑和不自信。如果这种情况没有得到及时解决，很可能会影响到我们的自信心和自尊心，进而出现抑郁、孤独的情绪。

3 不利于增进对异性的了解

如果我们总是不敢和异性同学说话，长期缺少与异性同学的交流，会不利于我们加深对异性的了解，容易导致我们对异性的言行产生误解和偏见，甚至对异性产生严重的恐惧心理。

① 放松身心，消除紧张感

有时候我们在面对异性时，内心会感到十分紧张，不敢和对方说话。针对这种情况，我们可以试着深呼吸、转移注意力，或是专注在话题上，让自己放松下来，消除自己的紧张情绪。很快我们就会发现，和异性说话也不是什么难事。

② 了解异性的兴趣爱好

有时候，我们不敢和异性说话是因为我们不够了解对方，不知从何说起，或者缺乏共同语言。所以，我们可以试着了解一些异性之间的共同话题和喜好，以此增进我们对异性的了解，消除距离感。

③ 从小事做起，克服心理障碍

为克服我们的心理障碍，我们可以试着主动与异性同学接触。可以从最简单的打招呼开始，你会发现，与异性同学接触并没有那么困难。接着，可以在一些日常小事上给异性同学提供帮助，如讲题、借文具等。渐渐地，我们会变得更加自信，不再害怕与异性同学接触。

被人欺负时，我不敢反抗

：　　我天生就胆小懦弱，有时候被一群人围着欺负，我只会忍受流泪，总是不敢反抗。一些调皮的同学看我软弱，总是欺负我。有好几次，我后桌的同学想借我的作业，我一拒绝他，他就踢我的凳子，拿走我的书包，导致我每次都不敢拒绝他。我心里真的为自己的软弱感到生气，但我又怕这个同学欺负我，只能向他妥协。我为什么不敢反抗别人呢？我该怎么办呢？

 心理大分析

　　受到别人的欺负却不敢反抗，这是一件非常不好的事情。然而，在生活中，很多小伙伴都有类似的经历，人们往往将原因归结于这些小伙伴的性格，认为是他们性格内向、懦弱，才给了"坏孩子"可乘之机。

　　受欺负不敢反抗确实与我们的性格有很大关系，一些小伙伴缺乏勇气和自信，也可能是因为害怕受到伤害，在遭到他人态度强硬的"请求"时，往往会主动放低自己的姿态，避免矛盾或冲突的发生。这样的小伙伴可能有着依赖他人、社交能力弱、自我意识不强等问题。

　　所以，我们应该从现在开始培养自己的反霸凌意识。我们要树立正确的价值观，认识到每个人都是平等的，不应该受到他人的欺负；我们可以锻炼自己的社交技巧，扩大自己的朋友圈，获得朋友的支持和帮助；在面对霸凌者时，我们不要轻易妥协，而应该机智勇敢地与霸凌者做斗争。

　　只要我们树立正确的价值观，掌握正确的反霸凌方式，成为一名勇敢的反霸凌"小斗士"，就不会再受到他人的欺负，变得更加自信和坚强。

心理大课堂

 被同学欺负不敢反抗的原因有哪些？

1 害怕反抗失败

自信心不足，觉得自己身体瘦弱，反抗肯定会失败，而且反抗可能会遭到对方更加严厉的报复，使自己被欺负的程度更大，次数更多，与其遭受更大的打击报复，还不如忍一忍。

2 害怕老师和家长的批评

无论是老师还是爸爸妈妈，都不希望看到我们与他人起冲突。有时候我们被欺负了，进行反抗，事后却遭到了批评，那么我们以后被欺负时可能就会选择忍受。

3 觉得忍几次就不会被欺负了

我再忍忍……

有时候，我们对被欺负这件事认识不清，觉得我们刚到一个新的环境，跟周围的人还不太熟悉，他们还不了解自己，被欺负只是暂时的，只要自己忍一忍，等过一段时间，大家都熟悉了，自然就不会再欺负自己了。

总是被人欺负而不敢反抗会带来哪些影响？

1 对身体和心理都会造成很大伤害

身体上的伤害和言语上的侮辱，会给被欺负的人的心理造成很大的伤害，使被欺负的人处于一种被压抑的状态，经常担惊受怕，惴惴不安，慢慢地封闭自己。

2 严重影响学习成绩的提高

被欺负会使我们整日活在暴力的阴影之中，上课很难集中注意力，遇到问题也不愿意求助老师和同学，学习成绩一般都会严重下降，有时甚至使我们畏惧学校，不愿意去上学。

3 产生自卑心理

被欺负的人会变得胆小怕事，觉得自己事事不如人，看不起自己，在学习等方面不敢与人竞争，遇到困难也没有信心去解决，变得十分自卑。

我来支招儿啦！

❶ 提高自我的反抗意识

受欺负的时候不能因为害怕就不反抗，一定要增强我们的反抗意识，同时要积极锻炼身体，学习武术或者拳击等，让我们变得强壮，这样不仅可以增强我们的信心，而且可以让他人不敢随便欺负我们。

❷ 遇事不忍气吞声

在被欺负的时候，我们不能一味地选择隐忍，在很多时候，越是忍越会被欺负，最后形成一个恶性循环。所以，一定要让对方知道我们是不容易被欺负的，欺负我们是要承担后果的，可以语言警示，也可以通过其他方法，让欺负我们的人停手。

❸ 寻求老师和爸爸妈妈的帮助

在与欺负我们的人沟通无果的时候，必须第一时间告诉老师和爸爸妈妈，向他们寻求帮助，老师和爸爸妈妈毕竟比我们经验丰富，而且老师的威严也能震慑欺负我们的人，让其不敢再肆意妄为。

做事很小心，怕同学说坏话

： 我是一个内心极度敏感的人，非常在意别人对我的评价，赞扬的话能使我高兴很多天，批评指责的话也能让我伤心很久。为了让别人对我多一些赞扬，少一些指责，做事的时候，我总是小心翼翼，例如，每次值日的时候，教室的地我总是拖了又拖，特别害怕别人说我拖得不干净。这种活在别人评价里的日子，让我觉得好累，每日惴惴不安，我该怎么办？

心理大分析

　　非常在意别人的评价，这说明我们无法自己肯定自己，过分地追求外界的赞誉，想要通过小心做事来维护我们在他人心目中的形象。然而，这样做会让我们活得很累，做事瞻前顾后，犹豫不决，一方面会使我们失去很多机会，另一方面也让我们的内心一直处于压抑状态。比如，我们一直想要维护自己在别人心目中的乐于助人的形象，在别人遇到困难的时候总想着帮助别人，但有些事情是我们力不能及的，还有些时候我们根本没有时间帮助别人。当无法帮助别人的时候，我们就会害怕得到不好的评价，内心也会责怪自己，造成心理上的沉重负担。

　　另外，别人如何评价我们是别人的事，我们是无法左右的。有时候我们做得很好，也会有人表达不满；有时候我们做了10件事，只有一件事情没有做好，可能就会遭到别人的指责。所以，当我们遇到这种吃力不讨好的情况时，要看淡他人的评价。

　　虽然周围人对我们的评价会不同程度地影响我们的生活，但只要我们不违反道德与法律，那么不妨做真实的自己。

心理大课堂

 害怕被同学做出负面评价的原因有哪些？

1 无法肯定自身价值

如果我们在内心深处没能肯定自身的价值，即使他人对我们做出了错误的、负面的评价，我们也会认为别人的评价是真实的、可信的，进而产生一系列的负面情绪。

2 内心比较敏感脆弱

如果我们内心比较敏感，且非常在意给别人留下好印象，但凡别人的一句无心之言，都有可能给我们造成心理上的伤害，让我们觉得自己在他人心目中的好形象没有了。

3 对自己要求过于严格

有的小伙伴平时对自己要求严格，过分追求完美，经常把别人的评价作为自己做事是否完美的标准，由于非常渴望得到别人的称赞，所以很容易受负面评价的影响。

无法正确处理负面评价，会带来哪些影响？

1 不能正确地评价自己

我们会把别人的错误评价当作对的，把责任归咎于自己，从而轻视自己，很难看到自己身上的优点。由于不能正确地认识自己，久而久之，还会怀疑自己的能力，进而产生自卑心理。

2 情绪低落，缺乏前进的动力

自己辛辛苦苦做了很多事，仍然被人说三道四，内心肯定接受不了这样的结果，进而产生失落、愤怒等一系列负面情绪。如果任由这种情绪蔓延，就会使自己失去信心，心情也总是处于压抑状态。

3 自我封闭，不想与人交往

在听到其他人对自己的负面评价后，我们可能会觉得自己在他人心目中一无是处。为了保护自己，我们可能会拒绝与他人交往，陷入自我封闭的状态。

我来支招儿啦！

❶ 分析他人对自己的评价是否合理

面对他人对自己的评价，我们也不能一味地接受，一定要思考对方的评价是否客观公正、合乎情理，对于那些有失公允、歪曲事实的评价，我们完全可以置之不理。

❷ 客观评价自己

我们无法左右别人对自己的评价，我们唯一能做的就是做好自己，完善自我评价的标准，客观公正地看待自己，就能使自己在面对他人评价的时候有一个准绳。不会因为他人的标准而过多地改变自己，进而迷失自己，陷入深深的自责之中。

❸ 多跟支持自己的人交往

支持我们的人，对我们的评价一般都是积极正向的，即使我们做得有不妥的地方，他们指出的方式也会很委婉，不会令我们很难堪。所以，我们要多跟那些支持我们的人交往。

怕别人说自己笨，总是装作不努力

我学习成绩一直不好，怕别人说我笨，于是开始装作不努力学习的样子。有时候上课我也故意睡觉不听讲，但经常在放学回家和周末的时候，不跟其他小伙伴一起到楼下玩耍，而是一个人偷偷努力学习。老师和同学都以为我是一个很不上进的人，却不知道我这样做只是为了掩饰自己的不聪明。这种做法让我感到自己很虚伪，也很累，我该怎么办呢？

心理大分析

　　在学习上不够聪明，因此内心比较自卑，为了不让别人发现自己不聪明，而伪装成不努力的样子，这是非常在意别人对自己评价的表现。比起被别人说成不聪明，更倾向于别人说自己不努力，其实，这样的伪装并不能让别人对我们做出正向评价，不聪明是能力问题，而不努力则是态度问题，比起不努力的学生，老师会更喜欢一个不太聪明而勤奋的人。

　　这样的伪装会让我们更加疲惫，而且会遭到老师的批评，所以我们不妨大胆承认自己的不聪明，让别人看到我们的努力，做一个真实的自己，会让自己觉得轻松，也会赢得别人的尊重。

　　心理学研究表明，通过伪装的手段，试图塑造一个全新的自己，并不能带给自己真正的自信，也不会给我们带来真正意义上的肯定，伪装需要付出更大的精力，还要担心被别人拆穿，伪装久了就会迷失自我，甚至使自己陷入被动。

　　其实，选择过什么样的生活，是我们自己的事，别人没有那么在意。有些先天的东西是我们自己无法改变的，别人是否接受我们，是他们的事情，我们没必要放在心上。再者，我们总能找到欣赏我们、愿意与我们交往的人，多跟这样的人交往，接受自己的不完美，做一个真实的自己，我们也会变得更加自信和快乐。

心理大课堂

 为什么我们要伪装自己？

1 不想让人发现自己的不足

如果我们极力伪装自己，这是不自信的表现，我们在生活中比较爱面子，一句无心之言可能就会伤害到我们脆弱敏感的心，害怕自己的不足被别人看到，遭到别人的嘲笑，所以我们就想方设法把自己伪装成强大、完美的样子。

2 心理不平衡

有时，我们清楚自己的缺陷，也明白他人的优点，但在与他人比较的过程中，却不愿意承认别人比我们优秀，看到他人的优秀会心理不平衡，然后就为我们的不足寻找一个可以安慰自己的理由，但这其实是自欺欺人。

3 害怕没有朋友

我们可能在某些方面不够优秀，因此害怕周围的同学会不喜欢我们，担心自己交不到朋友，于是我们会想着用伪装的手段，维持一种优秀的形象，来获得朋友的认可。

 伪装自己会给我们带来哪些负面影响？

1 失去周围朋友的信任和尊重

通过伪装获得的友谊，也会因为伪装被人揭开而丧失。当周围的朋友得知我们的表现跟我们的实际不相符的时候，他们会有一种被欺骗的感觉，从而觉得我们是不可信的人，也不会再亲近我们，最终人际关系破裂。

2 总是被别人误解

伪装自己的实力和能力，把自己塑造成另一种人，可能会使别人对真实的我们产生一种误解，比如，我们本来胆子就很小，却把自己伪装成胆子很大的样子，别人可能会把需要勇气的任务交给我们，而最终为了不使自己伪装的形象被破坏，我们只得勉强承担。

3 花费精力来维护伪装的形象

一个人的精力是有限的，伪装会耗费我们大量的精力，我们不但要想方设法维护伪装成的形象，而且会提心吊胆，害怕伪装被揭穿。在伪装自己方面花费了过多的精力以后，我们就没有精力去控制自己的情绪，从而失去自制力。

我来支招儿啦！

❶ 接纳真实的自己

有多大的能力就做多大的事，不要为了虚荣或者因为自卑而伪装自己，即使别人对我们的伪装赞誉有加，那也是建立在虚假之上的评价，这只会使我们内心感到空虚与害怕。其实，别人怎么看待我们并不重要，重要的是我们要接纳真实的自己。

❷ 发扬自己的优点

看不到自己的优点，缺乏自信心，经常把真实的自己隐藏起来，给外界展示一个虚假的形象，会让我们变得极度疲惫。树立自信心，找到自己身上的闪光点，并不断发扬，这样我们才活得真实，才不屑于伪装自己。

❸ 真诚对待朋友

真实的我们可能有这样或那样的缺点，但只要我们真诚对待朋友，一样可以赢得朋友的信任，得到真正的友谊。

弄坏了同学的钢笔，我不敢承认

同桌的爸爸送给她一支精美的钢笔作为生日礼物，据说价格不菲，是个进口货，周围的同学都很喜欢，经常借她的钢笔写美术字。有一次同桌不在，我看她的钢笔在桌子上，就拿来把玩，没想到由于我不小心，钢笔掉到地上，摔坏了笔尖。我连忙收拾好，放到了她的桌子上。当同桌问是谁弄坏了她的钢笔的时候，我心里很是紧张害怕，不敢承认是我弄坏的。可是看到同桌生气的样子，我又很过意不去，我该怎么办？

心理大分析

　　类似不小心弄坏了同学的东西这样的事，估计很多人都遇到过。这并不是非常严重的错误，所以不要给自己太大的心理负担。我们可以找个适当的场合，把情况向同桌说明白，诚恳地向其道歉，并承诺补偿同桌的损失，争取得到同桌的谅解。

　　如果对同桌造成的损失很大，以自己的能力无法赔偿解决，那就要告诉老师和爸爸妈妈，让他们来帮助解决。不要过于担心他们会训斥我们，因为这并不是我们故意犯下的错误，爸爸妈妈会原谅我们，老师也会原谅我们。他们更看重的是我们承认错误的态度和处理问题的方法。

　　心理研究表明，犯了错误，即便是无心之错，我们的内心也会感到非常担心害怕，常常觉得内疚，不敢面对。这一方面是由于我们担心自己的形象受损，另一方面则是我们害怕受到惩罚所引起的。如果我们能够坦然承认错误，并积极地尝试去解决问题，那么我们受这种心理的影响将会减轻。另外，在处理这种问题的过程中，我们还能学到新的知识，得到新的启发，从而更加健康快乐地成长。

心理大课堂

 不小心弄坏了同学的物品，为什么不敢承认？

1 怕赔不起

担心物品非常昂贵，如果承认物品是自己弄坏的，肯定要赔很多钱，而我们又没有那么多零花钱。这件事如果被爸爸妈妈知道了，可能会遭到他们的严厉斥责，所以不敢承认。

2 怕同学责怪自己

如果我们把同学特别喜欢的东西弄坏了，不管是不是我们不小心弄坏的，同学都会非常伤心气愤，如果我们承认是自己弄坏的，就很可能会发生争吵。为避免同学责怪自己，只能选择不承认。

3 怕自尊心受到伤害

有些同学看到自己的东西被别人弄坏了，就大声喊叫起来，如果当时就承认是自己弄坏的，会觉得很丢脸，也害怕同学在背后议论自己。对于自尊心较强的小伙伴，更是会出现抵触情绪和抗拒心理。因此，不愿意承认是很正常的事情。

不小心犯下错误，不敢承认的坏处是什么？

1 损失信任和声誉

诚信是建立良好关系和信任的基础。如果我们不敢承认自己的错误，可能会使他人对我们失去信任，甚至会损害我们的声誉，对我们的人际关系将产生长期的负面影响。

2 破坏与他人之间的关系

如果我们不主动承认错误，那么问题就不可能得到解决，且给他人带来严重困扰。前期别人可能不知道是我们干的，一旦他人知道后，可能会引发他们的愤怒、失望等一系列负面情绪，最终破坏我们与他人的友好关系。

3 自我成长受阻

面对错误，不敢承认错误，是没有勇气的表现。面对错误，存在侥幸心理，则是逃避责任的表现。不敢承认错误，就不会主动去解决问题，那我们将失去从错误中学习和成长的机会，不利于我们健康自信地成长。

① 不要太纠结自己的错误

一些我们已经无法改变的错误，既然已经发生就不必太自责了。自责或者自暴自弃，不仅不利于我们解决问题，还会给我们带来很大的精神负担。放下思想包袱，主动承认错误，当我们迈出这一步的时候，问题就已经解决了一半，后面无论结果如何，我们都能释然了。

② 勇于承担责任

虽然有些错误是我们不小心犯下的，但也给他人造成了很严重的损失，勇敢承认错误，承担责任，才是我们正确的处理方式。该道歉就道歉，该赔款就赔款，不要试图逃避，逃避只能让我们的内心受到更多的谴责。

③ 不断反思，提升自己

哪怕是无心之错，也是有原因的。比如，考虑不周全，未经他人允许使用了他人的私人物品等。仔细想一下，找出问题的根源，使自己在以后的学习生活中更加细心、认真，以及有意识地防范自己犯错，才会少犯错，最终使自己得到提升。

害怕别人超过自己，我每天都很紧张

我是一个好强的人，总是想在各个方面都超过别人，所以我学习十分刻苦，别人用来玩的时间，我都用在了学习上，我的成绩在班里也是遥遥领先，老师也经常表扬我。但是我经常担心别人会超过我，总是在家学习到深夜。每当我想要玩耍的时候，我都会有些自责，心里老是想着：如果我不把时间用在学习上，别人就有可能超过自己。我该怎么办才好？

我们的周围不乏优秀的人，要时时刻刻都独占鳌头，确实很难。有时候，我们会觉得很累，每天精神都高度紧张，是因为我们把目标定得太高了。适当降低自己的期望值，心理负担就会减轻许多，心情舒畅了，做事自然也会更加有效率。

如果有一天我们在某个方面被别人超越了，也没有什么好紧张的。人与人的竞争是一个长期的过程，在竞争中出现起伏是一种正常的现象，只要我们能正确看待，以后还会赶上来的。

我们害怕别人超越的深层次原因是我们内心深处的自卑，我们需要靠学习成绩来证明自己，寻求一种心理上的平衡，但是这种成绩上的领先，需要我们付出很大的努力来维持，而且努力也并不能保证我们一直领先，一旦哪天被人超越了，就会陷入极度的自责和痛苦之中，这是一种不健康的心理。

要消除这种心理，就需要我们正确地评价自己，不拿自己与他人做过多的比较，也不要把别人的超越看成是对自己的冒犯，给自己制定切实合理的目标，不断实现目标，就会给自己带来成就感，这样会使自己变得越来越自信。另外，不要拿自己的劣势与别人的优势做比较，要看清楚自身的价值，更多关注自己的闪光点，这样就不会有太多的担心和焦虑了。

心理大课堂

 为什么总是担心别人会超过自己？

1 嫉妒其他人的优秀

接受不了他人比自己优秀，对他人可能超过自己而感到担心、害怕或愤怒，这就是嫉妒，这种负面情绪来源于内心深处的自卑。

2 喜欢拿自己和他人做比较

经常拿自己与他人做比较，通常会产生两种不健康的心理：一种是比过他人而产生的优越感，另一种是没有比过他人而产生的自卑感。这样产生的优越感和自卑感都是不健康的心理感受。

3 不能正确评价自己

对自己不能做一个客观的评价，认识不了自己的优点和缺点，在各个方面都想领先，心情的好坏依赖他人对自己的评价，而缺少自己对自己的正确评价。

 担心·别人会超过自己，会带来哪些负面影响？

1 不能合理安排时间

　　由于担心别人在某方面超过自己，我们的精神会高度紧张，不能合理安排自己的学习和休息时间，效率也会降低，不但在学习上事倍功半，而且影响身体健康。

2 不能与他人建立朋友关系

　　如果总是担心别人超过自己，则可能产生过度的竞争心理，看到别人的成功与进步，会心生嫉妒，很难用欣赏的眼光去看待他人，所以也就很难交到真正的朋友，很难与这些人建立朋友关系。

3 很难摆脱失败带来的心理阴影

　　如果总是担心别人超过自己，则在被别人超越后，会产生深深的自卑感。如果在以后的时间内能超越对方，那么心理可能会恢复平静，但如果后来无论自己多么努力都超越不了对方，就会陷入深深的自我怀疑和自我否定之中，走不出失败带来的痛苦与压抑。

① 按照自己的计划学习，少与他人做比较

给自己制订一个合理的学习计划，只要自己能按时完成计划就是成功，凡事不要总和别人比较，这样自己学习的节奏才不会被打乱，才能保持一个平稳的心态，学习效率也会更高。

② 不贬低对手，努力超越自己

如果对手超过了自己，不要贬低对手，也不要灰心丧气，而应分析自己的劣势，努力弥补自己的不足。毕竟进步不是靠打压对手获得的，而要靠超越自己。

③ 不要在意一时的得失，看淡结果

在激烈的竞争中，担心被别人超越，这是一种正常的心理。其实，别人的优秀，不会抹杀自己的优秀，被人超越并不是一件很丢人的事情，一时的得失不会影响以后的进步，看淡结果，往往能使自己心情愉悦，让自己发挥得更出色。

追求完美，
让我经常担惊受怕

 ： 　　我是一个追求完美的人，平时对自己的要求很高。在上课的时候，我不敢有一点分神，老师在讲台讲课，我总是在认真做笔记。考试的时候也不敢有一点儿马虎，答完题后，我都要检查好几遍。但是最近成绩下来了，让我有点灰心丧气，我的数学因为错了一道选择题没有考满分，语文成绩也没有达到我理想的成绩，这距离我的目标——全科第一，还差得很远。我经常为自己的不完美而觉得苦恼，我该怎么办呢？

心理大分析

　　在考试的时候，考不了满分是一种正常的现象，我们不能过度追求满分。心理学家通过心理研究发现，如果一个人过度追求完美，那么他也极易产生恐慌心理，吃不好饭，睡不好觉，长期下去，精神恍惚，不仅不利于学习，而且对身体健康也会造成很大的危害。

　　要知道，不完美才是生活的常态，完美只是一种理想状态。世间任何事情的发展都是相对的，即使这一面看似达到完美了，另一面也难免会有缺陷。我们无须僵硬地把完美当成自己做事的标准，没有尽善尽美不等于失败，否则我们会经常对自己心生不满，久而久之还会抱怨自己，从而常常陷入自责的境地。

　　我们若追求完美，则往往会给自己制定很高的目标，比如要全科满分，要全年级第一，要在一天之内做完所有作业，等等。我们在定这种目标的时候，往往忽略了实际情况，所以即使整天忙忙碌碌、慌慌张张，考试却依然没考好，作业也依然没做完，费了很大的力气，没有得到自己想要的结果。这一方面会使我们怀疑自己的能力，磨掉对自己的信心，另一方面，我们会放弃继续努力，结果往往会半途而废。

心理大课堂

导致一个人过度追求完美的原因有哪些?

1 家庭教育比较严苛

如果爸爸妈妈对我们的要求很高，因为一点小事情就批评我们，就会导致我们为了避免被批评，在做事情的时候谨小慎微，严格要求自己、监督自己，时间久了，就会表现出追求完美的偏执。

2 挑剔的性格

过于追求完美的人，不仅对自己要求很高，也很挑剔，无论是学习还是其他事情都要追求尽善尽美，还经常处处严格要求别人，总能挑出别人的毛病。

3 内心深处的自卑感

内心自卑的人，更在意他人对自己的评价，因为一个自尊心很强的人的内心深处，隐藏的是深深的自卑感。为了不使自己的自尊心受损，我们往往会选择在学习上严格要求自己，成绩上不准有一点儿马虎，期望得到老师和同学的赞美。

过度追求完美会带来哪些负面影响？

1 做事往往会半途而废

　　一个有追求的人是不甘于平凡和寂寞的，但是如果把目标定得远远超出自己的实力，过度追求完美，免不了要碰壁，要遭遇挫折。如果意志不坚定，我们做事往往会半途而废，开始时的高兴劲儿会因为过程中的跌跌撞撞而慢慢消失。

2 不利于建立良好的人际关系

　　过度追求完美，会使我们更加严格地要求自己，同时要求别人也要尽可能地按照完美的预设去做事。在与别人的交往中，我们会对别人很挑剔，有时候甚至凡事都亲力亲为，给人一种很霸道的感觉，不利于团队协作，也不利于良好人际关系的建立。

3 不利于身心健康

　　不完美才是生活的常态，过度追求完美就会使我们经常遭遇失败，常常受到打击，自卑、焦虑等负面情绪不断积累，时间久了可能会使我们产生抑郁等精神疾病，不利于我们的身心健康。

① 认识到任何事物都是有缺憾的

"金无足赤，人无完人"，这个世界上根本不存在完美的事物，人生总会有不尽如人意的时候，事物总有一些我们很难弥补的缺憾，这就需要我们保持一颗平常心，面对各种得失、缺憾和成败都能泰然处之。

② 适当放弃不切实际的目标

在给自己确定目标的时候，一定要结合自身的实际情况，不能把目标定得遥不可及。切实可行的目标，便于我们及时完成，一个个小目标都完成了，那距离大目标也就不远了，人也会变得越来越自信。

③ 改变自己对追求完美的认知

我们不应该放弃对完美的追求，因为只有去追求完美，我们才会进步。但我们一定要端正自己追求完美的态度，在面对学习和生活中的不完美的时候，一方面要尽自己最大的努力，另一方面不要苛责自己。

遇到新鲜事物，
不敢去尝试

：　　学校的奥数比赛开始了，有很多同学都围在信息栏看大赛的报名信息。他们回到班里，也都在讨论着参加奥数比赛的事情，我的好朋友奥博问我是否参加。我想我的数学成绩不好，奥数又那么难，参加了可能也拿不到好成绩，最后我就放弃了。类似的情况，经常在我的身上发生，我对自己不了解的新事物，常常会感到害怕，不敢去尝试，这样是不是很不好？

41

心理大分析

　　我们从懵懂的儿童，慢慢长大，在这个成长的过程中，遇到新事物是不可避免的事情，害怕面对和尝试新事物是每个人身上都或多或少存在的现象。

　　新事物对我们来说有很多不确定性，我们不知道它到底难不难，也不知道遇到困难之后我们该如何解决。如果遇到不能解决的问题，我们该怎么办？是求助别人，继续坚持，还是果断放弃……正是这种不确定性，让我们心里感到十分害怕。

　　奥数比赛对我们来说是新鲜事物，但是我们也不要夸大新事物的难度，因为对我们来说很难的事物，对别人往往也很难。

　　我们只有去尝试了才知道新事物对我们来说到底合适不合适，在认识新事物的过程中，我们会学到解决新问题的新方法，会遇到新朋友，也会认识新的老师。

　　新事物会为我们打开一个全新的世界。我们看待问题的角度会变，解决问题的方法会变，收获的知识变得更多，眼界也会更加宽广，我们走出了之前的小天地，迎来了一个全新的世界。新事物可能会带来一些令我们烦恼的困难，但是新事物带给我们的惊喜，可能比带给我们的不快还要多。

心理大课堂

遇到新事物，我们不敢尝试的原因有哪些？

1 担心做不好，自信心不足

面对之前没有接触过的事物，我们可能因为没有经验而感到害怕，进而夸大了接触新事物的难度，担心自己做不好，对自己没有信心。

2 比较懒惰，不想花费时间

害怕面对和尝试新事物，是我们自我保护的本能，懒惰也是。如果新事物需要我们走出"舒适区"，要早早起床，放弃玩乐，还要费尽心思地想问题，那我们可能就不愿意去尝试了。

3 没有跟自己一起去的朋友

需要陪伴和依赖别人是很多小伙伴的心理状态。如果没有人陪同，我们就会觉得孤单、无助，从而失去尝试新事物的动力。毕竟，一个人吃饭都是无趣的，更何况去尝试一个充满不确定因素的新鲜事物呢？

 不敢尝试新事物，会给我们带来哪些影响？

 不利于成长和发展

通过尝试新事物，可以开阔我们的视野，学习新的知识和技能，促进个人成长和发展。如果我们害怕尝试新事物，把自己局限于舒适区，就会变得守旧，难以适应新的环境和变化，无法迈向更高的水平。

2 生活相对单调乏味，缺少惊喜

不去登山就看不到高山的雄伟，不到海边就见不到惊涛骇浪，我们如果不去尝试新事物，就发现不了新事物的美，体验不到新事物带来的惊奇，看不到新事物的壮观，那样我们的生活就会相对枯燥乏味。

3 失去挑战未来的勇气

勇气是可以被激发和培养的，在尝试新事物的过程中，我们会越挫越勇。如果我们永远迈不开第一步，永远不敢离开舒适区，我们会变得越来越懦弱，最终失去挑战困难的勇气。

① 不必太在意成败得失

生活的多姿多彩需要我们不断地去尝试。多给自己一点勇气，告诉自己：生活其实就是一种体验，成功是一种体验，失败也是一种体验。我们既要有追求成功的勇气，也要有承担失败的勇气。想要让我们的生活更加多姿多彩，必然要不断体验新事物。

② 做好充分准备

在我们面对和尝试新事物之前，要做好充分的准备。比如，在参加奥数比赛之前，可以向有参赛经验的同学请教，也可以请老师帮忙解答一些关于奥数的疑问。当我们把可能出现的问题都想到了，所有的应对方法都想好了，再去执行，就不会再为出错而担心了。

③ 和朋友一起挑战新事物

一般情况下，两个人协同解决问题的兴致，比一个人解决问题的兴致高。找一个很好的朋友，一起去参加，遇到问题的时候，一起去解决，获得成功的时候，一起去庆祝，挑战新事物时就会少一些恐惧，多一些乐趣。

羽毛球比赛中，我没有勇气和别人较量

：　　　学校组织年级羽毛球大赛，我的个子在班级中比较高，在课余时间又经常打羽毛球，所以被推举出来代表班级跟其他班级打比赛，但我只是把打羽毛球当成我的个人爱好，并没有想去比赛。所以在比赛没开始前，我紧张得厉害。正式上场比赛后，不一会儿，我就输了几个球，信心彻底丧失，最终输掉了比赛，我觉得很对不起老师和同学对我的信任，我该怎么办呢？

心理大分析

　　小学阶段，虽然不提倡排名，但是比赛也还是有的。老师和同学推举我们代表班级参加比赛，是他们对我们能力的认可。这个时候，我们要做的就是努力去赢得比赛。

　　首先，我们要明确竞争是不可避免的，不论我们喜欢不喜欢竞争，竞争都存在于我们的生活中，一个班级的学生总有学习成绩好的与差的，体育比赛总有胜利者和失败者。如果我们没有竞争的意识，就不会想着去提高自己，在舒适区里得过且过，也就很难享受到胜利带给自己的喜悦。

　　其次，在面对比赛的时候，我们一定不能畏惧对手。也许我们觉得自己还没有准备好，也许我们觉得对手过于强大，也许我们担心会失败……但这些都不是我们畏惧的理由，最坏的结果就是失败，就是下次再来，而这些并不足以击垮我们。积极总结经验教训，努力在下次比赛中少出差错，能使自己得到快速提升。

　　最后，要积极地去应对比赛，心态没有调整好就去调整心态；技能还不够熟练，就去提高技能。良好的心态加上高超的技能，是我们在比赛中获胜的关键。

心理大课堂

 不敢在比赛中与别人较量的原因有哪些？

1 把对方想得过于强大

虽然在比赛之前，我们都会做大量的训练，但是我们无论训练多久，都会觉得自己还没有准备好。等到真正参加比赛的时候，我们会不自觉地夸大对手的实力，低估自己的实力，最终导致自己畏惧比赛。

2 怕辜负了老师和同学

有时我们害怕自己最终会输掉比赛，辜负老师和同学对自己的信任，在班级中遭到同学的嘲讽，因而不敢承担责任和风险，畏惧和别人竞争，常常把参与比赛的责任推给其他人。

3 心理素质差

我们如果心理素质比较差，那么往往一到赛场上就紧张，脸红，心跳加快，尤其是在比赛稍微处于劣势的时候，就对自己失去了信心，最终放弃比赛。这样的经历多了，就使得我们不敢在比赛中与别人较量，甚至放弃参赛的机会。

畏惧与别人竞争，会带来哪些负面影响？

1 容易错误评估自己

一个人能力的大小，不是靠自我评价来衡量的，一定是在与别人的竞争中得以展现的，不参与竞争，就无法验证自己的真实实力，可能我们在自己的人际圈中觉得自己还不错，觉得自己很了不起，这样就使得我们容易错误评估自己的实力，不利于个人能力的提升。

2 不利于个人自信心的建立

就算我们在比赛中全力以赴，也很有可能会失败。如果在比赛中不敢与他人竞争，那失败的可能性就会更大，一旦失败的次数多了，我们就会怀疑自己的实力，不利于建立自己的自信心。

3 容易逃避困难

在成长的过程中，我们不可避免地会遇到挫折。如果不敢与别人竞争，一遇到苦难就选择逃避，在遭遇失败之后，我们会很难调整好自己的心态，长时间走不出失败的阴影。

 我来支招儿啦!

① 做好充分的准备

比赛之前，针对此次比赛，做好充分的准备。比如，可以多了解对手，多考虑制胜的方法技巧，多跟指导老师沟通交流，制定比赛战术，做到胸有成竹，就会对自己充满自信，畏惧感也会大大降低。

② 看淡输赢

我们要明白只要是比赛就会有输有赢，输和赢都是一件很正常的事情，不要因为一次失败就否定自己。如果我们总想着百战百胜，我们可能会感觉压力很大。因此，只要尽力做好自己，发挥自己的正常水平即可。

③ 专注比赛

当我们要参赛的时候，不要总是东想西想，只专注于比赛本身即可。如果总是担心输了会遭到对手的嘲笑，会辜负老师和同学的期望，会给班集体抹黑等，我们就会被这些杂念影响，从而发挥失常。

一上体育课，就想躲起来

我比较肥胖，个子也比同龄人矮，同学们经常叫我"小胖子"。我平时最讨厌运动了，爬三层楼的阶梯，我都要喘息好一阵子，因此体育课是我的梦魇。在体育课上，跑步我总是最后一个到达终点，跳远我也经常因摔倒而被同学笑话。为了不上体育课，我经常请病假，一到体育课，同学们都到操场去了，只有我一个人待在教室里。我知道不想上体育课是不对的，但我总是很害怕，我该怎么办呢？

心理大分析

由于身体肥胖或者矮小，而在体育课上表现不佳，确实会给我们带来很大的困扰。一方面，体育成绩不佳会让我们产生挫败感，提不起上体育课的兴趣；另一方面，在运动过程中出丑，被同学嘲笑，也会伤害我们的自尊心，但我们不能因此而逃避体育课。

体育课是学校规定的必修课程，作为小学生的我们，应该坚持上好体育课，积极进行体育锻炼，可以改善我们骨骼的形态，促进骨骼的发育，使我们的身高得到迅速增长。另外，体育锻炼还能促进人体的新陈代谢，加快血液循环，缓解大脑疲劳，提高我们的学习效率。

心理研究表明，害怕做自己不擅长的事情，是自信心不足的表现。任何事情从不擅长到擅长，都是一个循序渐进的过程。我们不能因为在体育课上表现不佳，就对上体育课产生抵触心理。我们先不要给自己定那么高的目标，只要我们尽自己最大的努力去完成每一个动作，取得哪怕再微小的进步，就可以给自己一个积极的心理暗示，比如表扬自己比之前跑得更快了、跳得更远了等。另外，体育运动的项目还是比较多的，我们可以选择自己喜欢的运动项目，这样我们就能更多地体验到学习的兴趣。

心理大课堂

 不想上体育课的原因有哪些呢？

1 身体素质差

受先天遗传和后天因素的影响，有些小伙伴的身体素质较差，在力量、速度、耐力、柔韧度、灵敏度等方面不及其他同学。在课堂上，无论跑步，还是跳高、跳远等都力不从心，体验不到体育运动带来的乐趣，上体育课的积极性就会变低。

2 缺乏自信心

有些小伙伴缺乏自信心，在体育活动中不敢大胆展示自己，在小组合作中不积极参与，不愿承担任务，做事畏首畏尾，总担心自己做不好。比如，在跳高、跳远的单人项目中，由于围观的同学比较多，往往放不开，害怕动作不标准而遭到同学的嘲笑。

我跳不好。

3 意志力薄弱

有些小伙伴怕苦怕累，缺乏毅力，对持续时间较长、单调的体育项目有畏难情绪，不愿意坚持锻炼，怕热怕冷，在炎热或者严寒的天气里，常常找各种理由不上体育课，对体育锻炼产生了严重的畏难情绪和逃避心理。

 经常不上体育课会带来哪些负面影响呢？

1 影响身体的健康成长

小学生正处于长身体的关键阶段，有些小伙伴经常不上体育课，身体新陈代谢的速度会减慢，不利于代谢废物的排出，容易疲劳，出现身体肥胖或营养不良等症状，骨骼生长缓慢，上课时无精打采，严重影响我们的身心健康。

2 不了解体育运动

经常不上体育课，会使我们错失很多学习体育技能的重要机会，掌握不了一些运动的动作要领，也不懂得一些球类的规则，比如，如何正确投篮，如何踢足球，如何掌握羽毛球的正确发球姿势，等等。不参加体育运动还会使我们意识不到体育运动的重要性，渐渐失去对体育运动的兴趣。

3 与其他同学接触的机会减少

体育课不仅为我们提供了锻炼身体的机会，还为我们提供了与其他同学进行交流的好机会，有些体育运动需要团队协作，比如，打篮球、打排球等，能增进同学之间的交流，拉近同学之间的距离，经常缺席体育课可能会影响我们与同学的交流和沟通。

❶ 合理控制饮食

身体肥胖、个子矮小、体育成绩差是我们不愿参加体育运动的主要原因。我们可以通过合理控制饮食来改善，比如，多吃蛋白质含量高的食物，适量补充维生素，不吃或者少吃油炸食品和膨化食品，少喝碳酸饮料，不暴饮暴食等。

❷ 调整好自己的心态

放松心情，不要害怕在课上展示自己，也不要过于担心自己不如别人，更不要害怕别人会嘲笑自己。不会做的动作多求教老师，反复练习；选择自己喜欢的体育运动项目，我们总能在体育课堂上找到学习的乐趣。体育运动中，我们不一定要战胜别人，战胜自己也是一种进步。

❸ 制订合理的锻炼计划

根据我们的体育成绩，制订一个合理的锻炼计划，并按照这个计划去执行。等我们的锻炼意识慢慢增强之后，过不了多久，我们的锻炼兴趣也会提上来。渐渐地，我们就不会再害怕上体育课了。

班级开班会，不敢表达自己的意见

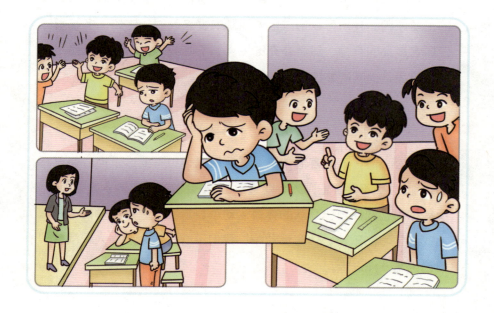

：　　班级每周都会开班会讨论一些班级问题，我有很多好的想法，但是我不敢主动表达出来，即便有时候老师和同学邀请我提一些意见，我也总是支支吾吾，不敢说话。渐渐地，老师和同学也不再让我发言了。看到其他同学滔滔不绝，有说有笑，我内心是很羡慕的，我该怎么改变现状呢？

我们在与朋友或者爸爸妈妈沟通交流的时候，可以顺利表达自己的意见，但是在开班会的时候，就容易紧张，说不好话。一方面，我们有表达的欲望；另一方面，我们又充满各种顾虑。

其实表达意见困难，是很多小伙伴都会遇到的问题。没有人是天生的演说家，从不会表达到畅所欲言，通过合适的方法和练习，是可以慢慢解决的。

我们既然可以跟爸爸妈妈畅所欲言，而且言语中不乏机智和幽默，这说明我们有发现问题的智慧、组织语言的能力。不敢在班会上发表自己的观点，很大程度上源自我们内心深处的自卑，我们担心自己的观点不被接受，害怕自己的想法遭到驳斥，在意别人对自己的评价。为了避免被关注、被议论，我们更多的时候会选择沉默，在一个没有人注意到的地方，偷偷地关注着周围人的一言一行，仿佛这一切都与我们无关，而当我们真的被忽略的时候，又会觉得孤单与卑微。每个人都想得到尊重与称赞，但不去表达、不去碰撞、不去沟通，别人就不可能了解我们，那么尊重我们的意见，赞同我们的观点，也就无从谈起。

所以，在班会中表达自己的意见，正是克服自己自卑心理，获得同学和老师认可的好机会，把握好机会，有理有据、不卑不亢地去表达，遇到不同的意见，不是正好可以沟通交流吗？

 ## 心理大课堂

不敢在班会中表达意见的原因有哪些？

1 想不出更好的意见和建议

对于班级讨论的主题了解得比较少，准备得不够充分。在遇到问题的时候，存在知识盲区，想不出很好的解决方案，不敢在班会上随意发言。

2 发表意见时会紧张，说不好话

有些小伙伴对自己信心不足，在公众场合发言的时候会脸红紧张，组织不好语言，可能三两句话之后，脑子里就一片空白了，之前想好要说的话到了嘴边又不见了。尤其是有了失败的经历后，就更不敢发表意见了。

3 不想与他人辩驳

有些小伙伴太在意别人的看法，喜欢与别人比较，遇到有人反对自己的观点，就会情绪激动，觉得自己没面子，与别人争论又怕伤同学和气，干脆就不在班会上发言了。

不敢在班会中表达意见，会带来哪些负面影响？

缺乏集体观念，很难融入

有的小伙伴在班会中从不参与班级讨论，也不为班级的建设建言献策。他们觉得这些都是老师和班干部的事情，与自己无关，久而久之，这些小伙伴就缺乏集体荣誉感，不愿意参加班级的各种活动，使自己处于一种被孤立的境地。

不利于解决班级问题

开班会的目的是发现班级中出现的问题，然后再一起去解决问题。如果大家都不去发现问题，那么就不会有人去找原因；如果发现了问题，大家不积极去想办法解决，那么问题就会一直存在；如果解决问题的方法，没有得到大家的一致认可，那么在执行的过程中肯定会遇到阻力。

不利于个人建立良好的人际关系

在班会中表达自己的意见，是一个让老师和同学了解我们的好机会。如果总不在解决班级问题上提出建议，就很难得到大家的认同，难以使大家认识和了解我们，不利于我们与其他同学建立良好的人际关系。

① 从乐于表达到善于表达

把"有没有说"放在"说什么"的前面，不要错过在班会中发言的机会。首先克服心理上的恐惧，其次提高自身的语言表达能力，最后完善自己的观点，提出切实可行的解决方案。这样我们很可能就成了班级的意见领袖。

② 认真思考之后再去表达

在很多情况下，我们不敢表达，是因为我们觉得自己的意见不好。所以积极认真思考班级问题，提出合理意见非常关键。那些经过我们深思表达出来的观点，有不少能得到大多数人的支持，这样我们也会有成就感。

③ 遇到不同意见，巧妙应对

每个人都有提出意见的权利，当然所有意见也不可能相同。当意见出现分歧的时候，不要急于否定别人，而是要多听取别人的意见。在提出不同意见的时候，也要先肯定一下之前同学发表意见中的合理部分，再发表自己的意见。

见了老师不敢打招呼，害怕老师

：　　不知道什么原因，对老师我有一种天然的恐惧，每次老师找我谈话，我都很紧张，不敢抬头看老师。有时候在校园里遇到老师，实在躲不过去，我就低着头，装作没看见，偷偷从老师身边溜走。有时候，远远地遇见老师，为避免跟老师碰面，我就故意绕道走。爸爸妈妈经常跟我说不用害怕老师，我知道我这样的心态是不对的，可我就是很害怕，我该怎么办呢？

　　据调查，大多数小学生都会有害怕老师的心理。其实在学生的眼里，老师代表了一种权威，见到老师心中有点畏惧，这也是正常的，但是过于畏惧老师就不好了。

　　在学习中，我们不可避免地要跟老师接触，不会的问题要向老师请教，心理上的困惑也需要老师帮助解决。在处理班级问题上，有些老师可能比较严厉，经常会批评学生，但老师批评的也是那些犯了错误的学生，如果我们没有犯错误，我们就不必害怕老师。即使我们犯过错误，老师也不可能一直揪着这个错误不放，只要我们不再犯错误，就不会遭到老师的批评。

　　心理研究表明，学生对于老师的畏惧大多源自教育过程中对于老师形象的塑造。老师在学校里经常被塑造成知识权威，同时是班级的管理者，而学生是被管理者，老师对优秀的学生进行表扬，对违反班级纪律的学生进行惩罚。在教育和被教育的过程中，学生们希望做得好被老师表扬，也害怕犯错被老师批评。所以表现得非常畏惧老师。

　　其实，见到老师打招呼是一种礼貌行为。因为害怕老师而躲得远远的，是一种不礼貌的行为。如果老师因为其他事情没有注意到我们，我们也不用太失落，我们可以走近了再跟他打招呼。

心理大课堂

 我们为什么那么害怕老师？

1 不了解老师

如果我们和老师不熟悉，就不知道老师是一个什么样的人，也无从知晓老师对我们的印象。这样就会担心在老师面前出错，遭到老师的批评。最终导致我们与老师的关系越来越远，对老师的畏惧也会进一步加深。

2 传统教育的影响

传统教育，把老师塑造成一种权威，尊重老师，听老师的话，在我们的脑海里已经成为一种思维习惯和行为准则。在这样的思想的影响下，学生难免会对老师产生畏惧心理。

3 老师是班级的管理者

老师是教育活动的促进者、组织者和研究者，除了教我们知识，还要维护班级的纪律，对违反班级纪律的学生进行处罚，为了让大家少犯错误，老师难免会变得十分严厉，让我们对老师产生畏惧之心。

 害怕老师会给我们带来哪些影响？

1 不能与老师建立良好的师生关系

见到老师就害怕，不敢与老师沟通交流，就不可能跟老师建立良好的师生关系，可能会因为某些事情对老师产生误解，怀疑老师针对自己。如果这种情况持续下去，我们对老师的信任度将会大大降低，甚至可能会顶撞老师。

2 不利于学习成绩的提高

害怕老师，可以表现在课堂上不敢回答老师的提问，下课后也不敢问老师问题，平时遇到其他困难也不会向老师求助。在很大程度上，不愿意接近某个老师，也就不可能喜欢这个老师的课，最终导致自己在这个学科上的学习成绩比较差。

3 可能产生厌学情绪

那些被老师批评过的小伙伴，尤其是被错误批评的小伙伴，会对老师产生一种畏惧兼排斥心理，不愿意听课，也不服管教，经常在课堂上不能集中精力，甚至不愿意再走进教室，陷入深深的厌学情绪中。

① 认识到大部分老师都是温和的

有过被老师批评经历的小伙伴，就会畏惧老师，觉得老师很严厉，不好说话，担心自己会在老师面前出错，又遭到老师的批评。但并不是所有的老师都很严厉，大部分老师都很温和，那些我们认为严厉的老师，也是在我们犯错误的时候才会表现得严厉。

② 认识到老师也是普通人

老师也是生活中的普通人，他们也有喜怒哀乐，跟我们的爸爸妈妈没有什么两样。我们平时在课堂上多发言，在课下多问老师问题，主动与老师多接触。渐渐熟悉了，我们就会发现老师也会像朋友那样与我们交谈，开心时也会笑，也会有很多伤心烦恼的事情。

③ 多向老师求助，与老师谈心

我们对老师的畏惧不是一两天就形成的。要消除对老师的畏惧，我们可以采取循序渐进的方式。比如，遇到不懂的问题多向老师求助，见了老师经常打招呼，言语上不方便，也可以通过文字的方式与老师多谈谈心，慢慢消除对老师的畏惧。

害怕离开爸爸妈妈，我不想住校

：　　可能是我跟爸爸妈妈在一起生活习惯了，在家的时候，我的心情特别好，可是一离开他们，我就变得焦虑害怕，仿佛被抛弃了一样。我现在转学了，在新的学校里，我需要住校，每当爸爸妈妈把我送到学校门口，开车要走的时候，我都很伤心。在教室里，看到其他同学有说有笑，我一点也开心不起来，总是一个人发呆。晚上睡觉的时候，我还会在被窝里偷偷哭泣。每个星期，我最大的期望就是快点放假，我不想住校了，我该怎么办？

心理大分析

　　习惯了跟爸爸妈妈生活在一起的我们，如果有一天突然离开家，就会感到不安，出现焦虑情绪，这是因为我们需要独自面对一些问题，而我们对将要面对的问题充满了不确定感，不知道自己能不能应对，不过，这都是正常的心理现象，我们不应该过于担心。

　　我们舍不得离开爸爸妈妈，同样，爸爸妈妈也舍不得离开我们，让我们住校学习，并不是不爱我们了。我们总是要长大的，总要学会自己洗衣服，自己收拾房间等。新的校园里，一切都让我们觉得那么陌生，不过，我们总要慢慢地学会适应，多跟周围的同学交流，遇到问题，多找老师帮忙，等我们适应了新环境，就不会再觉得恐惧害怕了。

　　心理研究表明，在家里特别依赖父母的小伙伴，在离开家的时候会表现得特别焦虑不安。其主要原因是，这些小伙伴缺乏生活自理能力，遇到问题没有主见，习惯了衣来伸手、饭来张口的生活。在家里，所有人都以他为中心，但是在新的环境里，当他发现自己不是那么重要，甚至要配合别人的时候，会产生强烈的失落感。提高自己处理问题的能力，多与其他人相处，快速熟悉环境，是我们克服这种恐惧害怕心理的关键。

心理大课堂

害怕离开爸爸妈妈，不想住校的原因有哪些呢？

1 对爸爸妈妈过度依赖

在现实生活中，有很多小伙伴对爸爸妈妈的依赖性过大。无论什么事情，他们都希望爸爸妈妈能够帮他们做。跟爸爸妈妈生活在一起可以让他们感到安全和被照顾，离开爸爸妈妈可能让他们感到担心和不安全。

2 害怕适应新环境

住校需要适应新的环境、新的生活方式。对于一些小伙伴来说，适应新环境可能需要一段时间，他们不确定自己是否能够适应住校生活。另外，他们还害怕离开家庭的支持和监督会导致他们学习上出现困难或不适应。

3 害怕面对社交压力

住校可能需要与陌生人建立新的社交关系。对于一些小伙伴来说，与新的同学相处可能是一种挑战，他们可能害怕面对社交压力和适应新的社交环境。

对爸爸妈妈太依赖，会带来哪些负面影响？

1 不利于建立新的社交关系

如果除在学校与同学接触外，我们其他时间都跟爸爸妈妈生活在一起，那么我们与同学相处的时间就比较少了，不利于建立新的社交关系，害怕与陌生人接触，在班级里会因为朋友比较少而产生孤独感。

2 不利于生活自理能力的培养

我们住校期间，需要独立完成一些生活日常，比如，洗衣服、购物、买饭等，如果生病了还需要自己去看医生，做这些事都可以锻炼自己独立生活的能力。而跟父母生活在一起，这些事情可能都由父母代劳了，不利于我们生活自理能力的培养。

3 不利于增强自信心

如果跟爸爸妈妈生活在一起，习惯于依赖他们，那么当我们需要独自去面对一些困难的时候，往往不知道该从何处入手，采用什么方法，从而感到害怕和无助。长此以往，不利于增强我们的自信心，影响自身的发展进步。

我来支招儿啦!

① 培养自己独立生活的能力

我们在家要独立完成自己能做的事情，比如，洗衣服，叠被子，扫地，收拾自己的书架、衣柜、玩具等。如果条件允许，我们还可以学着做简单的饭菜。在学校的时候，遇到问题尽量自己解决，实在解决不了再去求助老师和同学。

② 多与其他小伙伴沟通交流

要有意识地培养自己的社交能力，在学校多尝试如何与其他小伙伴相处，尤其需要多跟同桌和同宿舍的小伙伴交流沟通，改善自己在学校的人际关系。熟悉了学校的住宿环境，有了熟悉的小伙伴，也有利于我们建立安全感，减少因离开爸爸妈妈而产生的焦虑。

③ 调整心态，快速适应新环境

离开爸爸妈妈，去了新环境，陌生所带来的恐惧和害怕在所难免，我们要调整好心态，不要给自己太大的压力。暗示自己爸爸妈妈不在身边，自己也一定能行。在跟陌生的小伙伴和老师沟通时，礼貌得体，相处起来也不会有什么困难的。

总是害怕爸爸妈妈抛弃自己

最近我在课堂上被老师批评了，一直不敢告诉爸爸妈妈，害怕他们知道后，觉得我很没用，不想要我了。还有，有时候我一个人待在家里，父母还没到家，我多等了一会儿，就开始担心爸爸妈妈是不是丢下我去了很远的地方。放学时，如果其他同学都陆续被家长接走了，看到爸爸妈妈还没来接我，我就会很焦虑，一直担心他们不会来了。我该怎么办？

心理大分析

　　人是社会性动物，每个人都难以脱离他人而存在，我们每个人活着，都需要与他人建立各种社会关系。亲情、友情、爱情……各种情谊滋养着我们，使我们在生活中获得情感的满足。

　　对我们小孩子而言，我们生下来就跟爸爸妈妈在一起，爸爸妈妈就像大树一样为我们遮风挡雨，日常生活中爸爸妈妈照顾着我们，提供给我们衣食住行所需的物质，生病时无微不至地照顾着我们，教会我们做人的道理、做事的方法，我们离不开爸爸妈妈，无法想象没有爸爸妈妈我们会怎么样。我们最害怕的，莫过于被爸爸妈妈抛弃了。当我们想到爸爸妈妈会抛弃我们时，会心生恐惧，觉得天会塌下来。有时还会联想到影视剧里或者故事书里那些没有爸爸妈妈的孩子，更加觉得可怜、无助。

　　我们很小的时候，偶尔担心被爸爸妈妈抛弃很正常，只要我们与他人有着深厚的感情纽带，就会害怕被抛弃。我们都需要被认可、被爱，害怕孤独、不确定。但是这种担忧没有必要，爸爸妈妈都是爱我们的，甚至爱我们超过爱他们自己。哪怕他们不在我们身边，他们也是很记挂我们的。所以，我们不必总是担心被爸爸妈妈抛弃。

心理大课堂

 为什么会害怕爸爸妈妈抛弃自己？

1 过于依赖爸爸妈妈

如果我们过于依赖爸爸妈妈，缺乏独立性，稍微离开爸爸妈妈一会儿就觉得无助、无法生活，那么我们就很害怕爸爸妈妈抛弃自己。

2 没有安全感，缺乏信任

当我们感到未来充满不确定性，我们的安全感就会很低，或者对爸爸妈妈不是很信任，不相信爸爸妈妈是真的很爱自己，我们便时刻担心被爸爸妈妈抛弃。

3 觉得自己不够好，不被喜欢

当我们总觉得自己不够好，不值得被爱，自己对爸爸妈妈而言一点都不重要时，就会有害怕被抛弃的心理。

 总害怕爸爸妈妈抛弃自己有什么负面影响?

1 负面情绪太多,难以信任他人

我们若是经常害怕被爸爸妈妈抛弃,便会变得高度敏感、焦虑,对爸爸妈妈的一言一行十分敏感,比如,爸爸妈妈跟我们说话时没有很高兴,我们便会觉得爸爸妈妈对我们不满。我们也无法完全信任爸爸妈妈,不能够真正地敞开心扉,与爸爸妈妈亲密无间。

2 占有欲强

我们害怕被爸爸妈妈抛弃时,有可能会想控制一切,表现出很强的占有欲。比如,容易反应过头,只要觉得爸爸妈妈有一丁点儿不爱自己的行为,就大哭大闹,当爸爸妈妈夸奖别的小伙伴时,就觉得爸爸妈妈不爱自己,一定要爸爸妈妈表明真的很爱自己。

3 失去自我,变得喜欢讨好爸爸妈妈

我们可能会变得卑微、顺从,失去自我,变得喜欢揣测爸爸妈妈的感受,极力迎合、讨好爸爸妈妈,生怕惹爸爸妈妈不高兴,认为只有什么都听从爸爸妈妈的,他们才会认可我们,不抛弃我们。

我来支招儿啦！

❶ 信任爸爸妈妈，感受爸爸妈妈的爱

我们可以多与爸爸妈妈相处，多参与家庭活动，多跟爸爸妈妈沟通，用心感受爸爸妈妈对我们的爱。比如，吃饭时多跟爸爸妈妈聊天，分享各自当天的经历和想法。

❷ 增强自信，培养独立自主的意识

我们可以给自己打气，自我暗示"我很重要，爸爸妈妈很爱我，离不开我"。而且，我们不必把爸爸妈妈想象得无所不能，像神一样，而把自己想象得过于弱小，觉得我们只要稍微离开他们就什么都做不了。其实我们自己可以做很多事情的，我们可以学习新东西，帮助他人，增强自信，在情感上变得强大。

❸ 多跟别的大人、小伙伴们相处

我们可以尝试短时间离开爸爸妈妈，跟别的大人、小伙伴们相处，获得"离开爸爸妈妈一会儿也很安全"的体验。比如，我们可以通过多参加社团活动，或多交朋友来获得安全感，从被抛弃的恐惧幻想中走出来。

我总是害怕爸爸妈妈问我的成绩

期中考试结果出来了，我考得不是很好，我不敢告诉爸爸妈妈我的成绩，而且很害怕爸爸妈妈问考得如何。吃晚饭的时候，爸爸问我："你期中考得如何啊？"我一听，心里就很慌，说："还不知道呢。"其实，这种情况有好几次了，每次考试之后，我都害怕他们问起，总是能拖则拖，想办法把卷子藏起来，并且尽量避免跟他们接触，害怕他们逮到机会问成绩，最后总是爸爸妈妈一再逼问我才拿出成绩单。我该怎么办才好啊？

心理大分析

现如今，在看重"成绩"的教育大环境下，学校、老师、爸爸妈妈都很看重我们的学习成绩，很关注我们的分数。在生活中，有的爸爸妈妈总是说"小孩子最重要的事情就是学习"，甚至不让我们干一点家务活，好专心学习，拿个好成绩。

其实，我们自己也很在意成绩，我们很想拿成绩来证明我们自己或者回报爸爸妈妈。我们也很害怕成为"差生"，害怕考不好，更不敢把差成绩告诉爸爸妈妈，宁愿躲起来自己难过、焦虑。而且，我们也可能总是对成绩不满意，觉得太差劲了，很害怕爸爸妈妈也不满意，想着就算我们自己用功，也很难提高。

父母是我们最亲近的人，对于学习成绩这么重要的事，我们不应该对他们有所隐瞒。爸爸妈妈问我们的成绩，正是关心我们的学习情况的表现。而且，他们是大人，曾经也是学生，对于学习，比我们有经验，也更有办法，若是我们不害怕告诉他们我们的成绩，一家人可以一起努力，提高我们的成绩，不是更好吗？

心理大课堂

 为什么害怕爸爸妈妈问成绩?

1 担心爸爸妈妈责罚或伤心

当我们成绩一直不够好,或者成绩下降了时,我们会担心爸爸妈妈生气,责罚我们;或者害怕爸爸妈妈伤心,对我们失望,于是不愿意告诉爸爸妈妈我们的成绩,更害怕他们问成绩。

2 过于看重成绩

我们自己压力大,把成绩看作自己的唯一。当我们考得不好时很痛苦,觉得很丢人,不想告诉爸爸妈妈。或者对自己的学习成绩没有底气,总认为不够好,不想让人知道。

3 爸爸妈妈片面追求分数

有的爸爸妈妈片面追求分数,当我们成绩不好时,不问原因,直接各种数落,然后还会限制我们干这干那,逼着我们把所有精力都拿来学习,弄得我们很紧张,缺乏安全感,不信任他们,产生逆反心理。

不告诉爸爸妈妈成绩有什么影响？

1 爸爸妈妈无法及时发现我们的学习问题

如果我们总是害怕爸爸妈妈问成绩，不告诉他们我们的成绩，他们可能无法及时掌握我们的学习动态，也发现不了我们学习中可能存在的问题和困难，我们的学习成绩便难以提高。

2 影响家庭关系

其实爸爸妈妈都希望我们能跟他们保持良好的沟通。如果我们连学习成绩这么重要的事情都不告诉他们，他们会感觉到我们不信任他们，这不利于建立和谐健康的家庭关系。

3 对心理健康造成负面影响

若是我们成绩一直不够好，我们不告诉爸爸妈妈我们的成绩，独自承受，心理压力难免会很大。长此以往，就可能对心理健康造成影响。而且，就算我们不告诉爸爸妈妈，他们也可能通过其他渠道得知，比如，询问老师。那样，我们会更尴尬。

我来支招儿啦！

❶ 正确看待成绩

我们要树立正确的考试观，正确看待成绩。我们要意识到，评出成绩并不是为了划分优生和差生，而是在一定意义上反映我们对知识的掌握程度，考查我们的学习水平。我们追求的应该是获得成绩的过程，一次没考好并不代表什么，只要我们认真对待、好好学习，一定可以改变。

若是我们长期成绩不理想，我们更应该与爸爸妈妈一起想办法解决，而不是将告知成绩当作洪水猛兽。

❷ 与爸爸妈妈沟通

尝试与爸爸妈妈沟通，解释自己的情况，让他们了解我们对未来学习的规划。我们不应隐瞒成绩，那样只会起到反作用。若我们坦诚，主动告诉爸爸妈妈，兴许会让他们感到宽慰。我们应当明白，父母是关心爱护我们的，我们应信任他们，敢于告诉他们我们的成绩。

❸ 反思原因，努力进步

我们需要冷静下来，客观看待自己和成绩，分析考得不好的原因，吸取教训，争取下次获得提高。比如，我们可以分析做错的题，思考做错是因为粗心还是不会，分别如何解决。而且，我们可以通过加强学习来提高成绩。当我们成绩很好，或者有进步时，我们就不怕家长问成绩啦！

爸爸妈妈摆地摊，怕被人知道

 ： 我的爸爸妈妈文化程度不高，也没有什么专业的技能，经常在我们学校旁的小吃街摆地摊。每次去学校，我都故意绕开那个小吃街，我害怕被同学知道那对卖烤肠的中年夫妇是我的爸爸妈妈。如果爸爸妈妈知道我嫌弃他们的职业，一定会很伤心，但是我更害怕同学知道这件事后会看不起我，不愿意与我做朋友。但是一直伪装和逃避也让我觉得很苦恼，我该怎么办？

心理大分析

　　觉得爸爸妈妈的文化程度低、职业不体面，让我们在与他人比较的时候，可能会产生一定的自卑心理，但我们并不能因此而嫌弃爸爸妈妈。他们每天早出晚归，非常辛苦，为了让我们安心地学习，过上更好的生活，倾注了大量的心血。

　　他们在小吃街摆摊卖烤肠，早出晚归，非常辛苦，我们更应该多体谅他们，尊重他们，而不是嫌弃他们的职业。再说，通过摆地摊挣钱，收入合理合法，并不丢人。如果老师和同学知道我们因为爸爸妈妈的职业而嫌弃他们，肯定也会认为我们是一个不尊重长辈的人；相反，我们卸下自己的心理包袱，不去刻意回避爸爸妈妈的职业，或者主动帮他们分担一些工作，会使我们更能获得老师的喜爱和同学的尊重。

　　心理学研究表明，爸爸妈妈的职业与孩子自信心的形成有很大关系。一般情况下，教师、警察、医生的孩子往往表现得更加自信，而个体工商户或者无固定职业的人，他们的孩子通常会缺乏自信，在学校不愿意提及自己的父母，害怕家访。这与我们所处的社会环境有关，我们在接受教育的过程中，往往被灌输了"某某职业是崇高伟大的"之类的观念，而很难形成正确的职业观。我们要知道，在社会中，任何正当的职业，都为社会做出了贡献，都是构成和谐社会不可或缺的一部分，都应该受到尊重。

心理大课堂

 爸爸妈妈摆地摊，怕被人知道的原因有哪些？

1 没有形成正确的价值观

　　缺乏正确职业观念的引导，在潜意识里，把职业划分为不同的等级，认为摆地摊经营环境差，经常会受到顾客的刁难，有时候还会受到城管的驱赶，社会地位不高，无论走到哪里都会被人看不起。

2 内心自卑，认为会被排挤

　　我们内心比较自卑，认为自己各个方面都不如其他同学，会被同学排挤、嘲笑，害怕爸爸妈妈的职业成为别人排挤自己的一个理由，害怕同学会用这件事嘲笑自己。

3 缺少对爸爸妈妈的理解

　　爸爸妈妈平时工作比较忙，与我们相处的时间比较少，会使我们不理解他们工作的意义。如果我们知道爸爸妈妈这么辛苦是为了让我们得到更好的成长，同时也给他人带来了许多便利，那么我们就不会再害怕别人知道爸爸妈妈的职业了。

 嫌弃爸爸妈妈的职业有什么坏处?

1 容易产生自卑心理

　　爸爸妈妈摆地摊,会使我们在与他人比较的时候,产生自卑心理,从内心认为自己处处不如别人,在遇到困难的时候,不会向爸爸妈妈求助,自己也没有勇气去克服,难以获得进步与成功。

2 不利于良好人际关系的建立

　　我们在与其他同学交往的过程中,总觉得自己低人一等,不想表现自我,也不想与他人多接触,通常躲在一个小角落里,默默学习。这虽然可以保护我们的自尊,使其不受伤害,但也阻碍了我们的成长,不利于我们建立良好的人际关系。

3 不利于良好亲子关系的建立

　　觉得爸爸妈妈的职业不好,会使我们不愿意与爸爸妈妈亲近,不能理解他们的辛苦。如果爸爸妈妈知道我们嫌弃他们的职业,也会很伤心,甚至自责,觉得对不起我们。在这种情况下,爸爸妈妈和我们都会产生沉重的精神压力,不利于我们建立良好的亲子关系。

❶ 体谅爸爸妈妈的艰辛

爸爸妈妈每天辛苦地工作，就是想让我们健康快乐地成长，我们一定要尊重他们的职业，体谅爸爸妈妈，把精力多用在学习上。如果爸爸妈妈工作比较忙，没时间陪伴我们，也无法为我们提供更好的教育资源，我们要自己多创造条件，比如，多到学校的图书馆借阅图书，积极参加学校组织的各项活动等。

❷ 正确认识爸爸妈妈的职业

职业的不同只是社会的分工不同而已，不能人为地将其划分为高低贵贱。只要为社会做出贡献，每一份职业都值得被尊重。我们应该调整好自己的心态，不要觉得爸爸妈妈的职业不好，进而产生自卑心理，遇到问题多从自己身上找原因，尽力做好自己能做的事，使自己变得更加有信心。

❸ 帮爸爸妈妈分担工作

平时学习不忙的时候，我们可以帮爸爸妈妈分担一些工作，这样我们就能切身体会到他们工作的辛苦，也会使爸爸妈妈觉得我们是个懂事的孩子。一家人一起努力工作，会使家庭关系更加和睦，幸福感得到极大提升。

爸爸妈妈突然对我很好，让我很害怕

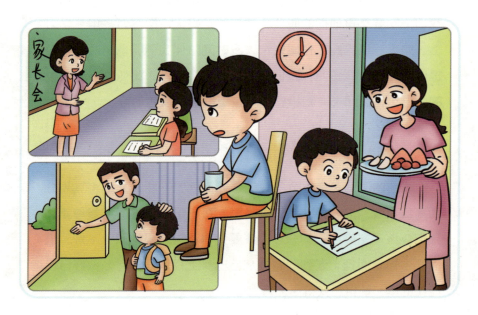

今年我升入了六年级，学期一开始，老师开了一次家长会。令我奇怪的是，家长会之后，爸爸妈妈对我越来越好了。在以前他们不怎么管我，但最近，早上爸爸总提出送我去上学；晚上妈妈会给我切水果，热牛奶。爸爸妈妈的态度突然转变似乎是因为现在是"小升初"的关键时刻，但他们对我突然这么好，真的让我很不适应，我心里感到紧张和害怕，我该怎么办呢？

心理大分析

　　孩子的成长速度总是很惊人，有时候，我们仿佛在一夜之间就长大了，开始有独立意识，学会了独立思考和决策，需要独立的空间来发展自己的个性和能力。但是爸爸妈妈并没有意识到这件事，或是还没有适应我们的成长，他们只知道我们面临着很大的学习压力，想要更好地照顾我们。还有可能是爸爸妈妈突然觉得以前对我们的关注和照顾不够，因此想要补偿我们。但是，这种突然变化，也会让我们一时难以适应，不理解爸爸妈妈这样做的原因，从而引起紧张或害怕的不良情绪。

　　这种情况其实是一种正常的心理反应。对于我们来说，爸爸妈妈突然对我们很好，让我们不知所措，给我们带来了一定的压力，因此我们会感到紧张甚至是害怕。还有一种可能是我们的能力或成绩还不够好，心里受之有愧，担心自己无法回应他们的高期待，所以感到害怕。

　　不论哪种原因，爸爸妈妈对我们的好都是出于关爱和期望，我们没必要太过焦虑。我们可以通过多运动、听音乐来缓解压力；也可以试着锻炼自己的独立性，让爸爸妈妈看到我们的成长。如果我们觉得爸爸妈妈对我们的关爱和照顾太多了，可以和爸爸妈妈谈一谈，说出我们的需求，获得他们的理解和支持。

心理大课堂

爸爸妈妈的态度突然变好，为什么会让我们感到害怕?

1 不知道爸爸妈妈态度转变的原因

爸爸妈妈的态度突然变好，而我们又不知道他们转变的原因，可能会做出很多不合理的猜想，这些猜想会让我们心生焦虑，害怕爸爸妈妈在态度转变之后，对我们提出更多或者更严格的要求。

2 反差带来的不适应

有些时候，爸爸妈妈教育我们的方式会突然发生变化，从以前的"放养式"教育变成了无微不至的关怀。而我们已经习惯了独立思考和行动，爸爸妈妈过度的关注和照顾可能会让我们一时难以适应，内心产生抵触和害怕的情绪。

3 压力过大

爸爸妈妈给我们过多的关注和照顾，对我们有很高的期望，他们希望我们能够获得很高的成就，所以用这种方式来鼓励我们，但这往往会给我们带来很大的压力。同时，我们可能会害怕自己无法取得爸爸妈妈所期望的成就，因此感到害怕。

爸爸妈妈的态度突然变好，对我们有什么负面影响？

1 不利于培养我们的独立性

在以前，爸爸妈妈对我们施行的是"放养式"教育，很少干涉我们的选择。但如果他们的态度突然变好，开始在许多地方关注、照顾我们，可能会让我们对他们产生依赖性，渐渐缺乏独立性，变得没有主见、难以独立。

2 给我们带来心理压力

爸爸妈妈对我们的态度突然变好通常伴随着更高的期望，但这种突如其来的高期望可能会给我们带来很大压力。尤其是当我们面临繁重的学业时，肩负的压力突然增加，会让我们喘不过气，让我们感到焦虑和不安。

3 使我们产生自我怀疑心理

如果以前爸爸妈妈对我们的关注并不多，很少表扬我们，我们已经习惯了这种家庭环境，而爸爸妈妈突然对我们很好，经常表扬我们，我们不仅会不适应，还可能会怀疑是否发生了什么自己不知道的不好事情，从而产生自我怀疑的心理。

我来支招儿啦!

① 放松心态，缓解紧张情绪

如果我们因为爸爸妈妈对我们的关爱和照顾太多了，感到紧张和害怕，我们可以试着转移自己的注意力来放松心态。比如，深呼吸、做运动、听音乐，或与小伙伴一起出去玩等，缓解内心的紧张情绪。

② 努力提升自己，让爸爸妈妈安心

当爸爸妈妈对我们有更高的期待时，对我们的态度会突然变好。面对他们的这种做法，我们也不要有太大的心理压力，努力去做好我们应该做的事情，告诉他们我们会全力以赴，让他们安心。

③ 向爸爸妈妈说出自己的想法

如果我们仍然觉得爸爸妈妈对我们的好给我们带来了很大压力，那不妨和爸爸妈妈沟通一下。有时候爸爸妈妈并没有意识到自己的教育方式给我们带来了困扰，但他们毕竟是最关爱我们的人，只要我们如实地告诉他们我们的感受和困扰，让他们了解我们的想法和需要，相信他们会理解和支持我们的。

想学街舞，担心爸爸妈妈不支持

：　　最近我的同桌在学街舞，课后，他经常给我们展示他的学习成果。看到他那炫酷的舞蹈动作，我也萌生了学街舞的想法。但是我的爸爸妈妈是很古板的人，他们对于新潮的东西一向很反感，我堂弟学街舞就曾经被他们批评过，说堂弟不学好，总整些稀奇古怪的东西。我很担心爸爸妈妈不支持我学街舞，我该怎么办？

心理大分析

　　每个人都有自己感兴趣的事，如果我们发现了自己的兴趣所在，每天在学习之余，做点自己喜欢的事，会是很大的享受。这会让我们的疲劳得到缓解，忘记烦恼，心情愉悦。所以，积极发展自己的兴趣爱好，是一件值得鼓励的事情。

　　然而，有时候我们虽然想发展某种兴趣，但基于爸爸妈妈平时的做事风格和以往态度，我们不敢把自己的想法告诉他们，害怕遭到他们的反对。其实，这种心理没有必要。只要是合理的诉求，爸爸妈妈愿意满足我们的愿望，他们是希望我们多多掌握新技能的，也希望我们用兴趣爱好来磨炼心性、陶冶情操。

　　虽然有的时候他们可能对我们的想法有些不理解，比如，担心我们在兴趣爱好上花费太多的时间，影响学习成绩；担心在发展某些爱好时，受到不良观念的影响，接触一些不良少年，跟着他们学坏了；还有可能担心有些爱好非常危险，在学习的过程中，身体有可能会受到严重伤害等。但是，只要我们耐心地向他们解释，打消他们的种种顾虑，相信爸爸妈妈会支持我们的。

心理大课堂

 爸爸妈妈为什么担心·和不支持我们学街舞？

1 担心安全问题

街舞是一项高强度的运动，需要很好的体能和灵活性，且在学习的过程中，需要做一些高风险的动作，如高跳、倒立等，爸爸妈妈可能会担心我们的安全问题。

2 不了解街舞

爸爸妈妈可能因为对街舞缺乏了解，所以对街舞存在一定程度的偏见，认为都是一些坏孩子在学习街舞，经常跟这些坏孩子在一起玩，会不利于我们的成长。

好的不学！

3 担心影响学习

学习街舞需要花费很多的时间和精力，如果我们本身学习成绩不优秀，我们可能觉得爸爸妈妈肯定认为我们没有条件去搞兴趣爱好，而是希望我们把时间用在提高学习成绩上。

 想学街舞，担心·爸爸妈妈不支持有什么负面影响？

1 错过机会

我们因为担心爸爸妈妈不支持，不敢跟爸爸妈妈说，因此爸爸妈妈根本不知道我们想学跳舞，也就没有给我们提供参加舞蹈培训的支持，于是我们也就失去了发展和追求跳舞的机会，或许这还会成为一辈子的遗憾。

2 情感压力

由于担心爸爸妈妈不支持自己学跳舞，我们可能会感到紧张、焦虑和沮丧。这种情感压力可能对我们的情绪和心理健康产生负面影响。

3 影响学习和生活

一方面我们担心爸爸妈妈不同意，另一方面我们又很想学，希望得不到满足，从而纠结、矛盾郁结于心，这会影响我们的学习和生活。

① 让爸爸妈妈真正了解街舞

可以给爸爸妈妈看一些小学生学习或是跳街舞的视频，让爸爸妈妈真正地去了解街舞这项有趣、时尚的运动，向他们阐述跳街舞的积极意义，消除爸爸妈妈对街舞的偏见，让爸爸妈妈明白兴趣爱好没有高低贵贱之分。

② 告知爸爸妈妈我们的殷切期待

与爸爸妈妈推心置腹地谈一谈，让他们明白我们对学习街舞的殷切期待和决心。兴趣是最好的老师，如果爸爸妈妈知道了我们对街舞的浓厚兴趣，也许就不会阻拦了。

③ 做好时间管理

爸爸妈妈可能担心我们时间不够用，这时我们可以把我们的时间安排告诉他们，让他们知道我们是一个有责任心的孩子，学习街舞并不会影响我们的学习，增强爸爸妈妈对我们的信任。

身体不舒服，我不敢去医院

我前几天早上醒来觉得嗓子好疼，后来有点发烧，这几天一直昏昏沉沉的，感觉是感冒了。但是我没有告诉爸爸妈妈，因为我特别害怕去医院看医生，一想到医院、白大褂、打针吃药，我就浑身发抖。所以这几天身体很不舒服，但我还强撑着。可是，我的身体一直没有好，还越来越严重了，开始咳嗽起来。一咳嗽，爸爸妈妈肯定会发现的，怎么办？我是真的好害怕啊。

心理大分析

　　我们都希望这一辈子健健康康，永远不去医院，但是人"吃五谷杂粮，保不住要生病"，是个人就会生病，有的小病也许能自己好，但大多数病却需要看医生。然而，有时候我们宁愿硬扛，让自己难受，也不愿意去医院，仿佛医院是洪水猛兽，医生是很恐怖的怪物。

　　这也许是因为我们对医院、医生存在误解，不了解情况；也许是因为我们从小被"让你去打针"吓唬着；也许是因为我们从电视剧里看到，医院总是有很多病人，甚至死亡，我们害怕自己面临这一切……

　　其实，我们每个人都免不了要跟医院、医生打交道。医院不但没什么可怕的，而且是治病救人的地方，医生救死扶伤，护士是白衣天使，所以，我们为什么要害怕去医院呢？我们还都是在医院出生的呢！

　　虽然打针会有点疼，药有些也是苦的，但打针吃药可以让我们尽快远离疾病的困扰。身体不舒服，早早地去医院看医生，早治疗早恢复，对我们不是更好吗？

心理大课堂

 生病为什么不敢去医院？

1 怕麻烦、浪费时间

我们可能觉得去专门医院看病，挂号、就诊、检查、缴费等，复杂麻烦，让我们头疼，而一旦去医院看病，短则几小时，长则半天甚至更长时间，跑上跑下、来来回回，会花去我们很多时间。

2 怕医生和医院的环境

医院、医生对我们而言都是陌生的，我们不知道如何应对陌生环境、陌生人。对于医院里坐在轮椅上以及输液的病人，我们也很害怕，药水的味道可能也会令我们感到不适。

3 有不愉快的联想

我们小时候可能被恐吓过，听到过类似"你不乖，我就带你去打针"之类的话，久而久之，我们就对医院、医生产生了恐惧心理。又或者我们曾经有过很不好的就医经历，或从文艺作品里对就医产生不好的联想，把就医想象得很恐怖。还或者，我们害怕在医疗程序中产生的疼痛。

生病不敢去医院有什么坏处？

1 耽误治疗，长时间处于不健康状态

生了病，因为某些原因害怕去医院，会延误治疗，使我们的身体长时间处于不健康的状态。若是感冒等小病，依靠我们自身的抵抗力可以痊愈。若是比较严重的疾病，耽误治疗则会对我们的身体造成极大的损害。

2 小毛病变成大毛病

很多严重的疾病是从小毛病开始的，若是我们不认真对待小毛病，害怕去医院看医生，可能会把小毛病拖成大毛病，到时候就后悔莫及了。而且，有些急性疾病拖不得，错过时机可能会很危险。

3 心理负担加重

生病了不敢去医院，但是不去医院治疗又要忍受病痛的折磨，这会加重我们的心理负担，导致我们产生焦虑和抑郁等心理问题，影响我们的身心健康。

我来支招儿啦！

① 多了解医院、医生

我们可以多途径了解医院，最后你会发现：医院其实是治病救人的地方，有许多病人在医院得到救治；医生是一种高尚的职业，有着扎实的专业知识，能够看出我们有什么疾病，并给我们进行有效的治疗，使我们恢复健康。

② 正确看待疾病，做好心理建设

我们平时可以多看一些关于疾病的儿童科普书，了解生病的原因，以及生病后的治疗过程，知道为什么要吃药、打针输液，会不会疼、有多疼等，可以有害怕的感觉但是不要躲避，正确认识疾病。

③ 分散注意力

在去医院时，我们可以带上自己喜欢的玩具、书籍等，这样能分散我们的注意力，使我们从恐惧中解脱出来。

和陌生人接触，让我好害怕

我从小就害怕与陌生人接触，爸爸妈妈的朋友来家做客，我总是躲在自己的房间不敢出来；如果路上找不到厕所了，我也不敢向陌生人问厕所在哪里；平时拿个快递，我都让别人代劳；在学校我也不敢参加陌生人很多的集体活动，如拔河比赛。老师和爸爸妈妈都劝我要胆子大点，我也想改变，但我就是会害怕。最近，我要代表我们班与其他班级一起搞活动，我很害怕，我该怎么办？

心理大分析

　　我们由于自我保护心理比较重，会对陌生人有一种天然的恐惧感。当我们需要与陌生人沟通时，就会不自觉地出现紧张和焦虑的情绪，这是一种很正常的心理表现。不要过分放大这种情绪，这样我们紧张的情绪就会放松，与陌生人接触多了，我们也能慢慢掌握沟通的技巧，心中有底气，做事也就不会再慌张了。

　　毫无疑问，在人际交往中，大家都是从陌生到熟悉的，与陌生人接触是不可避免的事情，我们在学习中会不断认识新同学、新老师，在生活中也会认识一些新的朋友。代表班级与其他班级一起搞活动，正是锻炼我们与陌生人认识的好时机，可以好好把握，遇到自己很难解决的问题时，可以向陌生的老师寻求帮助，相信我们会得到热心的回应，不必太过担心。

　　心理研究表明，不敢与陌生人接触，并非因为外界因素有多么可怕，更多是源自我们内心深处的恐惧，当我们认识到其他人其实也跟我们一样，他们也会有同样的畏惧心理时，我们就不会表现得那么胆怯了。另外，我们应该多注意自己的仪表和谈吐，在与陌生人沟通的时候让自己谦虚有礼貌，表现得更加自信，从而赢得别人的欣赏和尊重。

心理大课堂

害怕与陌生人沟通的原因有哪些？

 自我保护意识强

害怕陌生人是我们的天性，这是我们在自我保护。当我们处在陌生的环境中，或是看到陌生人时，由于害怕受到伤害，就会变得敏感、紧张，甚至害怕、闪躲。

 很少与陌生人接触

在平常的生活和学习中，我们经常接触的都是熟悉的同学和家人，这样我们与陌生人沟通的机会就会很少，缺乏锻炼的机会。一旦突然与陌生人接触，哪怕是接触不熟悉的老师和同学，我们也会有畏惧心理，表现得不知所措。

3 独立性较差

如果爸爸妈妈对我们过分保护，很多事情都替我们做，就会使我们缺乏主见和生活经验，办事能力也不强，这样我们就会非常依赖爸爸妈妈，一旦进入陌生的环境，见到陌生的人，自然就会产生畏惧心理。

 害怕与陌生人沟通会带来哪些负面影响?

1 不利于培养社交能力

如果我们总是很胆小，害怕与陌生人沟通，可能就会尽量避免参加社交活动，这不利于培养我们的社交能力，也会让我们变得越来越孤僻，朋友圈越来越小。

2 不敢面对挑战

害怕与陌生人接触，除畏惧心理外，还有自卑心理在作祟，觉得自己什么事情都做不好，在各个方面表现得都很差，就会害怕太多地暴露自己。所以，我们不愿意与他人交往，不敢面对挑战，而这会加剧我们的自卑心理。如果我们不主动想着克服，会给自己的未来带来很大负面影响。

3 不会团结他人

很多事情，光靠我们自己的能力是解决不了的，必须联合更多的人，这个时候可能就需要与陌生人沟通，把大家团结在一起。如果我们害怕与陌生人沟通，不去征求其他人的意见，让每个人都出一份力，只想着单打独斗，事情是很难办成的。

① 多参加社交活动

参加社交活动可以让我们认识不同家庭背景、不同兴趣的人，在与他们交往的过程中，我们会学习到如何与人沟通、交流，如何建立友谊。此外，参加社交活动还可以让我们摆脱孤独感，结交新朋友，让我们感受到与人交往的乐趣。

② 不给自己过分的要求

与陌生人沟通的时候，要顺其自然，能沟通到什么程度就什么程度，只要自己尽力了就可以，不要过分要求自己，更不能一味地讨好他人。如果最后没有取得很好的结果，也不必因此而责怪自己。因为没有取得很好结果的原因有很多，除主观原因外，还有很多难以改变的客观原因，对方也应该负同样的责任。

③ 友善对待他人

因为不熟悉，我们与陌生人之间交流可能会有些紧张，我们可以通过称赞对方、讨论兴趣爱好来缓解紧张情绪。另外，我们要尽可能地包容对方，用比较友好的方式与陌生人接触，在别人需要我们的时候，伸出援助之手。

说话声音小，不敢大声说话

： 我在家说话声音挺大的，与爸爸妈妈沟通也没有任何问题，但是一到学校我说话的声音就变小了。我在课堂上回答问题的声音就很小，老师只有凑到我跟前才能听清。与同学说话时，同学经常因为没听清，让我重复一遍。这令老师和同学都很纳闷，还以为我天生声音就小。我想改掉我声音小的毛病，我该怎么做呢？

心理大分析

　　平时说话声音大，但是在公众场合声音小，导致这种情况发生的最主要原因是不自信，可能我们之前在人多的时候说错话被人嘲笑过，也有可能是我们胆子小，不想引起那么多人的注意，还有可能是我们长期养成的习惯，一时间很难改掉……但是无论如何，说话声音过小都会影响我们正常的沟通与学习，我们应该尝试着去改变，去大声地表达自己。不要担心会出错，说错了话可以改，不会的问题可以问。提出问题，是解决问题的前提，大胆表达自己，可能声音还是很小，但已经迈开了解决问题的第一步。

　　言语本来就是别人了解我们的最直接的方式，但一下子让我们改掉说话声音小的习惯，也很难，我们可以尝试在跟朋友讲话的时候声音大一点，然后在课堂上主动发言，课下可以大声朗读，平时多听一些演说家的音频，掌握说话的技巧，时间久了，我们就形成了习惯，说话的声音就变得洪亮了。

　　心理学研究表明，一个人说话的声音可以反映出这个人的性格特点以及精神风貌。一般来说，自信的人说话声音明快，表达干脆利落；缺乏自信的人声音小，且吐字不清，不擅长表达。所以，要想做一个自信大方的人，我们就从说话声音洪亮开始吧！

心理大课堂

我们不敢大声说话的原因有哪些？

1 缺乏自信，怕说错话

一般来说，性格内向，缺乏自信，会使我们不敢大声说话。我们害怕说错话招来别人的嘲笑和批评，所以我们在讲话时就会刻意压低自己的声音，以求躲避别人的关注，希望即便讲错了话也不会被发现。

2 长期形成的说话方式

在生活中，如果我们朋友不多，性格比较内向，且长期不参加公共活动，那么我们就不需要表达自己。这会导致我们无论是社交圈还是内心都比较封闭，长此以往，就养成了说话声音小的习惯。

大家好，我叫萌萌，我喜欢——

3 心理素质比较差

如果自己心理素质不佳，就会害怕参加集体活动。在陌生的环境里，人多的情况下，容易出现紧张、焦虑等不良情绪，遇到事情慌里慌张，说话时吞吞吐吐，吐字不清，说话声音小，比较害羞。

不敢大声说话，会给我们带来哪些影响？

1 很难建立良好的人际关系

当我们说话声音小，在与别人沟通的时候，对方如果听不清我们所说的话，就会出现沟通障碍，导致别人不想与我们沟通交流，也不愿意花时间去了解我们，这样就很难建立良好的人际关系，朋友比较少，学习、生活比较孤单、封闭。

2 容易给别人留下胆小怕事的印象

别人了解我们的一个重要途径，就是我们的说话方式。如果我们说话的声音总是很小，在公众场合不敢发言，就会给别人留下性格内向、胆小怕事、不善于与人相处的印象。

3 容易被集体忽略

班级活动是增强学生综合素质和集体凝聚力的重要途径，在活动中积极大胆表现，能够快速融入集体，而不敢大声说话，害怕被关注，则容易被大家忽略，成为班级边缘人。

109

① 练习大声说话的技巧

在没有人的地方，可以练习大声朗读，提高自己的发音音量，逐渐掌握正确的发音方式。时间久了，我们说话的声音自然会变大，并且我们的精气神也会随之改变，变得更加自信。

② 有意识地提高音量

我们在与熟悉的人交往时，说话的声音音量是正常的，只是在公众场合声音比较小，所以我们在公众场合讲话时，要有意识地提高自己的发音音量，慢慢地，我们就能纠正讲话声音小的毛病。

③ 克服自卑，建立自信

自卑会让我们变得不敢大声说话，所以我们要一点一点地克服自卑，建立自信。在公众场合，尽量多寻找发言的机会，把每一次的发言都当成挑战自我的机会，慢慢提升自己、改进自己，让自己学会与他人正常相处。

我很怕黑，
睡觉也不敢关灯

 ：　我是一个特别怕黑的人，每次房间关灯变黑后，我就会感到很害怕，有时候，一点点声响也让我疑神疑鬼，一直胡思乱想。所以我经常不关灯睡觉，亮眼的灯光虽然让我不再感到恐惧，但是也影响了我的睡眠质量，导致我白天的精神状态不佳，我该怎么办？

心理大分析

　　不敢在黑暗的环境中独处，是很多小孩子在成长过程中都会遇到的问题，只不过这个阶段的长短因人而异。我们不必为自己怕黑而感到惭愧，很多大人到了一个陌生的环境里也会出现紧张和恐惧感。只要我们好好应对，是可以克服的。

　　其实，黑暗并不可怕。地球昼夜交替，有白天就有黑夜。黑夜也有许多迷人之处，比如，漆黑的夜里有不断变化的月亮，有亮闪闪的星星，夏天还有会发光的萤火虫。有些花只在黑夜里开放，比如，昙花和夜来香。只要我们发现黑暗中的乐趣，或许我们还会喜欢黑暗，感受黑暗中那种神秘与安静。

　　只是，在黑暗的环境里，我们的视线范围大大缩小，不像白天那样看什么都清清楚楚，而是变得模糊不清，因此我们对周围环境的感知降低，获得的信息减少，对环境的不确定感增加，从而降低了安全感，增强了恐惧感。而且，黑暗环境中的一些模糊的轮廓，能让我们浮想联翩，自己吓自己。我们潜意识里就害怕黑夜，通常会把一些恐怖的故事与黑夜联系在一起。

　　当我们明白害怕黑暗是正常的，明白了自己怕的是什么，我们可以利用一些方法练习，或者向爸爸妈妈求助，慢慢克服对黑暗的恐惧，发现黑暗中的快乐。

心理大课堂

 我们怕黑的原因有哪些？

1 缺乏安全感

在学校被人欺负，受到老师冷落，爸爸妈妈又不在身边，会使我们感到害怕和怯懦，对周围的事物缺乏安全感。在黑暗的环境中，这种不良的情绪被放大，进而出现了恐惧心理，害怕黑暗。

2 受到恐怖故事或者视频的惊吓

听了惊悚吓人的故事，看了灵异恐怖、血腥暴力的视频，都会使我们的精神高度紧张，这时再进入黑暗环境，我们就容易胡思乱想，内心的恐惧或不安就会变得更加强烈。

3 患有心理障碍

怕黑也可能是由恐惧障碍引起的病态反应，怕黑属于一种心理障碍，像密集恐惧症、恐高症一样，在黑暗的环境中，患有恐惧障碍的小伙伴会出现呼吸急促或窒息感，还会有心悸、心跳加速、胸痛、颤抖等身体反应。

 怕黑会给我们带来那些负面影响？

1 导致睡眠质量不好

怕黑的人会长期开灯睡觉，这会非常影响睡眠质量。因为睡觉的时候既需要安静的环境，也需要保持一定的昏暗程度，这样才有利于我们大脑和神经的休息；而睡觉开灯，光源会刺激我们的视神经，使我们不能够进入深度睡眠的状态。而且，如果我们晚上没有睡好，第二天精神状态萎靡，就没办法集中精力好好学习。

2 产生不良情绪

怕黑的心理问题得不到很好的解决，会使我们产生孤独、无助、害怕、不安等负面情绪。这些情绪会严重影响我们的心理健康，不利于我们健康地成长。

3 体质变差

我们正在长身体，身体内会释放在人体生长发育过程中起着关键性作用的生长激素。如果我们晚上不能够好好休息，体质就会变差，抵抗力下降，容易生病，而且会影响我们正常分泌生长激素，不利于我们身体的发育。

我来支招儿啦!

① 多了解关于黑暗的知识

有时候，恐惧来源于无知。当我们对黑暗有了了解，我们就不会害怕黑暗了。我们要多学习一些跟黑暗相关的小知识，比如，光和影子的关系、关于白天和黑夜的变化、黑暗对睡眠的好处等。

② 循序渐进适应黑暗

我们可以采取循序渐进的方法，让自己适应关灯睡觉。我们可以先用小夜灯，这样房间不太明亮也不全黑，等我们适应了小夜灯再尝试关灯睡觉。同时，我们也可以把房间布置得舒适一些，床边放上我们喜欢的小公仔。

③ 主动体验黑暗

我们可以在家人的陪伴下主动在黑暗的环境里待一会儿，做一些愉快的事，比如，观看一下星空，体验黑夜的美；在黑暗中聊天、听音乐、外出散步等。如果我们能在黑暗中体验到快乐，就应该没那么怕黑了。

测试题

1. 你是否经常遇到困难，不敢向周围的人求助？

    A. 是　　　　　　　　　B. 否

2. 你是否被欺负了，不敢反抗？

    A. 是　　　　　　　　　B. 否

3. 你是否经常觉得别人看不起你？

    A. 是　　　　　　　　　B. 否

4. 你是否对自己的要求很高，不允许自己犯很小的错误？

    A. 是　　　　　　　　　B. 否

5. 你是否在班会上不敢发言，不敢坚持自己的观点？

    A. 是　　　　　　　　　B. 否

6. 你是否经常接受好朋友的不合理请求？

    A. 是　　　　　　　　　B. 否

7. 你是否不喜欢与人交往，很少或几乎没有好朋友？

    A. 是　　　　　　　　　B. 否

8. 你在遭到不合理对待的时候是否选择顺从？

    A. 是　　　　　　　　　B. 否

9. 你是否总是想尽量提前离开有可能使你遭遇尴尬的场景？

    A. 是　　　　　　　　　B. 否

10. 你是否不愿意参加比赛，不喜欢跟别人竞争？

    A. 是　　　　　　　　　B. 否

11．你是否不愿意参加集体活动？

　　A．是　　　　　　　　　B．否

12．你与陌生人说话是否会觉得紧张？

　　A．是　　　　　　　　　B．否

13．你睡觉时是否经常做噩梦，并时常被惊醒？

　　A．是　　　　　　　　　B．否

14．你是否经常因感到不如别人而自卑？

　　A．是　　　　　　　　　B．否

15．你是否在课堂上不敢发言？

　　A．是　　　　　　　　　B．否

16．你是否害怕黑夜，经常自己吓唬自己？

　　A．是　　　　　　　　　B．否

17．你在公众场合是否不敢大声说话？

　　A．是　　　　　　　　　B．否

18．你是否经常觉得总是有人在背后说你坏话？

　　A．是　　　　　　　　　B．否

19．你是否害怕尝试一些新事物？

　　A．是　　　　　　　　　B．否

20．你是否非常爱面子，怕别人知道你的不足？

　　A．是　　　　　　　　　B．否

计分方法：

　　在每道题目中，选择"是"得1分，选择"否"得0分。统计总分。

心理游戏

　　小伙伴们，恐惧害怕的情绪让我们畏首畏尾，严重阻碍了我们的发展，你们有哪些恐惧害怕的事情呢？把它们全部列出来，一个个去解决吧！

恐惧便利贴

见了老师，我不敢打招呼。

小伙伴们，经过这段时间的学习，你成长进步了吗？测一测，你的心理成长达到哪一个阶梯了呢？

不会恐惧害怕

偶尔恐惧害怕

经常恐惧害怕，能自我调节

经常恐惧害怕，不能自我调节

害怕接触任何人，觉得很痛苦

海洋大捕捞

小伙伴们，我们每个人都有恐惧害怕的时候，下面是一些克服恐惧害怕心理的方法，你平常会用哪些方法？请把代表你常用方法的数字写在渔船上吧！

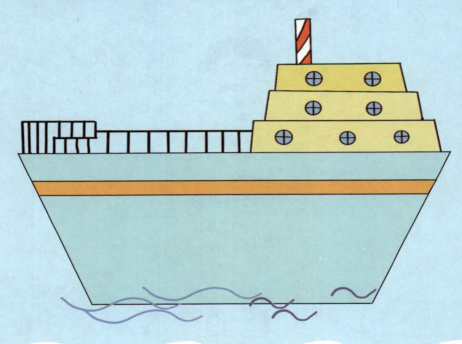

1 积极自我暗示 2 大声说话 3 寻求老师帮助 4 争取爸爸妈妈支持

5 锻炼身体 6 多交朋友 7 勇于发表观点 8 不怕别人嘲笑

改变小日记

小伙伴们，看完这本书，你们的心态是否出现了改变呢？不妨从这里开始，把你们不再害怕的方面写下来吧！

我不怕黑啦！

见了老师，我敢主动打招呼啦！

心理测试参考

0～6分：恭喜你！你是个心理健康的孩子。你目前的情绪状态很稳定，基本没有恐惧害怕的心理，即使有，你也往往能及时地进行自我调节直至恢复常态。经常保持稳定的情绪状态，对于保持良好的心态、健康的心理都有积极影响。

7～13分：别担心！你目前可能存在一些恐惧害怕心理，不过并不严重，对于身心健康不会有太大影响。如果得不到及时的调整和恢复，很有可能会产生消极的心理。若无法自行调节，就需要他人的帮助和引导。

14～20分：注意了！你目前的情绪状态十分不稳定，有比较严重的恐惧自卑心理，已经对社交、生活产生了一定影响。如果长期保持这样的情绪状态，会对身体和心理健康产生不良影响，严重的甚至可能患上焦虑症、抑郁症等，最好及时寻求心理咨询师或相关专家的专业指导，尽早消除负面情绪。

帮助孩子认识自我、塑造三观

给孩子的
心理帮助书

学习焦虑，怎么办？

高彩艳 主编

北京工艺美术出版社

图书在版编目（ＣＩＰ）数据

给孩子的心理帮助书. 学习焦虑，怎么办？ / 高彩
艳主编. -- 北京 ：北京工艺美术出版社，2023.10
　ISBN 978-7-5140-2682-5

　Ⅰ．①给… Ⅱ．①高… Ⅲ．①心理学－儿童读物
Ⅳ．①B84-49

中国国家版本馆CIP数据核字(2023)第143783号

出 版 人：陈高潮　　　　　装帧设计：弘源设计

责任编辑：周　晖　　　　　责任印制：王　卓

法律顾问：北京恒理律师事务所　丁　玲　张馨瑜

给孩子的心理帮助书　学习焦虑，怎么办？
GEI HAIZI DE XINLI BANGZHU SHU XUEXI JIAOLV ZENMEBAN

高彩艳　主编

出　　版	北京工艺美术出版社	
发　　行	北京美联京工图书有限公司	
地　　址	北京市西城区北三环中路6号　京版大厦B座702室	
邮　　编	100120	
电　　话	(010) 58572763（总编室）	
	(010) 58572878（编辑部）	
	(010) 64280045（发　行）	
传　　真	(010) 64280045/58572763	
网　　址	www.gmcbs.cn	
经　　销	全国新华书店	
印　　刷	天津海德伟业印务有限公司	
开　　本	700毫米×1000毫米　1/16	
印　　张	8	
字　　数	78千字	
版　　次	2023年10月第1版	
印　　次	2023年10月第1次印刷	
印　　数	1～20000	
定　　价	199.00元（全五册）	

太难了！

怎么做？

孩子们，在成长的过程中我们会遇到不同的问题，喜欢不同的事物，有不同的爱好和特长，这些都能反映出我们的性格特点以及内心的想法。幼年的成长阶段正是我们爱好、人格、性格等形成的关键时期，这一阶段要着重注意心理健康，才能形成正确的三观和品格。

在成长的过程中，我们的很多行为常常令父母感到困惑，一举一动，甚至一个表情，都表达了我们的某种心理诉求，父母与其反复纠正我们的行为，不如深入了解我们的心理，通过了解我们的心理变化与情绪特点，针对性地解决我们遇到的实际问题，才能厘清问题的真相，指出我们存在的各种心理阻力，引导我们积极地看待问题。以此培养我们的内在感知力，提升情绪控制力，让我们学会用积极的情绪化解遇到的烦恼，拥有自信、勇敢、独立等健全的人格。

我们根据此阶段孩子们的心理特点，专门量身打造了这套《给孩子的心理帮助书》，针对孩子们成长过程中的焦虑、

又没考好！

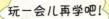

玩一会儿再学吧！

恐惧、抱怨、悲伤、后悔、忧郁、猜疑、孤独等不良情绪，以孩子的视角去看待问题，并一步步剖析成长难题，加以专业的心理学分析，让孩子的成长烦恼有"回音"，为孩子的心理健康提供保障。

本套书将晦涩难懂的心理学理论转化为浅显通俗的文字，配有精美的插图、丰富的栏目、科学的测试、有趣的游戏，以一种全新的方式，从儿童心理学的角度解决孩子成长过程中的各类问题，解读儿童行为，洞见儿童心理。

本套书从孩子们实际生活中遇到的问题入手，深入他们的内心世界，系统地阐述孩子的各种情绪问题及产生原因，并提供了科学有效的解决方法，所有解决方案均步骤明确，简单实用，实践性强，是一部真正意义上的儿童心理健康启蒙书。

希望本套书能够帮助孩子跨过成长中的荆棘，让孩子健康、快乐地成长！

又不会了……

目录

Contents

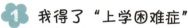

目录

Contents

我得了"上学困难症"

最近我患上了"上学困难症"，越来越不想上学了。每天上学前，我总是想尽办法拖延，妈妈不喊我我就绝不起床。起床后，我不愿意背上书包，不愿意走出家门……仿佛我身上有一股无形的压力在阻止我靠近学校。在学校里，我也总盼望着能够早点放学和放假。我为什么会有"上学困难症"呢？我是不是有了厌学的迹象呢？我该怎么办呢？

心理大分析

心理学家调查发现，在学生群体中，大部分的学生都曾有过"上学困难症"或"上学恐惧症"，这是我们这个年龄段很普遍的现象。然而，关于我们为什么不想上学，有时我们自己也说不出原因。

实际上，导致我们不想上学的原因有很多，比如我们对学习没有兴趣、学习压力大、最近心情不好、在学校的人际关系产生了问题或受到了老师的批评，因此对学习产生了抵触情绪等。通常来说，"上学困难症"或"上学恐惧症"都是暂时的，但是如果这种情况一直没有得到解决，可能会给我们的生活状态、学习成绩和社交能力带来负面影响。

因此，为了消除"上学困难症"，我们应该找出问题的根源。仔细反思一下，是什么原因让我们不想上学，是最近学习压力太大，是在学校和小伙伴闹了别扭，还是我们对学习产生了抵触心理？只有找到问题的根源，我们才能顺利地走出阴影。

我们可以试着找到适合自己的学习方式，或者尝试一些新的学习方式，比如互动学习、小组合作等，感受到学习的乐趣。也可以在学校多结交一些朋友，丰富自己的校园生活，让自己不再畏惧校园环境。最后，寻求他人的帮助也很重要，我们可以利用老师或爸爸妈妈丰富的经验帮助我们清除心理障碍。

 导致我们产生厌学情绪的原因有哪些呢？

1 学习成绩不好

是否厌学往往与学习成绩的好坏有关。如果我们学习成绩优异，可以从学习中享受到乐趣，就不会厌学。而如果我们学习成绩不好，无法从学习中获得成就感，就会对学习渐渐失去兴趣，变得不愿意上学。

2 人际关系出了问题

学校不仅是一个学习场所，也是一个社交场所。如果我们在学校没有处理好人际关系，或者和小伙伴产生了矛盾，可能会让我们在学校时感到孤独或烦躁，进而产生厌学情绪。

3 学习压力大

俗话说："望子成龙，望女成凤。"有时候，爸爸妈妈会给我们制定过高的目标，这些目标对我们来说很难实现，这样就会给我们带来很大的压力，使我们承受巨大的心理负担，渐渐产生厌学情绪。

厌学情绪会带来哪些负面影响呢？

1 影响我们的学习习惯和成绩

长期存在的厌学情绪会让我们逐渐失去学习动力，使我们变得拖延、懈怠，上课不愿意再认真听讲，课后也难以高标准地完成作业。而这些不好的学习习惯，会导致我们的学习成绩直线下降。

2 给我们带来负面情绪

当我们出现厌学情绪后，会非常排斥去学校学习，每日不情不愿地去上学，我们自然会变得痛苦、沮丧、烦躁。而长期的厌学又必然会影响到学习成绩。成绩不理想，我们又会受到爸爸妈妈或老师的批评，我们的自信心难免会受到打击，甚至可能会出现自卑的情绪。

3 影响我们的人际关系

上学是我们结交朋友和建立"朋友圈"的主要途径之一。如果我们的厌学情绪总是得不到缓解，总是抵触上学，我们可能会错过结交朋友，提高社交能力的机会，从而导致我们的社交能力下降，人际关系也受到影响。

我来支招儿啦!

① 制订科学的学习计划

有时候，我们因为学习任务繁重，学习压力太大产生了厌学情绪。针对这种情况，我们可以给自己制订一份科学的学习计划，比如将最近要完成的学习任务列成表格，将学习任务分解成许多个小任务，并且规定相应的完成时间。这样可以让我们产生紧张感，同时锻炼我们的时间管理能力。

② 多多尝试，激发学习兴趣

兴趣是最好的老师，兴趣对我们的学习是非常重要的。如果我们对学习没有兴趣、缺乏动力，我们可以尝试一些其他的学习方式，比如，可以加入学习小组，和同学交流学习方法和学习乐趣，找到最适合自己的学习方法。也可以从自己喜欢的科目中寻找成就感，带着这种成就感去学习其他科目，让自己渐渐爱上学习。

③ 寻求老师或爸爸妈妈的帮助

在学习和生活中，我们遇到自己解决不了的事情，可以积极寻求老师或爸爸妈妈的帮助。他们可以帮助我们发现学习或生活上的问题，能够很好地为我们提供解决问题的建议和办法，在他们的帮助下，我们的厌学情绪就会得到缓解啦！

读书太枯燥，我想玩手机

：　　每天老师都给我们布置很多阅读和背诵的任务，可是我觉得读书太枯燥了，一点儿趣味性都没有。而玩手机就有意思多了，我可以在手机上看动画片、听歌、玩游戏，还可以听有声书。有时候，我会以听有声书为借口，向妈妈借来手机，躲到房间里偷偷玩。可是时间一长，我总因为玩手机而完不成学习任务，可我总是想玩手机，我该怎么办呢？

心理大分析

对我们来说，手机确实要比读书更有吸引力。因为手机有很多娱乐性的功能，可以让我们获得乐趣，而读书则要花费更多的时间和精力，这让我们觉得无聊，这是很正常的心理。

此外，导致我们对手机上瘾的原因还有很多，比如社交媒体和聊天软件可以让我们实时与小伙伴联系，给我们带来愉悦感。一些软件或游戏被设计得很有吸引力，让我们不知不觉间感到入迷和依赖等。但不可否认的是，手机给我们带来乐趣的同时也会带来一些负面影响。比如会影响我们的专注力、学习效率和眼睛健康等。

"放不下手机"是整个社会的现状。而我们年纪还小，自控能力差，因此更不容易摆脱对手机的依赖。从心理学的角度来讲，自控力是我们成长过程中最重要的品质之一。一个自控力强的人，可以控制自己的行为和情绪不受外界的干扰，更好地集中精力，完成自己的任务，达到更高的目标。

因此，我们应该有意识地培养我们的自控力，适当地控制玩手机的频率和时间，做手机的主人，而不是被手机"操纵"。我们也可以寻找更适合自己的学习方式，从中感受到学习的趣味性，从而产生动力，将更多精力投入学习中去。

心理大课堂

我们不想学习总想玩手机的原因有哪些呢？

1 对学习没有兴趣

当我们对学习毫无兴趣，觉得学习很枯燥、无聊，看不到学习的意义，也就没有足够的动力支撑我们去学习。在这种情况下，我们可能会把时间花在更有趣的事情上，比如玩手机。

2 自控力差

自控力差也是让我们对手机上瘾的重要原因。因为我们年龄还小，自控力可能还比较弱，在感受到手机的乐趣后，很容易对手机产生强烈的依赖，无法自拔。在这种情况下，我们一心只想玩手机，从而忽略了学习。

3 学习压力过大

有时候，我们被繁重的学业压得快要喘不过气来，感到烦躁和焦虑，希望快速释放自己的负面情绪，或者是学习成绩不好，受到了来自老师或爸爸妈妈的压力，内心产生了逃避情绪，因此选择了以玩手机的方式来缓解压力。

我们长期沉迷于手机会带来哪些负面影响呢？

1 影响我们的学习成绩

如果我们长期沉迷于手机，总是将注意力和精力都放在手机上，会渐渐忽略学习的重要性，难以有效管理自己的时间，养成拖延、懒惰的毛病，影响我们的学习效率，容易形成不良的学习习惯，从而导致学习成绩下降。

2 影响我们的人际关系

如果我们长期沉迷于手机，总是不和小伙伴们一起交流、玩耍，会导致我们错失很多锻炼社交能力的机会，使我们无法与同龄人进行良好的交流。还可能让我们的性格变得孤僻，影响我们的人际关系和社会适应能力。

3 影响我们的身体健康

如果我们每天都玩手机到很晚，会导致我们睡眠质量下降，白天缺乏精神；长时间使用手机还会对我们的眼睛造成很大的损害，导致眼睛疲劳、近视等问题。而长时间低头使用手机还可能给我们的颈椎、腰椎带来损伤。

① 找到学习的乐趣

学习并不是一件枯燥无味的事情，我们可以尝试找到学习中的乐趣。比如学习自己感兴趣的科目，解决一些之前不会的难题等，通过感受学习新知识的快乐和解决难题时的成就感让自己重新燃起对学习的兴趣。

② 转移注意力

我们可以寻找其他的娱乐方式转移注意力。比如阅读、做手工、户外运动等，通过这些活动来拓宽我们的视野，提高我们的动手能力及身体素质，同时能放松我们的身心，获得成就感和乐趣。

③ "不玩手机挑战"

我们可以给自己设置一个"不玩手机挑战"，在学习时规定自己在几小时内不能碰手机，将手机交给爸爸妈妈保管并且让他们监督自己。如果自己忍不住想要玩手机，就要受到一定的惩罚。这样我们就能避免过度沉迷于手机，将精力投入学习中。

爸妈不监督，我的作业就写不完

 ：　　写作业的时候，我经常心不在焉，很难独立完成作业。每次写作业必须爸爸妈妈陪在身边才能完成。有时候爸爸妈妈下班后，还有很多事情要处理，爸爸妈妈不在身边，我根本没有办法完成作业，写作业经常磨磨蹭蹭，还不愿意动脑筋。我心里十分清楚做作业是我自己一个人的事情，但有时候我就是控制不住自己，我该怎么办呢？

心理大分析

　　我们写作业时总是很磨蹭，写作业拖拉，爸爸妈妈不得不参与我们的家庭作业，这个问题在很多家庭中十分普遍。爸爸妈妈可以适当辅导我们的功课，但是爸爸妈妈不可以经常为我们分担学习任务和学习压力。另外，如果只有在爸爸妈妈的督促下，才能够把家庭作业做好，那就是缺乏自律，缺乏独立性的表现。

　　哈佛脑科学家认为，那些积极学习的人拥有开放式大脑，他们能够认识自己，了解自己未来的发展方向，并能有意识地去做一些有价值的事情。那些不积极学习的人拥有的是防御性大脑，这些人缺少内在驱动力，做任何事情都是为了取悦他人，他们不会享受其中的快乐，也不会有求知欲。不能独立完成作业的小伙伴，其可能拥有防御性大脑。

　　我们要走出对爸爸妈妈的依赖性，逐渐拥有一个开放式大脑。我们必须要认清写作业是我们自己的事情，唯有在认识上转变，我们才能有意识地独立完成作业。可以设定一个闹钟来提醒自己，也可以试着改变一些不良的习惯，比如减少玩手机、看电视等的时间。最后也可以把我们的想法告诉爸爸妈妈，请爸爸妈妈提供建议。

　　当我们养成良好的学习习惯，感受到独立完成作业的成就感时，即使没有爸爸妈妈的陪伴，我们也会认真写作业，从此不再为写作业而苦恼。

心理大课堂

 我们不能独立完成作业的原因有哪些呢？

1 没有足够的知识储备

好无聊

爸爸妈妈不在我们身边时，我们不能独立完成作业，可能是因为没有足够的知识储备。课堂上，如果没有认真听老师讲课，我们就不能学到必要的知识，所以我们写作业时，需要爸爸妈妈的帮助。

2 自我控制力差

我们的自我控制力还不够强，难以保持长时间的注意力，当爸爸妈妈不在我们身边的时候，我们可能会放松心态，因社交媒体、电视、游戏等而分心，导致我们无法专注于学习和完成作业。

3 学习任务太难

有时候我们觉得学习任务太难，不知道从何着手，也不知道该如何完成作业，形成一种无形的压力，从而难以独立完成作业。

13

 总是不能独立完成作业会带来哪些负面影响呢？

1 错过学习的关键点，影响学习效果

家庭作业是对老师课上教学的有效延伸，我们通过做家庭作业，可以对当天学习的知识点进行有效回顾，并进行及时巩固。如果我们的作业总是在爸爸妈妈的帮助下完成，巩固和深化知识点的目的就难以很好地达成，这会大大影响我们的学习效果。

2 影响老师的判断

我们上课的时候未必能消化和吸收当天学习的所有新知识，因此在做作业的时候会出错，这是很正常的情况。老师通过批改学生的作业，就可以及时发现我们的问题，以便下一步调整教学内容。如果我们写作业的时候，经常依赖爸爸妈妈的帮助，老师便无从得知学生完成作业的真实情况。

3 产生严重的依赖心理

如果爸爸妈妈总是协助我们做作业，容易让我们产生严重的依赖心理。当我们在做作业的时候一遇到问题，我们可能就会懒于自己思考，直接求助于爸爸妈妈，这样我们的独立思考和解决问题的能力就得不到锻炼，这对我们的发展极为不利。

① 培养自我控制力

我们不能独立完成作业，容易分心、拖延时间，这是因为缺乏自我控制力。我们要培养自我控制力，规划好每天的学习任务和时间，拥有明确的目标和计划，从而更容易控制自己的行为。

② 享受自主完成作业的成就感

我们写作业的时候想让爸爸妈妈陪在身边，是为了更好地完成作业。不过我们要认识到学习是自己的事情，不是为了老师，也不是为了爸爸妈妈。只有自己独立完成作业，才能享受自主完成作业的成就感。从写作业中获得成就感，我们才能享受写作业的乐趣。

③ 制订一个学习计划

爸爸妈妈不在身边时，我们不能完成作业，可能是因为自己学习时效率太低。我们可以制订一个详细的计划。比如，放学先写作业，每天阅读半个小时。这样可以帮助我们更好地安排时间，提高效率，更容易完成作业。

我努力学习，到底是为了谁

这次小测验，我的成绩比上次进步了，可我却并不高兴。其实我并不是一个热爱学习的孩子，我也不知道学习的意义到底是什么。只是因为爸爸妈妈对我的学习抓得很紧，在他们每日的敦促之下，我才学习的。我的成绩不算差，可我的内心依然充满迷茫。我不知道我究竟是为了谁而学习，也找不到学习的乐趣，我该怎么办呢？

心理大分析

　　学习对每个人来说都是一件非常重要的事情，但有时候我们会不知道学习的意义何在，不知道自己是为了什么而学习，这是我们这个年龄段常见的疑惑，也是我们成长的必经之路。我们不必为了这种迷茫而过于沮丧或自责，只要及时纠正自己的思想和行为，一切都可以回到正轨。

　　导致我们对学习感到迷茫的原因有很多，比如，我们缺乏清晰的学习目标，对学习的意义和价值认识不足，学习任务过于繁重等。另外，还有很重要的一点，如果我们缺乏自主性，也可能会感到学习很迷茫。

　　自主性是指个人有能力进行自主选择，并学会为自己的选择负责任。如果我们的学习目标和学习计划都是爸爸妈妈帮忙制订的，那我们就会缺乏参与感，缺乏激情，也就完全没有办法发挥自主性，自然对学习提不起积极性。

　　小伙伴们，首先，我们必须明白，学习是为了我们自己，不是为了任何其他人。其次，我们要明白学习的重要性和意义，它不仅可以帮助我们获得知识和技能，还可以让我们更好地理解和探索世界。只要我们怀着积极的心态，紧跟老师的步伐，制订科学、合理的学习计划，就一定可以赶走迷茫，不断进步。

心理大课堂

我们盲目学习的原因有哪些呢？

1 高压教育，应付差事

有时，我们虽然不喜欢学习，可是爸爸妈妈对我们的学习却有很高的期待。我们害怕爸爸妈妈的责备，不敢违抗爸爸妈妈，只能勉强学习，虽然取得了一定成绩，也只是在应付差事。

2 没有明确的目标和计划

如果我们想要提高学习成绩，但是没有具体的学习目标和计划。比如，每天做多少习题，或者要达到什么样的成绩。这样我们就很难知道自己学习的方向，学习起来就会不知所措。

3 没有正确认识学习的价值

如果我们不了解学习的价值，就可能会感到学习是一项任务，而不是一项有价值的活动，就会对学习的目的感到迷茫。

不是为了自己而学习会带来哪些负面影响呢？

1 学习效率降低，带来负面情绪

如果我们仅仅是为了他人的需求而学习，我们的心态是十分被动的，这会让我们的学习效率低下，学习体验不佳，还会让自己感到十分疲惫和沮丧。

2 学习压力过大，影响家庭关系

如果我们只是为了满足爸爸妈妈的期望而学习，心理压力就会非常大，这会让我们对学习产生抵触情绪，甚至会因此怪罪爸爸妈妈，影响我们和爸爸妈妈之间的关系。

3 失去目标和方向，丧失前进的动力和信心

如果我们不是为了自己而学习，就会感觉非常茫然，容易失去学习目标和方向。如果没有明确的目标，就很难知道要朝着哪个方向前进。这样容易走弯路，浪费时间和精力，最终可能会丧失前进的动力和信心。

① 明确学习的目的

我们要明确学习是为自己而学，我们才是学习的主人。爸爸妈妈和老师只是起到引导的作用，真正投入学习并为之努力的是我们自己。给自己制定一个目标，制定明确的目标就有了前进的方向，就有了努力的动力，而不会感到迷茫、无助。

② 培养自主性，学会独立

我们不能总是在爸爸妈妈的催促下学习，我们要培养自主性和独立性。比如，自己做决定、自己的衣服自己洗、自己打扫房间等。这样可以让我们体验到自己的努力所带来的成果，并学习承担责任。从现在开始，动手做我们力所能及的事情吧！

③ 将学习和现实联系起来

我们不知道为谁学习，可能是因为没有将学习和现实生活联系起来。比如，有些小伙伴觉得写作文很困难，这就是因为他们没能将学习与现实相联系。要想写好作文，一定要深入生活，认真观察我们生活中所经历的事情，将发生在自己身边的事情和写作文联系起来，渐渐地，就能提高我们学习的积极性。

上课不专注，总是开小差

最近我被老师批评了好几次，因为我上课总是走神，不能集中注意力。同学们都在专心致志地听讲，而我却神游天外。虽然我知道开小差是不对的，但我总是控制不住自己，为此我常常跟不上老师讲课的思路和节奏，这严重影响了我的听课效果和学习成绩。好烦呀，为什么我就是管不住自己？我该怎么办呢？

心理大分析

持续集中注意力学习，本来就是一件困难的事情，即使一些大人在工作的时候，也很难长时间保持专注，更何况正处于最活泼好动年纪的我们呢？所以我们不必太过自责或感到忧虑。

在心理学上，注意力指的是一个人的心理活动指向和集中于一件事物或一项活动的能力。比如，全神贯注地看书、专心致志地听讲、目不转睛地画画等，这些都是注意力集中的体现。

导致我们注意力不集中的原因有很多，有时候我们遇见烦心事，上课被这些事困扰着；还有时是因为老师讲的知识太枯燥，我们听不懂；又或者教室外有什么东西吸引了我们的注意力。另外，自制力差也是导致上课开小差的一个重要原因。

我们因为年龄还小，心智不够成熟，所以很容易受到外界环境的干扰，这确实会令我们感到很头疼。但实际上，注意力也是可以通过训练来提高的。而且，换个角度想，我们也正处于可塑性最强的年龄段，只要我们掌握了集中注意力的方法，肯下功夫，花些时间和精力去锻炼自己的专注力和耐心，我们就能渐渐地在学习时屏蔽无关的信息，做到全神贯注，专心听讲，尽可能地避免开小差的情况出现。

心理大课堂

我们上课总是开小差的原因有哪些呢？

1 对课程缺乏兴趣

有时候，我们会因为对老师讲的内容不感兴趣、觉得内容太难理解、老师的讲课方式太单调等原因，不愿意将注意力集中在课堂上。

2 受环境的影响

由于我们的自控力还比较差，注意力很容易受到环境的影响。比如窗外的景色、教室外面走过的人、其他同学的谈话声等，这些都可能会将我们的注意力吸引过去。

3 受情绪的影响

情绪对我们的专注力有很大影响。当我们处于情绪波动中，比如兴奋、低落、紧张等情绪状态下，注意力很容易被分散，这就会导致我们无法关注情绪之外的事物，难以集中注意力，导致上课容易开小差。

 上课总是开小差会带来哪些负面影响呢？

1 影响我们学习的进度

如果课堂上我们注意力不集中，总是走神、开小差，容易使我们错过老师的讲解和重点内容，导致我们跟不上正常的学习进度。长此以往，我们的基础知识会掌握不牢固，学习成绩也会因此下降。

2 降低我们的学习兴趣

如果我们上课注意力分散，经常开小差，导致听课效果很差，就容易让我们感到枯燥无味，我们对学习的兴趣也会降低。例如，我们在上英语课时走神，跟不上老师所讲的内容，就会感到无聊和烦躁，从而对英语学习失去兴趣。

3 增加学习压力

如果我们在课堂上注意力不集中，频频走神，会产生一个又一个学习漏洞。这些漏洞就像蚁穴一样会不断变大，侵蚀我们的学习成果。当漏洞越来越多，我们会变得不知所措，感到"压力山大"。而当我们花费更多的时间和精力去弥补这些漏洞时，会感到更加痛苦，甚至会产生厌学情绪。

我来支招儿啦！

① 培养预习的习惯，增强学习效果

有时候我们觉得知识难以理解，学起来很枯燥，上课就容易走神。为了避免这种情况，为什么不试着预习要学习的内容呢？千万不要小看预习的作用。预习可以大大降低听课的难度，有利于调动我们学习的积极性，上课效果好，效率自然会提高。

② 积极回答问题，提高专注度

我们在上课的时候，或多或少都会走神。如果我们上课积极回答老师的问题，将会不自觉地迫使自己参与到课堂中，降低自己走神的概率。当我们回答问题时，我们会更加专注于课堂内容，从而提高我们的专注度。

③ 训练自己的专注力

专注力可以通过科学的训练来提高。我们可以通过玩一些非常需要专注力和耐心的游戏来训练自己，如试着一次性拼完一张拼图、一次性做完一件手工。还可以试着培养一些锻炼专注力的兴趣爱好，如绘画、阅读、瑜伽、围棋等，这些都是锻炼专注力的方法。

老师一提问，我就蒙了

：　　上课时，我们班的课堂氛围很好，同学们都爱举手回答问题。而我却很害怕，我害怕被老师点名，我不想参与其中，我也不想举手回答问题。老师一点我的名字，我就蒙了，要是让我回答问题，我就紧张得不行，回答不出答案。有时我很羡慕其他同学在课堂上的表现，我尝试过改变，但对我来说很难，我该怎么办呢？

心理大分析

　　我们平时害怕被老师点名，不爱举手发言，一被老师提问，就会很紧张，有时甚至紧张到答不上来问题，这并不罕见，很多小伙伴都有这样的心理。只要我们及时调整，就可以改变现状。

　　如果不管老师在课堂上讲得多么生动，同学们的回答多么精彩，我们都无法被带动，那么我们以后就很难培养出参与感了。所以，趁着我们还小，具有很强的可塑性，我们要养成积极思考、积极参与课堂提问的习惯，只有这样，我们的探索欲和求知欲才能被激发出来，才能变成一个主动学习的人。

　　不爱举手发言，害怕被老师点名，老师一提问就会很紧张的原因有很多。比如，我们自信心不足，知识点掌握不够，害怕在全班同学面前出丑，还有最重要的一点就是缺乏学习主动性。

　　我们要正确认识课堂提问，老师通过提问的方式来检查我们的学习情况。当老师提问时，可以帮助我们更深入地理解和掌握知识点，也可以锻炼我们的思维和反应能力，激发我们的学习兴趣，提高学习积极性。

　　如果害怕提问，我们可以通过深呼吸等方式保持放松的状态。另外，我们也要加强日常学习，做好课前准备，上课集中注意力，跟着老师的思路走，这样一定会有较大的收获。

心理大课堂

一被老师提问就不知所措的原因有哪些呢？

1 没有认真听课

当老师让我们回答问题的时候，我们总是答不上来，这跟平时的听讲有关系。有的小伙伴上课不认真听讲，就不知道怎么回答老师的问题，容易不知所措。

2 缺乏自信心

有些小伙伴性格内向且缺乏自信心，在面对老师或其他同学时，会感到有压力，害怕由于自己答不好，会受到别人的指点或嘲笑，过度在意别人对自己的评价，所以容易感到紧张、不安，因此一被提问就不知所措。

3 害怕老师

有的老师长得比较凶，平时总是不苟言笑，有的小伙伴一见到这样的老师就害怕，所以一被提问就蒙了。

总是不积极参与课堂互动会带来哪些负面影响呢？

1 不利于能力提升

如果我们总是不积极参与课堂互动，面对老师的提问，我们可能就会懒于思考，这样不利于锻炼我们的思考能力；如果我们一味地被动听课，语言表达能力也得不到提升。

2 影响学习效果

在课堂上积极参与互动，可以让我们更好地理解知识点，提高学习效率，同时能让老师更好地了解我们的学习情况，给予更好的指导和帮助。而不积极参与互动则会影响我们的学习效果。

3 影响学习兴趣

如果我们在课堂上一直保持沉默，不与老师互动，就会失去回答问题的积极性，对课程的兴趣也会大大降低，甚至会因为感到枯燥乏味而开小差，久而久之可能对学习也会失去兴趣。

1 放松心态，重拾自信

上课被点名总是不知所措是缺乏自信的表现。上课前，我们可以做一个深呼吸，让自己平静下来，还可以给自己一个积极的心理暗示，提升自信心。只要我们顺利回答几次老师的问题，就会享受其中的成就感，渐渐地，就能克服上课紧张的心理。

2 正确认识课堂互动的意义

上课回答问题是表现自己的一次机会，不要把被提问看作一种挑战和困难，而是把它看作一种学习机会和锻炼自我的机会。如果回答得不好，也没关系，至少我们认真思考了这个问题。如果回答错了，老师还会帮我们指出来，这样我们就能知道自己的不足，有助于我们巩固知识，提高自己。

3 寻求老师的帮助

上课害怕被老师点名，不想举手回答问题，这很正常。如果克服不了这种心理障碍，我们可以向老师寻求帮助，让老师多主动喊我们的名字，多发言几次，让我们试着找到回答问题的乐趣，我们就会克服这种心理障碍了。

同桌向我请教，可我不想教他

马上就要期中考试了，大家都在抓紧时间复习功课。我也一样，每天都很忙碌，压力很大。由于我的成绩还不错，在班级里，同桌常常问我一些问题，一开始，我还很愿意给同桌讲题，后来同桌询问的次数越来越多，我就直接拒绝同桌了。为此他不太高兴，觉得我不乐于助人。我不明白，我的时间都不够用，怎么可能一直教他呢？

心理大分析

期中考试复习阶段，时间非常宝贵，需要用好每一分每一秒。我们不舍得将自己的宝贵时光拿出来给他人讲题，这也是人之常情，不必为此过分困扰。但是，作为同学，相互之间互帮互助，才更有利于大家共同进步。

如果同桌请教问题比较着急，而我们不想引起同桌的不满，那么我们可以简单地告诉同桌解题思路，又或者将自己的笔记借给同桌看。如果不是很着急，可以约定一个时间为同桌讲题，大家还可以一起讨论。这样就不会影响到自己平时的学习。

其实，我们不想给同桌讲题，无外乎在时间上比较紧张，没有足够的时间来给同桌讲题，又或是怕其他小伙伴在下一次的考试中超越自己。但是我们给同桌讲题，对自己也是有好处的。在讲解的过程中，我们可以发现别人的出错点，这也是出题人经常"设坑"的地方，由此我们可以提高自己对这些易错点的掌握。给同学讲题，可以再次巩固自己的解题思路，加深记忆力，提高学习效率。因此，给同桌讲题，时间并没有浪费掉，在帮助别人的同时，也帮助了自己！

心理大课堂

 我们不想给同学讲题的原因有哪些呢？

1 怕浪费精力

在期中考试复习阶段，我们学习压力很大，需要集中精力进行复习，这时同学向我们请教问题，就会打扰我们的思路，影响我们的复习效果。

2 不想让同学依赖自己

有的同学自己懒于思考，也懒得翻书查看基础知识，遇到任何困难都想求助于别人。我们帮他们讲过一次题后，他们就可能一而再，再而三地提问。为了不让同学依赖自己，我们也可能会不愿意给同学讲题。

3 怕同学超过自己

有些同学在学习过程中会出现一种"竞争心理"，担心同学的学习能力比自己强，如果给同学讲题，可能会让同学更快地掌握知识和技能，从而超过自己。

 不想给同学讲题会带来哪些负面影响呢？

1 不利于巩固知识

我们给同学讲题，这是一个主动学习的过程，讲题的过程中，我们可以深化知识，加深对知识点的理解。如果不想给同学讲题，就不能发现别人的出错点，自己也失去了一个查漏补缺的好机会。

2 影响我们的人际关系

给同学讲题也可以增进同学之间的感情，使同学相处起来更加轻松、愉悦，提升我们的交际能力。如果不想给同学讲题，也就不能得到同学的接纳和认可，同学之间相处起来很困难，影响同学之间的人际关系。

3 不利于培养表达能力和逻辑思维能力

我们在给同学讲题的时候，为了给同学讲明白，我们会更认真、专注，还会琢磨我们怎么讲同学才能更理解，这样就可以培养我们的表达能力和逻辑思维能力。

我来支招儿啦!

① 利用空闲时间给同桌讲题

当同桌向我们请教问题的时候，尤其当我们正在做题，一定会影响我们的思路。此时，我们可以用委婉的语气说："请等一下，我待会儿给你讲好吗？"试着将为同桌解答的时间与自己做题的时间分离开来，利用空闲的时间给同桌讲题。

② 提示同桌解题思路或学习方法

同桌频繁地向我们请教问题时，我们可以简单地告诉同桌解题思路或者简单提示这道题出现在教材的第几页，还可以向同桌提供笔记，鼓励同桌寻找其他资源，如寻找老师的帮助。

③ 引导同桌改变学习态度

在期中考试复习期间，我们每个人都有自己的学习计划和时间安排，如果同桌频繁地向我们请教问题，可能会干扰我们的学习进程。因此，我们可以和同桌沟通，告诉他我们的时间很有限，建议他养成独立思考的习惯，有助于他自己更好地掌握知识和技能。

我是"吊车尾"，我好烦恼

最近我一直很烦恼，数学课对我来说太煎熬了，上课时我总是跟不上老师的思路，下课后也很难独立完成作业。而其他同学上课时总能跟上进度并且很快就能掌握新知识，作业对他们来说也不是难事。我发现我总是跟不上大家的进度，已经成了班里的"吊车尾"，我是不是天生脑子笨，理解能力差呢？我真的好苦恼，我该怎么办呢？

心理大分析

　　每个人的学习方式和学习进度都不同，有些人很快能学会新知识，而有些人可能需要更多的时间和精力才能跟上进度。这并不意味着我们一定天生脑子笨或者理解能力差。

　　我们学习新知识慢的原因有很多。比如，没有掌握正确的学习方法；学习习惯不好，总是死记硬背而不注重融会贯通；上课走神，跟不上老师的思路；基础知识掌握不牢固，影响学习新知识的效果。另外，如果我们因为一时落后就产生自我怀疑的心理和负面情绪，反而会对学习进度和效率产生负面影响。

　　同时，我们无须因为看到别人学习效率高、学习新知识快就心中烦恼或强行改变自己的学习方式。我们应该坚定自信心，相信自己能够学好，只是需要更多时间或努力来适应大家的学习进度。同时，我们不要过分在意自己的成绩，成绩的好坏并不是衡量我们优秀与否的唯一标准，只有全面发展才是好孩子。因此我们不必总拿自己和别的同学进行比较，只要我们一点一点地取得进步，不断地超越过去的自己，最终也能取得很好的成绩。

　　另外，如果我们觉得自己一个人无法解决这些问题，可以试着向老师求助，让老师帮忙分析我们的问题，给我们提出改进的建议。最重要的是，相信自己，不要放弃，坚持努力，我们一定能够取得进步和成功。

心理大课堂

我们为什么会因为学习落后而怀疑自己呢？

1 缺乏成就感

学习成绩优异可以让我们获得成就感，激发学习动力。而当我们无法跟上其他同学的学习进度时，难免会感到焦虑、沮丧、失望，这些负面情绪会给我们带来心理压力，甚至使我们自我怀疑。

2 过分比较自己和他人

我们正处在自我意识快速发展的阶段，往往有着很强的自尊心，会非常在意自己和别人之间的差距。当我们发现自己落后于人，自尊心会受到伤害，这给我们带来压力和不安，使我们自我怀疑。

3 过高的自我期待

目标是90分

有时候我们对自己的定位和自我评价并不准确，误认为自己的能力很高，因此给自己制定了过高的目标。当我们没能达到自己制定的目标，或者落后于这一目标时，我们就会产生挫败感，怀疑自己的能力。

一直"吊车尾"会给我们带来哪些负面影响呢？

1 心理压力增加，负面情绪累积

当我们成绩落后时，我们可能会产生失落、焦虑、沮丧等负面情绪。如果这种情况一直没能得到改变，这些负面情绪就会不断累积，给我们带来很大的心理负担，会让我们变得自卑，甚至变得抑郁。

2 造成恶性循环

成绩一时落后往往是因为我们基础知识掌握不好、学习方法有问题等，这些问题本身并不严重，只要我们态度端正是可以解决的。但如果我们没有及时解决，一直"吊车尾"，我们的知识漏洞就会越来越多，我们可能会觉得无力回天，从而彻底"摆烂"，造成恶性循环。

3 影响我们的人际关系

我们这个年纪通常很看重自己在别人心目中的形象，当我们成绩落后时，难免担心会给小伙伴们留下不好的印象，觉得在小伙伴们面前抬不起头，对集体产生疏离感。久而久之，我们会变得越发孤僻，这会严重影响我们的人际关系。

❶ 接受自己的不足，积极寻求改进方法

每个人都有自己的优点和不足，也有适合自己的学习方法。我们不该过度自责和怀疑自己的能力，也不要让自己长时间沉溺于负面情绪中，要学会接受自己的不足，并积极寻求改进的方法。比如，向老师求助，让老师帮我们分析我们的不足，并提出改进意见。

❷ 制订学习计划，养成良好的学习习惯

制订学习计划可以帮助我们更好地安排学习时间和任务，也可以让我们更加有条理地学习，避免拖延和浪费时间。我们可以根据自己的情况制订一个具体、可行的学习计划。例如，每天花一小时来做数学题、每天早起背数学公式等，经过一段时间的努力，我们不仅可以提高自己的成绩，还能养成良好的学习习惯。

❸ 多巩固知识，将知识融会贯通

学习中，没有一个知识点是独立的，每一章的知识点之间都有一定的联系。如果我们总是跟不上大家的进度，在上课前，可以先预习课本，带着问题有针对性地听课。如果遇到不会或者不懂的问题，一定要做好标记，下课后请教老师和同学。还要及时复习，巩固所学的知识，防止遗忘。

英语是我的"宿敌"，我敌不过它

在刚刚过去的期末考试中，我的英语成绩又一次没能及格。唉，自从三年级上了英语课后，我的英语考试从未及格过。不管我怎么通宵达旦地背单词、翻来覆去地做习题或是听录音，我的英语成绩总是提不上去。我向英语老师求助，老师说我的学习方法出了问题。我的学习方法有哪些问题呢？我该怎样在和英语的"斗争"中获胜呢？

心理大分析

英语是一门外语，对于母语为中文的我们来说，英语的语音、语法等方面与中文有很大的不同，需要花费较长时间去适应。我们的英语成绩不理想，不要灰心丧气，毕竟掌握英语是需要大量练习和积累的。

首先，既然老师已经指出了我们的问题，我们就应该好好反思一下自己的学习方法中不科学的地方。比如，我们没有合理地安排学习时间，总是先玩再学，因此不得不"开夜车"，导致学习效率不高；或者是我们没有制订学习计划，不会有针对性地预习、复习和纠错；或者是我们仅仅知道死记硬背，而没有注重提高听、说、读、写的能力等。总之，学习方法正确与否对我们的学习效率有极大影响，因此我们必须掌握科学的学习方法。

其次，我们可以向英语课代表请教，了解他的学习方法和技巧。不过，每个人的学习方法都不同，我们应该根据自己的实际情况选择适合自己的学习方法。

再次，我们应该端正自己的学习态度，不能三天打鱼两天晒网，也不能抱着侥幸心理希望通过临时抱佛脚来提高英语成绩。而是要有计划地、持之以恒地学习英语，逐渐提高自己的成绩。

最后，我们要保持积极的心态，提高英语成绩不可能一蹴而就，只要我们有科学的学习方法和越挫越勇的精神，付出一定的时间和努力，我们一定能学好英语。

心理大课堂

 我们总是学不好英语的原因有哪些呢？

1 学习方法不正确

如果我们的学习方法不正确，往往会浪费很多时间或者进入学习误区，导致我们的学习效果不佳。比如，只是听讲而没有深入思考，那么我们就难以掌握知识点，也就很难提高成绩。

2 基础知识不牢固

学习英语的重点是掌握基本的语法和音标，如果我们没有正确掌握这些知识点，就难以快速地拼读、记忆单词，不利于我们掌握英语的听、说、读、写能力，导致我们后续的学习更加困难。

3 缺乏兴趣，缺少动力

学习英语需要兴趣和积极性。如果我们对英语缺乏兴趣，也就没有足够的动力和热情去支持我们学习，渐渐地，我们就会对英语感到枯燥，难以集中精力学习，从而影响我们的学习效果。

 长期学不好英语会有哪些负面影响呢？

1 产生负面情绪，失去学习动力

如果我们总是学不好英语，我们会看不懂英文课本，跟不上老师的讲解，学习会越来越吃力。渐渐地，我们会对英语课产生厌倦和抵触情绪，一上英语课就感到烦躁、紧张等，甚至导致我们失去学习英语的动力。

2 影响综合成绩，不利于我们升学

如果我们总是学不好英语，英语成绩一直得不到提高，会拉低我们的综合成绩。尽管现阶段英语成绩不高对我们来说似乎并不重要，但在"小升初"阶段，它可能会影响我们升入好的初中。

3 缺乏知识储备，影响我们的视野

现在，许多英语基础好的小伙伴们已经开始试着阅读英文书籍或是观看英语视频了，他们可以直观地了解国外的文化和知识，从而获得成就感。如果我们学不好英语，也就难以获得类似的知识和体验，不利于我们提高自信心和开阔视野。

我来支招儿啦!

❶ 找到适合自己的学习方法

不同的人有不同的学习方式，找到适合自己的学习方法可以提高学习效果。我们可以向一些英语成绩好的同学请教，或者向老师求助来获得专业性的建议或指导，帮助我们尽快掌握正确的学习方法，跟上学习进度。

❷ 多角度练习，全面学习英语

学习英语，听、说、读、写四项基本技能必不可少，我们应该注重全面锻炼这四项能力。学习新单词时，多读、多拼、多写；学习新短语时，尝试想象一个情景，自己试着用短语进行对话，从而锻炼发音和口语表达能力。

❸ 制订合理的学习计划

合理的学习计划可以提高我们的学习效率。我们要根据实际情况确定适合自己的目标，安排自己的学习进度并按计划进行学习。比如，用 10 天记住并掌握 100 个单词，每天花 2 个小时进行拼读和练习。很快我们就能养成良好的学习习惯，学习成绩也会逐渐提高。

偏科严重，我该怎么办？

 ： 　唉，下节课又是我最讨厌的数学课，一想起那些"火星文"一样的数学符号我就头疼。乱七八糟的数学公式更是让我痛苦不堪，这就导致我的数学成绩总是很低。而我的语文成绩一直不错，我觉得只是数学这一科成绩不好而已，许多同学也有偏科的问题，应该没有多大影响吧？可是爸爸又总是苦口婆心地督促我提高数学成绩，我该怎么办呢？

心理大分析

　　偏科是我们经常遇到的问题，几乎每个学生都有这样的烦恼。导致我们偏科的原因有很多。可能是我们对某个学科没有足够的兴趣；学习方法不当，缺乏练习；我们的思维方式不太契合某学科的思维方式等。

　　在心理学上，有一个木桶理论，说的是一只木桶能装下多少水，完全取决于最短的那一块板。因此，一只木桶想盛满水，必须把短板补齐，保证每块木板都一样平齐，才能盛满一整桶水。在学习上也是如此，虽然偏科现象较为普遍，但如果我们不引起重视，会对我们的全面发展产生很大影响，因为我们学习的所有科目之间都有直接或间接的联系，一科成绩太低，必然会影响其他科目的学习效果。而且偏科可能会让我们的知识面变得更加狭窄，思维和视野都会受到限制，将会影响我们的思维能力、逻辑能力的发展。

　　因此，既然我们已经找到了自己最短的那块"木板"，就应该进行针对性的练习和提高。我们可以尝试采用一些不同的学习方法，找到最适合自己的一种；也可以建立一个合理的学习计划表，让自己更好地分配时间和精力，提高学习效率。同时，保持积极的心态也非常重要，相信自己能够取得进步。如果我们觉得自己的力量难以解决问题，也可以寻求老师的辅导和帮助。

心理大课堂

导致我们偏科的原因有哪些呢？

1 对学科兴趣不足

兴趣是学习的动力，也是最好的老师。如果我们不喜欢某一门学科，就不愿意在这门学科上投入过多的时间和精力，也就很难学好这门学科。长此以往，就会导致偏科。

2 学习方法不当

由于各门学科之间在学习方法上存在一定的差异，有的小伙伴不知道如何制订学习计划，学习效率就会大打折扣，他们会觉得一些课程很难学，就会导致偏科。

3 遇到挫折或瓶颈

有的小伙伴在一开始并没有偏科的情况，但他们在学习的过程中遇到了一些挫折，或者是陷入了瓶颈期，一时间难以克服，由此对这门学科渐渐失去了自信，导致积极性下降，以致影响这门学科的成绩。

偏科会给我们带来哪些负面影响呢？

① 影响综合能力的发展

如果我们只重视某一科目，而忽略其他科目，那么就会导致其他方面的能力得不到充分的发展，从而影响我们综合素质的提高，在未来的学习中也会遇到许多困难。

② 影响其他学科的成绩

学科之间有关联性，偏科的小伙伴往往不会只偏科一门，还会影响其他学科。比如，有些小伙伴不愿意学习语文，是因为语文科目背诵的知识点较多，他不太喜欢费心去记和背，导致英语这种需要记忆的科目成绩也变得不好。

③ 容易养成拖延的坏习惯

我们在自己喜欢和擅长的科目上，能短时间、高质量地完成作业。对于不喜欢和不擅长的科目，我们可能会有抵触情绪，如果一直拖延，不愿意去做，时间长了，就会养成拖延的坏习惯。

我来支招儿啦!

1 培养学习的兴趣

学习并不一定是枯燥乏味的,我们可以寻找学习中的乐趣。例如,我们喜欢写作,可以通过多读书,提高写作能力和书面表达能力,当我们写出一篇优秀的作文时,我们会获得成就感,会更加喜欢学习语文。只要通过一些小事激发我们对某一学科的兴趣,我们就更加愿意付出精力去学习这一学科。

2 树立目标,重拾自信

我们每个人都会经历失败,这是很正常的。我们不能因为弱势学科成绩不好,就放弃了这门学科。我们要树立自信,先给自己制定一个目标,如上课专心听讲,按时完成作业,课后及时复习等。当我们实现这个目标后,就会受到鼓舞,可以重拾对弱势学科的自信。

3 找到适合自己的学习方式

每个人都有不同的学习方式,我们只有找到适合自己的学习方式,才能更有效地学习。在上课之前,可以预习一下课本内容,这样能够更好地跟上老师的讲解。也可以试着做一些简单的题,逐渐增加难度,从而提高自己的能力。

付出了很多，成绩还是不理想

过去的几个月，我学习一直很用功，在学校认真听讲、做笔记，下课后，同学们都出去玩，我还在教室里看书、做题；放学后我也按时完成老师布置的作业。可是，眼看半个学期过去了，在几次测验中，我的学习成绩一点也没有提高，甚至还不如那些贪玩的同学。为什么我这么努力，却得不到回报呢？我有点儿接受不了，难道我的努力是没有意义的吗？

心理大分析

　　有时候我们明明很努力学习，可成绩总是不理想，心情难免会很低落。不过，从另一个角度看，我们的学习态度非常积极，这是很难得的，可能学习方法存在一些问题，导致我们陷入了学习误区。

　　很多时候，光有一个积极的学习态度是不够的，如果学习方法不到位，付出再多努力往往也是在做无用功。比如，我们光顾着完成作业，却没有制订一个合理的学习计划，导致无法有效地利用时间；课上的知识学完就放到一边，不再复习，导致我们基础知识掌握不牢。

　　因此，我们不应该自暴自弃，而是应该一方面保持积极的学习态度，另一方面努力找出问题的根源。我们可以回顾最近一段时间的学习过程，看看自己在哪些方面有欠缺，是学习方法出了错，还是基础知识掌握不够扎实等。我们可以试着与同学建立学习小组，与同学一起学习，相互监督和查漏补缺，相互补充知识和经验，从而提高学习效率和质量。也可以向老师求助，请老师运用丰富的经验帮我们找出问题的关键。另外，我们也不要太过于追求成绩，过度在意学习成绩会蒙蔽我们的双眼，因为享受学习的过程也是非常重要的。

　　只要我们保持耐心和信心，不轻易放弃，一定能够找到合适的学习方法并取得好成绩。

心理大课堂

 我们努力了却还是成绩不好的原因有哪些呢？

1 学习方法不正确

虽然我们平时很努力，但是学习方法不正确，付出再多努力往往也是在做无用功。比如，只是死记硬背数学公式，而不去理解它背后的逻辑关系和应用方法，自然难以灵活应对多变的数学题。这就会导致我们做了再多的题也依然会错。

2 缺少学习计划

我们在学习的过程中，如果没有明确的目标和科学的学习计划，往往会对学习感到迷茫，不知道该如何提升自己。尤其是当我们的学习难度逐渐加大时，可能会陷入一种没有头绪的慌乱状态，难以提高自己的成绩。

3 遇到学习瓶颈期

有时候，当我们学习新知识，或者学习难度逐渐加大时，会出现进步缓慢、停滞不前的状态，这就是学习的瓶颈期。实际上，瓶颈期是我们取得突破的前兆，这时候往往需要更多的耐心和练习才能渡过难关。

 觉得努力没有意义会带来哪些负面影响呢？

1 出现负面情绪，产生心理问题

如果我们产生了"努力没有意义"这样的错误想法，最先受影响的往往是我们的情绪。我们会认为自己之前做的都是无用功，产生沮丧、失落或焦虑等情绪，这些负面情绪不断堆积会给我们带来很大的心理压力，甚至使我们产生心理问题。

2 降低学习动力，产生抵触情绪

取得任何进步和成功都需要付出相应的努力。如果我们觉得努力没有意义，就会逐渐降低自己在学习方面的兴趣和热情，我们可能会变得懒惰，不愿意接触新知识，甚至对学习产生抵触情绪，产生厌学心理。

3 自尊和自信心受挫，产生自我怀疑心理

我们觉得努力没有意义，通常都是因为自己付出太多努力而没有得到回报。在这种情况下，我们的自尊和自信心会受到打击，我们会开始怀疑自己的能力和价值，甚至产生放弃的念头。这种情况在学习中尤其常见。

① 反思自己的学习方法，重新找准学习方向

我们没有取得好的成绩，有时并不是不够努力，有可能是努力的方向错了。比如，学习中没有分清重点和难点。学习并不是埋头苦学，盲目学习，这样只会起到反作用。我们在学习的时候，一定要找准学习的方向，制定一个适合自己的学习目标，然后朝着目标努力，这样就会事半功倍。

② 调整学习方法，提高学习效率

如果我们努力学习但是成绩提不上去，这时我们要先找出原因，有没有可能是自己的学习方法不对，正确的学习方法会提高学习效率和学习成绩。试着调整自己的学习方法，可能成绩就会提高呢。

③ 改变心态，重新建立自信

成绩的高低并不是衡量我们学习成果的唯一标准。毕竟学习是一个长期的过程，过分关注成绩很容易让我们觉得枯燥、单调，失去动力。我们可以在自己感兴趣的科目或兴趣爱好上多下功夫，当我们取得一些进步时，我们会体会到学习的快乐，通过这种方式重新建立自信，再次投入学习中。

我总是心浮气躁，无法踏实学习

： 　　三年级以前，我的学习成绩在班上一直名列前茅，每次考试都能取得好成绩。但是上了三年级后，课程变得很难，我学习也变得很费劲。为此我又烦闷又着急，可我越着急，就越做不到脚踏实地地学习，脑海里总是乱糟糟的。老师说我心浮气躁，让我向刻苦的同桌学习。我为什么会这么浮躁呢？我真的好烦恼，我该怎么办呢？

心理大分析

在低年级时，我们的表现一直很优秀，但是随着学习难度增加，我们可能会感到压力和挫败，从而产生心浮气躁的情绪，这是很正常的现象。心浮气躁可能是多种因素造成的，除了学习难度提高，还可能是心理压力增加、社交关系受损等。此外，别人的评价也可能对我们的情绪产生影响。老师让我们向刻苦的同桌学习，可能会让我们感到自己不够优秀，产生不满或自卑心理。

浮躁的心理会给我们带来很多坏处，如难以集中注意力，无法专注于学习任务；情绪波动变大，使我们容易激动或发怒。还可能会带来焦虑、烦躁、不安等负面情绪。虽然浮躁心理会给我们带来很多负面影响，但只要端正心态，掌握正确的方法，浮躁心理是完全可以克服的。

浮躁心理很大程度上是我们平时生活、学习中放松对自己的克制造成的，所以要想改变浮躁的心理，就必须在日常生活、学习中逐步培养良好的行为习惯。首先，我们应该冷静下来，不要过分焦虑。焦虑只会让我们更加心浮气躁。其次，我们应该找到浮躁的原因，尝试从根本上解决问题。最后，我们要学会自我调节，当我们再次产生浮躁心理时，可以通过听音乐、做运动、深呼吸等方式来放松自己的情绪。

心理大课堂

 我们学习时心浮气躁的原因有哪些呢？

1 学习压力大

学习压力大是导致我们心浮气躁的主要原因之一。我们在学习难度增加、学习任务繁重、考试临近或学习进度滞后时，往往会感到压力增加，担心自己难以跟上学习进度或考试成绩不好，从而导致心浮气躁。

2 过度在意他人的评价

我们正处在自我意识快速发展的年龄段，往往会对他人的评价十分在意。如果周围的人对我们有过高的期望，或者对我们进行了批评或指责，我们就会感到焦虑和不安，从而导致心浮气躁。

3 生活作息有问题

我们在面临繁重的学业时，常常不会合理地安排学习任务和时间，这就容易导致我们的生活作息受影响。如果我们长期处于高强度的学习中，没有适当的休息和调节，也可能会导致心浮气躁。

 学习总是心浮气躁会带来哪些负面影响呢？

养成半途而废的坏习惯

我们心浮气躁，静不下心努力的话，做事容易冲动，脑子一热就开始采取行动，事前毫无准备，没有规划，中途遇到一点儿麻烦就想放弃，容易半途而废。

学习效率低下，影响学习成绩

浮躁的心态使我们无法集中精力学习，从而导致学习效率低下。也会使我们学习匆忙，只是简单地了解知识点，而没有深入掌握，这样学习的内容就不牢固，从而影响学习成绩。

影响我们的心态，产生厌学心理

长期处于心浮气躁的状态容易导致厌学情绪的产生。当我们感到学习困难或者学习成果不理想时，很容易出现挫败感、失落感等负面情绪，进而导致我们对学习的兴趣和热情降低，甚至处于厌学状态。

我来支招儿啦！

❶ 放松训练，平复内心

当我们感到心浮气躁时，可以尝试进行深呼吸。可以想象自己在吸入新鲜的空气，排出身体里的压力和紧张情绪。也可以做一些简单的瑜伽、冥想或进行适当的运动，以缓解压力和疲劳，同时可以提高我们的学习效率。

❷ 制定目标，合理规划学习任务

有时候，我们会因为学习任务太多而感到烦躁。这时候，我们必须学会合理安排自己的学习任务，避免浪费精力，做无用功。我们可以先制定明确的目标，比如一星期背下 100 个单词，然后将 100 个单词平均分配，每天背一部分。这样我们每一天的压力都不会很大。

❸ 提升注意力及学习动力

学习时心浮气躁可能是由注意力不集中导致的。我们可以将学习任务分成多个小部分，在每个小部分之间休息一段时间，这样有助于集中注意力。在学习过程中，还可以适当地给自己一些奖励，这样可以提高我们的学习动力和注意力。

病假返校后，学习动力减弱了

：　　上个月，我突然得了一场大病，导致我在家休养了很久。这个月返回学校后，我发现自己已经落后了其他同学一大截。课堂上，我听不懂老师讲的内容；老师提问题时，我就垂着头，生怕老师叫我回答问题；很多课后作业我也不会做。我感觉我永远也追不上其他同学的学习进度了，我学习的动力越来越弱，有点不想学习了，我该怎么办呢？

心理大分析

　　我们因为生病跟不上学习的进度，这是客观原因导致的，并不是我们自己不想学。我们和小伙伴们在同一条跑道上，因为伤病的原因不得不停下脚步。等我们再度启程的时候，已经落后于其他人，这是很正常的事情。

　　我们要明白，虽然我们暂时落后于其他人，但并不代表我们追不上他们了。在这样的情况下，我们要平静地面对自己被落在后面的事实，不能过于焦躁，而是要运用科学的学习方式来进行补救，让自己慢慢地适应现在的课程进度和学习内容。

　　有些时候，打败我们的并不是疾病、困难，而是我们自己。在心理学中，有一条定律：只要自己不打倒自己，世上没有人能击败和打倒我们。这条定律是罗伯特定律，它告诉我们，一个人可以克服生活中绝大多数的困难，只要保持希望和自信。虽然我们返校后听不懂老师讲的是什么，但也要坚持去听，并且做好笔记，课下再参考笔记，回顾老师讲的知识，遇到不懂的问题，及时请教老师和同学。只要我们坚持下去，就能慢慢补足落下的课程。

心理大课堂

 我们学习动力减弱的原因有哪些呢？

1 学习压力增大

我们请病假返校后，会有许多积压的作业，落下了许多课程。我们每天都在不断地补之前落下的课程，这会使我们感到巨大的压力，从而无法安心学习。压力过大可能给自己带来心理负担，产生紧张焦虑情绪，渐渐地，学习动力就减弱了。

2 缺乏明确的目标和计划

请病假返校后，我们肯定有很多落下的功课要补回来，这时候必须有明确的目标和计划，否则必然感觉茫然和不知所措，缺乏学习动力。

3 学习方法不当

我们的功课落下了，想要补上来，运用科学的学习方法尤为重要。如果我们总是死记硬背、不注重复习和总结，导致我们学习效率低下，这也会使我们的学习动力减弱。

 学习动力减弱会带来哪些负面影响呢？

1 使我们失去探索新事物的动力

学习动力是指我们学习的内在动机，也就是我们在学习中所具有的积极性和动力。当学习动力减弱时，我们就会失去学习的兴趣，导致我们缺乏探索新知识的欲望，这会限制我们的成长和发展。

2 影响我们今后的学习

学习本就不是一件易事，如果我们长时间缺乏动力，就会感觉学习很痛苦，成绩也无法提高。久而久之，会对我们未来的学习生涯产生十分不利的影响。

3 影响我们的心理健康

学习动力减弱可能会使我们失去对未来的信心，我们可能会认为没有足够的动力去追求自己的目标，无法达到自己的期望，甚至产生失落和压抑的情绪，从而影响我们的心理健康。

① 面对现实，重新开始

因为生病，我们耽误了很多课程，想要在短时间内把落下的课程都补上，非常困难。许多知识，并不是我们一下就能理解的，在这样的情况下，我们要认清自己的处境，可以先从最容易理解的章节开始，等到把所有的基本知识都掌握了，然后按由易到难的次序，补齐所有的科目。

② 请求老师帮忙

当我们碰到一些不明白或者比较复杂的题目，可以在课余的时候去请教老师。有什么不懂的都可以请教老师，不要因为羞愧，或者不好意思，就不请求老师帮忙。

③ 放平心态

我们千万不要因为请了一个月假，跟不上课程，就自暴自弃。我们要放平心态，以积极的心态去面对，相信自己一定可以补足落下的课程，只不过需要一定的时间罢了。

课程越来越难，我不想学了

： 　　上三年级的时候，语文课我还能应付自如，但升四年级后，我感觉语文越来越难学了。现在语文生字变多了，我一边学，一边忘；有的课文变长了，我不能顺利地读下来；文言文和古诗更是难以理解，我根本背不下来。老师点名抽查背古诗，我因为没背出来，被老师批评了许多次，我现在都不想学了，怎么办呢？

心理大分析

　　我们升到四年级，觉得学习变得很困难，这是很正常的事情，很多小伙伴都会有这样的烦恼，我们不必担忧。学习都有一个由浅入深的过程，我们在低年级的时候，学习不是很困难，随着步入高年级，学习任务越来越多，学习难度也越来越高。那些难度较大的知识，对我们来说更是一种考验，我们应向老师和同学请教，反复练习。通过自己的努力，克服这些困难，我们就会有所进步。

　　在心理学中，有一个耶基斯－多德森定律，当我们做一件容易的事情时，动机水平就会大大提高，当我们做一件困难的事情时，动机水平就会大大降低。换句话说，想要做的事情难度越来越大，能够坚持下去的人也会越来越少。当我们学习的难度越来越大，就会减弱我们的学习动力。

　　我们觉得语文很难学，与课文的难易度有很大关系。因此，我们可以从降低课文的难度着手。上课之前，可以先熟读一遍课文，遇到不会的生词，提前查工具书，这样可以加深记忆，加深对课文的理解，学起来就会变得容易。课后也要及时复习，以免忘记。由浅入深的学习方式，可以提高我们的学习效率，增强学习动机，渐渐地，我们就会爱上学习。

给孩子的 心理帮助书

心理大课堂

 课程变难，我们不想学习的原因有哪些呢？

1 与畏难情绪有关

畏难情绪是我们不想学习的原因之一。当我们面对复杂的课程时，会感到害怕或不安，学习上力不从心，可能会感到无法应对，从而产生畏难情绪，影响我们的学习动力。

2 不适应

随着年级的升高，课程学习的难度会越来越大，我们可能会遇到一些挑战和困难。如果我们不能相应地提升自己的能力，就不能克服学习上的困难，渐渐地，就不想学习了。

3 没有掌握学习方法

随着年级的升高，我们需要掌握更多的学习方法来适应课程的难度。如果我们不能找到适合自己的学习方法，可能会导致我们的学习效果不佳，进而影响我们的学习积极性。

因为怕难就不想学，会给我们带来哪些负面影响呢？

1 直接影响我们的学习成绩

当我们觉得课程越来越难时，我们可能会失去学习的兴趣。比如，我们觉得学习语文很困难，学不会，就会觉得语文科目很无趣，不想再学了。这样的话，会直接影响到我们的学习成绩。

2 使我们失去学习的信心

当我们觉得课程越来越难时，我们可能会失去学习的信心。比如，我们觉得学习语文很困难，就会认为自己很笨，不适合学习语文，就会失去信心，不敢尝试，不敢挑战自己。

3 使我们失去学习的动力

当我们觉得语文课程越来越难时，我们可能会失去学习的动力，无法享受学习带来的快乐和满足感，进而容易错过很多学习的机会。

❶ 掌握正确的学习方法

如果我们觉得语文生字太多，可以尝试每天花一些时间来背诵生字，还可以在纸上写下生字，这样可以帮助我们更好地理解和记忆生字。如果觉得课文太长，可以尝试分段阅读。先读一段，理解之后再读下一段。如果遇到理解困难的课文，可以寻求老师或爸爸妈妈的帮助。

❷ 重视课外阅读

课外阅读可以提高我们的语言表达能力、对事物的理解能力和思维能力，还能开拓我们的视野，对语文学习很有帮助。当然，面对庞杂的图书种类，一定要挑选那些对学习有实际帮助的书来读。只要我们持之以恒地坚持阅读，提高语文成绩就会水到渠成。

❸ 及时和老师沟通

升入高年级后，出现厌学情绪不是小事，如果我们一直无法得到有效调节，就需要和老师好好聊一聊。经验丰富的老师可以很好地开导我们，帮助我们找到原因，并提出相应的解决办法。

考试考砸了，我心态崩了

：　　期末考试结束了，我在考试中表现得很糟糕，甚至在我最喜欢的英语科目上也一败涂地。在考试时，经常会出现一些低级的失误，导致分数损失不少。考完试，我的心情十分低落。卷子发下来后，我发现自己做错了许多题。我感到非常失望和沮丧，觉得自己的努力都白费了。我不知道该如何调整，无法面对接下来的学习，我该怎么办呢？

心理大分析

考试成绩时好时坏，这是很平常的事，没有人能够保证每次考试都会有好结果，我们不用过于担心，只要全力以赴就可以了。当然，考试成绩出来之后，发现自己的成绩很不好，我们难免情绪低落。考试没考好的原因有很多。如考前准备不充分、考试压力过大等。我们与其徒劳地悲伤，不如对症下药。

考试失利该怎么调整心态呢？我们应该从心态崩溃的情绪中走出来。比如听音乐，让自己放松一下。只有让自己的情绪平复下来，才能正确面对考试结果。还要多沟通，沟通与倾吐是宣泄情绪的好方法。我们可以尝试与那些没有考好的同学进行沟通，在表达自己感受的时候，也可以倾听他们的看法，或许同学无意间说出的一句话或者一个观点，就可以瞬间燃起我们的斗志，树立信心有助于自身克服不良的情绪。也可以多微笑。科学家研究发现，当我们大笑的时候，大脑就会分泌内啡肽，可以缓解消极的情绪。

我们要以积极的态度面对失败，从失败中吸取教训，分析自己的不足，调整自己的学习方法，从而提升自己，并在将来面对更多的挑战。

心理大课堂

 为什么我们会因为考试失利而崩溃呢？

1 对他人评价的担忧

当我们考试失利，我们可能会害怕成绩好的同学瞧不起我们，影响我们在同学们心中的印象；或是受到老师、爸爸妈妈的批评等，从而感到担忧和沮丧，给我们带来压力，影响我们的心态。

2 对自己期望过高

有时候，我们对自己的期望过高，认为自己应该在考试中取得好成绩，但实际上我们可能没有达到自己的期望。在这种情况下，可能会导致我们心态崩溃。

3 考试压力太大

通常来说，我们在考试前会投入大量时间和精力去准备，给自己带来很大的压力。如果最终考试的结果并不理想，我们可能会觉得自己的努力白费了，那么我们可能会因为压力过大而产生心态问题。

心态崩了，会对我们的学习带来哪些负面影响呢？

1 心理健康受到严重影响

当我们的心态崩溃时，可能会产生沮丧、失望、无助、焦虑等负面情绪，我们甚至会怀疑自己的能力和价值，进而变得自卑、抑郁，心理健康将受到严重影响。

2 影响学业

如果我们一直处于负面情绪中，我们就难以集中精力学习，因为负面情绪会消耗我们的精力，这必然会严重影响我们的学习成绩。

3 影响人际关系

考试考砸后，我们可能会变得很自责，或是严重怀疑自己，在这种心态下，我们可能会因为在同学面前抬不起头来，而变得不愿意再去积极地社交，进而会影响我们的人际关系。

我来支招儿啦!

❶ 分析考试失利的原因

考试没有考好，心情很低落是正常的。我们要想想考试失利的原因，客观地进行分析，判断一下究竟是因为自己的疏忽，还是因为自己不够努力，找到了问题所在，就要尝试着去解决它。只有解决了源头问题，我们才可以投入学习中去。

❷ 学会接受失败

考试没有考好，这是事实，我们要学会接受失败，并且不要把自己的价值和能力与考试结果完全绑定，考试不会定义我们的人生。这只是一个小小的考试，我们要从逆境中前进，将来一定可以取得成功。

❸ 制订学习计划

我们可以根据自身的不足，制订一个学习计划。根据自己的计划，逐步提高自己的学习成绩。当我们完成学习计划时，可以激发自己的学习热情，更好地将精力集中到学习上，这对学习是很有帮助的。

基础知识掌握不牢固，一做习题就出错

 : 　　这学期，我发现自己在考试中总是犯一些低级错误导致失分，我的成绩也总是不理想。在数学考试的时候，我因为记错公式算错了一道大题；英语有许多单词我也记不住，每次做阅读理解题都出错，后来老师提醒我可能是我的基础知识没有掌握牢固。我也想打好基础，提高自己的成绩，可是我现在越学越费劲，感觉已经晚了，我该怎么办呢？

心理大分析

　　如果我们不重视基础知识的学习，学东西囫囵吞枣，后面学起来就会很费劲。基础知识是我们学习的基础，它为学习新知识做好了铺垫。没有扎实的基础知识，我们学习新知识时就会感到吃力，甚至无从下手。基础知识就好比我们建房子打地基一样，没有坚实牢固的地基，房子就没有稳定性。因此，掌握基础知识对我们的学习非常重要。

　　基础知识掌握不牢固与学习方法有关。有时候我们学完新知识就抛之脑后，完全不注重复习巩固，前面学后面忘。还有时我们不注重融会贯通，只知道死记硬背，而不去理解知识的内涵，导致学习效率不高等。

　　基础知识掌握不牢固不是一朝一夕造成的，需要长时间的努力才能弥补。要想把基础知识掌握牢固，首先我们要静下心来，找到自己的薄弱环节，然后有针对性地进行学习。再制订一个详细的学习计划，每天按照计划进行学习，逐渐提高自己的知识水平。此外，基础知识的学习还需要勤加练习，可以通过做题来加深对知识点的理解和记忆。最后，如果我们遇到了学习上的问题，应该及时寻求老师或者其他同学的帮助。

　　最重要的是要坚持，我们不要因为自己基础知识没打好而放弃，只有坚持下去，才能够取得好的成绩。

心理大课堂

 导致我们基础知识掌握不牢的原因有哪些呢？

1 学习态度不端正

学习态度不端正会导致基础知识掌握不牢固。学习是一个需要认真、耐心和持之以恒的过程，如果我们的学习态度不端正，总是心浮气躁、缺乏耐心、应付差事等，我们就难以深刻地记住知识，导致学习成绩不高。

2 没有掌握正确的学习方法

有些小伙伴没有整理错题、复习的习惯，这样容易忘记学过的知识点，导致我们很难将知识点串联起来，无法形成完整的知识体系，在实际应用时也就容易出错。

两只黄鹂鸣翠柳······

3 客观因素影响

有时候我们有学习上的漏洞并不是我们的主观原因导致的，而是受到了客观因素的影响。比如生病导致耽误了课程、上课时注意力被分散错过了重点内容等，一开始我们可能没有注意，但发现时往往会感觉追悔莫及。

基础知识掌握不牢会带来哪些负面影响呢？

1 问题越积越多，导致学习成绩下降

基础知识掌握得牢固与否和我们的学习成绩密切相关。我们对基础知识掌握不牢固，往往会影响我们学习新的知识，在后续的学习中我们难免会遇到更多的困难，难以理解和运用新的知识。这样就会导致我们的学习成绩下降。

2 不利于我们培养创新能力

学习是一个推陈出新的过程，只有将基础知识完全理解，我们才能迸发出新的思维。如果我们对基础知识一知半解，难以深入理解知识的本质，也就难以在现有的基础上进行创新和提高，想出更有效的解题方案或学习方法。

3 产生负面情绪，感到自卑和无助

我们的基础知识若不够扎实，就不能很好地理解知识，问题越积越多，会给我们带来很大压力，使我们产生自卑感甚至自我怀疑的想法。这些负面情绪会削弱我们的自信心，当我们学习更复杂的知识时，我们可能会遇到更多的困难，感到更加无助。

我来支招儿啦！

1 利用课余时间巩固基础知识

孔子曰："温故而知新。"复习不仅能巩固所学的知识，还能将知识脉络梳理清楚，使我们产生新的思维。因此我们要重视复习，我们可以在下课后阅读自己的笔记，有不懂的及时向同学和老师请教，还可以将老师在课上讲过的知识再重新梳理一遍，这样不仅可以加深对知识的理解，还可以查漏补缺。

2 修订"错题本"，反复练习易错点

如果我们总因为基础知识不牢固而犯错，我们可以将自己做错过的题都整理起来，建立一个"错题本"。时常回顾这些错题，可以加深自己对知识点的理解和记忆，同时能够提高自己的解题能力和记忆力。

3 积极参加课堂互动，增强自己的理解能力

我们可以通过参加课堂互动来更直观地理解知识点。因为在我们回答老师的问题时，我们不仅需要理解老师讲解的内容，还需要将知识点运用到实际的解题过程中。另外，积极参与小组讨论等活动，也可以帮助我们发现自己理解不到位的地方，及时弥补自己的不足。

考试前几天，
我总是很紧张

老师告诉我们下周就要期中考试了，当我突然听到快要考试的时候，就有些慌了，啊，怎么办，很快就要考试了，好紧张啊……最近几天，我到家吃完饭就马上开始紧张的复习，发现还有好多题不会做，背过的课文也全都忘记了……我开始焦虑、紧张，甚至晚上还失眠了。爸爸妈妈给我加油打气，可我仍旧很紧张，心里慌慌的，我该怎么办呢？

心理大分析

考试不仅是我们常常要经历的事情，而且几乎是所有学生都闻之色变的"噩梦"。不仅是期中考、期末考这样的大考，有时就连月考、随堂测验都会令我们紧张。这是十分正常的现象。

考试是一种评估我们学习成果的方式，考试前我们感到紧张的原因有很多。例如，考前准备不充分、知识掌握不牢固；担心考试成绩不好会被老师或者爸爸妈妈训斥；信心不足、心理承受能力差；过分重视考试结果，给自己带来了心理压力等。

我们在考试前感到焦虑的情况，常称为考试怯场，表现为焦虑不安，大脑变空白，不知道该怎么办，答题的时候手足无措，难以集中精力，甚至影响到我们正常的考试发挥。但是，过度的焦虑可能会给我们带来心理压力和负面情绪，甚至影响我们的心理健康。

不过，考前紧张是可以克服的。我们可以通过一些策略来缓解压力，如提前制订复习计划、与他人交流，以此缓解紧张情绪。最重要的是，我们要正确看待考试以及考前的紧张情绪。适度的紧张也有一定的好处，有助于我们集中精力，提高大脑思维能力及反应速度等。

总之，不要把考试结果看得太重，考试只是一种评估方式，它并不能完全反映我们的能力和价值。无论考试结果如何，我们都应该珍惜自己的努力和付出，并且继续努力前行。

心理大课堂

 考试前，我们感到紧张的原因有哪些呢？

1 过分重视考试结果

有时候，我们错误地将考试结果看成衡量我们优秀与否的唯一标准，这会导致我们过分重视考试结果。尤其是当我们面临重大考试时，我们会担心自己的成绩不理想，感到紧张和焦虑。反而忽略了自己曾付出的努力，

2 没有做好充分的准备

如果我们在考前发现自己基础知识不牢固，有一些知识漏洞，可能会担心自己没有足够的时间或者能力解决这些问题，或者担心考试时会考到自己不擅长的内容，因此产生不安和紧张感。

3 来自外界的压力

外界的压力也会导致我们考试前出现紧张情绪。比如，爸爸妈妈对我们有很高的期待，我们认为自己必须回应他们的期待，或者我们担心自己的表现会影响他们的看法，这都会给我们带来巨大的心理压力，使我们感到紧张。

考试前过度紧张会给我们带来哪些负面影响呢?

1 不利于自信心的建立

考试前过度紧张会对我们的学习成绩造成很大的影响,如果我们过分注重考试结果,总是担心自己的成绩达不到预期,我们就会产生沮丧、慌张等负面情绪,甚至使我们产生自我怀疑的心理。

2 影响考试时的发挥

如果我们在考前过度紧张,会导致我们心跳加快,呼吸急促。但如果这种状态持续时间过长,会使我们难以集中精力,会引起记忆力下降,思维变得混乱,影响我们在考试时的注意力、思考能力和判断力。

3 影响我们的身心健康

过度紧张还会影响我们的身体健康。如果我们放任紧张情绪蔓延,给自己带来压力,可能会导致我们失眠、头痛、高度紧张。如果我们长时间处于这种紧张状态,可能会影响我们的情绪和身心健康。

我来支招儿啦！

① 针对性复习，建立自信

考试前，我们可以针对自身的薄弱环节，制定适当的考试目标和切实可行的复习计划。错题集是一个很好的工具，可以帮助我们针对性地复习自己的学习漏洞，当我们将之前犯过的错误解决掉，我们会产生成就感和自信心，从而缓解焦虑。

② 调整心态，重新看待考试

考试是评估我们某一个学习阶段成果的方式，并不是衡量我们是否优秀的唯一标准。我们不必过分在意考试结果，考试成绩不好并不能说明我们是差生，反而说明我们还有很大的进步空间。因此，我们要调整自己对考试的看法，用积极的心态面对考试。

③ 放松我们的情绪

临近考试时，我们常常感到很大的压力，这很正常。压力也是一种激励，可以让我们更加专注。但是如果我们过于紧张，就不能发挥出正常的水平。考试前，我们可以做一些让自己放松的事情，比如，好好吃一顿清淡营养的饭菜；好好洗个热水澡；听一会儿舒缓的音乐；放下包袱，安心入眠；考前做一个深呼吸；等等。

考试总失利，我想"摆烂"了

： 有个问题困扰了我很久，不知道是什么原因，最近每次考试我的成绩都不是很理想，就连平时的小测验也拿不到优秀。为此老师还批评了我，连同桌也嘲笑我，说我笨；爸爸妈妈看了我的成绩也很失望。考试接连失利对我打击很大，我对自己真的很失望，感觉自己不是学习的料，我想"摆烂"了。我接下来该怎么办呢？

心理大分析

　　对我们来说，在学习中遭遇挫折和失败是很正常的事情。考试成绩不理想，确实会令我们感到沮丧、失望，但考试并不能完全体现我们的能力和价值，因此考试失利并不能说明我们一无是处，我们无须因此怀疑自己，也不要因为老师批评、同学嘲笑，就给自己贴上"差生"的标签。我们每个人都是独特的，我们身上都有许多闪光点，单纯用学习成绩的好坏来评价一个人是不对的。

　　心理学上有"习得性无助"这一理论，简单来说，一般人在一次失败时，都会觉得是偶然因素造成的，但在一次又一次失败后，就会开始质疑自己的实力，从而养成一种自我否定的习惯。如果不能摆脱"习得性无助"，就会影响到我们的学习和生活。

　　我们要寻找自己的兴趣和爱好，这可以帮助我们减轻压力，增强自信心和自我价值感。在日常生活中，我们可以尝试一些新的爱好，如读书、听音乐等。我们还要找到适合自己的学习方法，如制订学习计划、做好笔记、多练习题等。在考试前，我们要做好充分的准备，如复习课本、做练习题等。

　　总之，我们千万不要轻易地放弃，一定要保持积极的心态，相信自己的能力。学习是一个长期的过程，不要因为一时的挫折而否定自己的价值和未来。坚持努力，相信自己，我们一定会取得进步和成功的。

心理大课堂

我们考试失利后，不想再努力的原因有哪些呢？

1 负面情绪的影响

考试失利，难免会让我们产生无助、失落等负面情绪。尤其是在连续失利后，我们还可能产生自卑、自我怀疑的心理。这些负面情绪和心理会影响到我们学习和生活的积极性，进而导致不想再努力。

2 内心产生巨大的压力

当我们连续考试失利后，可能因为担心自己受到爸爸妈妈的批评，给同学们留下不好的印象等原因，而产生巨大的心理压力，从而产生巨大的无力感，导致我们不想再努力。

3 失去学习兴趣

当我们因为基础知识薄弱、学习方法不正确等导致考试失利，我们可能会对这一学科失去兴趣或感到厌烦，渐渐失去学习动力和积极性，变得不想再努力。

在学习上"摆烂"会带来哪些负面影响呢？

1 学习进度缓慢或停滞不前

如果我们在学习上"摆烂"，没有花费足够的时间来理解和掌握新的知识和技能，那么在后续学习中可能会遇到更多的困难，这可能会导致我们的学习进度缓慢或停滞不前。

2 自信心受到打击

如果我们不努力，在学习上表现得很差，难免被同学嘲笑，我们会感到沮丧和无助，可能会认为自己无法成功，我们的自信心就会受到打击。

3 对我们的未来产生重要影响

如果我们在学习上"摆烂"，就不能充分掌握必要的知识和技能，在将来可能会错过很多机会。例如，工作机会、升学机会等。在学习或工作中，我们可能会因为遇到各种各样的问题而感到力不从心，进而无法解决这些问题。

1 接受失败，吸取教训

在我们的学习和生活中，失败是不可避免的一部分，我们要学会接受失败，失败其实是我们成长的一次机会，我们只有从失败中吸取教训，才能不断地提升自己。失败只是暂时的，它不能定义我们的人生。我们应该用积极的态度来面对每一次挑战，通过努力取得成功。

2 给自己设定目标

制定一个合理的目标，不仅有利于建立自信，也有利于提升我们的学习成绩。学习目标有很多，例如，"这次考试争取及格""考试成绩达到自己理想的排名"。有了目标，就有了前进的方向，调动我们的积极性，我们才能投入学习中去。

3 寻求支持和鼓励

爸爸妈妈是我们生活中最亲近的人，如果我们在学习上遇到困难，可以和爸爸妈妈诉说，爸爸妈妈会给我们提供支持和鼓励，帮助我们重新振作起来。

我的"考前自救大法"失效了

：　　我平时学习不用功，喜欢考前临时抱佛脚。每次考试之前，我会熬夜到凌晨，拿着从学霸那里借来的笔记，囫囵吞枣地过考试重点。我用最后几天的时间，弥补一个学期的知识，如果顺利通过考试的话，那可真是皆大欢喜。但是每次考试下来，我的成绩都不怎么理想，我发现临时抱佛脚的学习效果并没有那么好。我的"考前自救大法"失效了，我该怎么办呢？

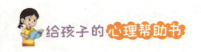
心理大分析

　　考试之前，我们通过采取临时抱佛脚的方式，进行突击复习，这样做虽然对考试有所帮助，但学习效果十分有限，并不一定能够让我们获得理想的成绩。就算侥幸拿到了不错的分数，但因为自身基础知识不牢固，迟早还是会被打回原形。学习是一个积累的过程，如果我们没有系统地学习，光靠临时抱佛脚，就想超过那些基础扎实的学生，那是非常不现实的。所以，在平常的学习中，我们一定要脚踏实地，努力学习。

　　在心理学上有一个著名的实验，叫作"间隔效应"，也就是分散学习。此实验将学习分成几个阶段进行，而不是一口气学完所有内容。分散学习记得更牢更久，其效率较高。举个例子，小明一周内每天坚持学习一小时，而小红一天之内一口气学习七小时，小明学到和记住的东西要比小红更多。间隔学习不仅能够大幅节省时间，还能够增强长期记忆。

　　临时抱佛脚是一口气学完所有内容的学习方式，采用这种方法学习，极大地影响学习的质量。不管做什么事情都要脚踏实地，一步一个脚印，想要通过走捷径来获得成果，往往是行不通的。

心理大课堂

导致我们喜欢临时抱佛脚的原因有哪些呢？

1 学习态度不端正

我们喜欢临时抱佛脚最主要的原因是我们的学习态度不端正。如果我们平时总是懒懒散散，不认真学习，导致我们基础知识不牢固，面对考试时就会感到恐慌，于是不得不靠"突然袭击"来补短板。

2 怀有侥幸心理

有些小伙伴，平日里没有怎么努力，考试前临时抱佛脚，总觉得自己的运气很好，认为这样会对考试起到很大的帮助。事实上，大部分临时抱佛脚的小伙伴，基本上都不会取得较好的成绩。

3 有拖延症的坏习惯

拖延症会让我们在考试前临时抱佛脚。拖延症是一种坏习惯，它使我们不能有效地管理时间，经常拖延到最后一刻才开始复习，从而导致我们在考试前临时抱佛脚。

 临时抱佛脚会带来哪些负面影响呢？

1 使我们的自律性越来越差

　　交作业前一天，我们疯狂补作业；考试前一天，我们"怒刷"知识点。这种临时抱佛脚的行为暴露出来的是我们平时不够自律，缺乏自控力。如果我们习惯了临时抱佛脚的行为，长此以往，我们的自律性会越来越差，越来越难以约束自己。

2 导致我们考试表现不佳

　　临时抱佛脚可能会影响我们的学习成绩。如果我们一直拖延学习，直到考试即将到来才开始准备，便没有足够的时间来充分准备，无法掌握必要的知识，从而在考试中表现不佳。

3 与他人的差距越来越大

　　从长远来看，平时不努力，临时抱佛脚，危害是非常大的，它会让我们与小伙伴的差距越来越大，久而久之，我们会变得越来越平庸。

我来支招儿啦!

① 树立正确的学习观

学习并非只是为了一次考试，学习是积累的过程，我们只有平时打好扎实的基础，才能取得好成绩。读书是为了获取知识，是为了自己将来能够更好地发展，我们不是为别人学习，所以不要怀着临时抱佛脚的念头。

② 设立长远目标

目标可以激发我们的学习动力。有些小伙伴临时抱佛脚，大都缺乏长远目标。心里没有一个目标，学习就没有动力，也就不明白学习的重要性了。制定一个学习目标，并向这个目标努力，我们就会端正自己的学习态度，就会明白学习的意义。

③ 养成良好的学习习惯

如果我们能够养成良好的学习习惯，如定期复习、按时完成作业、积极参与课堂讨论等，那么我们就会在学习中形成自觉性和主动性，学习效率也会大大提高。我们拥有了良好的学习习惯，就不会再有临时抱佛脚的想法了。

诚信考试，千万不要作弊

　　眼看期中考试就要来了，我十分紧张。平时做作业我总是不认真，上课做习题也马马虎虎，我很清楚自己还有很多漏洞没有补上，但短时间内巩固这么多知识显然是不可能的了，所以我打算通过作弊的方式来提高我的成绩，缩小我和其他同学间的差距。但我知道作弊是一件很不光彩的事情，可眼看期中考试就要来了，我不想考试不及格，我该怎么办呢？

心理大分析

　　我们想要获得高分，通过作弊的方式，是不可取的。

　　作弊是一件非常危险的事情，会给考生带来一系列的负面影响。作弊是一种不负责任、欺骗他人的违纪行为。作弊的行为一旦被发现，我们会面临严重的后果，包括学校纪律处分、考试成绩被取消、他人对我们产生一系列负面评价等。而且靠作弊得来的成绩是不真实的，即使获得了我们想要的成绩，我们也会有愧疚感，无法安心地享受这一结果。只有努力读书，用自己的真本事拿到好成绩，我们才会打心底里自豪。

　　所以，我们不能选择作弊，想要获得好成绩，是没有捷径可以走的。

　　我们想要作弊的原因有很多，比如压力太大，不想让爸爸妈妈失望，缺乏自信心等。面对这些原因，我们应该化压力为动力，利用科学的方法，脚踏实地才能取得好成绩。

　　我们可以根据考试的时间表，制订一个详细的学习计划，安排好每天的学习任务和时间，这样我们可以更有条理地学习，也能够留出足够的时间来复习和巩固知识。在复习过程中，要着重复习重点和难点知识，如果有不懂的问题，还可以请教老师和小伙伴。我们还要保持良好的心态来面对考试。

　　我们应该诚信考试，努力提高自己的能力和水平，相信自己的努力一定会有回报。

心理大课堂

 导致我们选择作弊的原因有哪些呢？

1 心理压力过大

有时候爸爸妈妈过高的期待，会让我们感到巨大的压力，担心自己的成绩不理想。当这种压力过大时，我们可能会选择通过作弊来获得更好的成绩。

2 自尊心作祟

自尊心也是导致我们考试作弊的原因。我们有时想要获得老师和同学的称赞，或者想要从爸爸妈妈那里获得物质方面的奖励，以此来满足自尊。

3 缺乏自信心

如果我们缺乏信心，认为自己能力不足，可能会感觉考试无法及格或者无法取得好成绩。在这种情况下，我们可能会选择通过作弊来提高成绩。

作弊会给我们带来哪些负面影响呢？

1 信用下降，影响个人形象

考试作弊是一种不诚信行为。在学校里，我们明知道有考试规则，还冒着风险去破坏规则，这会导致自己的信用下降。如果我们在考试中被发现作弊，就会被贴上"不守信用"的标签，将会很难取得他人信任，无法获得真挚的友谊。

2 影响自尊心和自信心

考试作弊对我们的自尊心伤害很大。一旦我们在考试中作弊被发现了，就会受到教师的训斥，引来同学异样的目光，这会让我们觉得很丢人，自尊心就会受到伤害。

3 荒废学业

如果我们总想着作弊，我们就难以在平日里用心学习，应该掌握的知识我们都没有掌握，我们的学习会变得越来越差，能力越来越低，最终我们会变成一个彻头彻尾的失败者。

我来支招儿啦!

① 以平常心对待考试

考试是为了检验我们这一阶段的学习成果，不要将考试看得太重。如果没有考好，说明这一阶段的学习有疏漏，一些重点知识还没有完全掌握，今后努力学习就可以了。我们要以平和的心态去面对考试，才能通过考试获得进步。

② 采取积极和有效的方法来准备考试

我们可以采取更加积极和有效的方法来准备考试。可以制订一个学习计划，在规定的时间内集中精力复习重点内容，还可以通过做练习题来加深对知识点的理解和记忆。在考试前进行全面复习，并保持良好的心态，相信自己的努力一定会有回报。

③ 向老师或同学寻求帮助

如果我们在考试前还有很多漏洞没有补上，可以直接向老师或小伙伴请教，请他们为我们提供解答和指导，帮助我们掌握课程内容。

我不想再做"小马虎"

：　　今天我和同学约好出去玩，我以最快的速度完成了语文作业，出门之前妈妈让我再检查一遍作业，我还自信地说了一声"没问题的"，随后我就让妈妈检查。妈妈拿起语文作业一看，皱起眉头，说我太急躁，写错了很多字。我仔细一看，真的错了许多，我好烦呀。可能是我的态度出现了问题，我也想改掉马马虎虎的习惯，我该怎么办呢？

心理大分析

我们做事情马虎，说明我们的态度出现了问题。可以说，马虎、粗心就是缺乏责任心的表现。做事情一味追求速度，必然会对品质造成一定的影响。迅速完成工作不是关键，只有把事情做好才是最重要的。虽然在一些小事情上马虎往往没有严重后果，但是在考试的时候，我们如果粗心，就会失分。对此，趁我们年纪还小，一定要纠正马虎、粗心的缺点，不要使其成为习惯。

导致我们马虎、粗心的原因有很多。比如，我们过于自信，急于完成任务，对学习不够重视，没有养成良好的学习习惯，缺乏学习的兴趣，注意力不集中等。

我们已经意识到是我们的态度出现了问题，这是改掉坏习惯的第一步。不要经常因为马虎、粗心而烦恼，要保持积极的心态，相信自己能够改变并取得进步。我们做事不要心急，在完成任务后，花时间再检查一遍，确保没有错漏。列出每天要完成的任务和目标，确保自己有足够的时间和精力来完成任务。还可以尝试在学习和做事时集中注意力，避免分散注意力，也可以通过一些训练来提高自己的专注力。

从生活中的小事做起，培养良好的生活习惯，长期坚持就能改掉马虎、粗心的坏习惯。

心理大课堂

 我们平时马虎、粗心的原因有哪些呢？

① 学习态度不端正

学习态度不端正是导致我们马虎、粗心的原因之一。这可能表现为缺乏对任务的重视，如果我们不认真对待某个任务，我们就不能尽全力去完成它，可能会变得马虎、粗心。

② 没有养成良好的学习习惯

我们没有养成良好的学习习惯，也会导致马虎、粗心的情况。如果我们没有养成检查作业的习惯，或是不注重独立完成作业，写作业时三心二意，作业就难免会出现小错误。

③ 注意力不集中

如果我们注意力不集中，就很容易被干扰，容易出现马虎、粗心的情况。有的小伙伴放学后一边做题，一边看电视，难以集中注意力，在做题的过程中，就很容易出错。

 我们总是马虎、粗心会带来哪些负面影响呢？

1 影响我们的学习成绩

我们经常马虎、粗心，就会在写作业、考试等方面做错或漏题，从而影响学习成绩。比如，我们填错了答案、没看清题目要求或者粗心地漏掉了一些题目。

2 浪费我们更多的时间

如果我们马虎、粗心，可能会花费更多的时间来完成任务，因为我们需要不断返工来修正错误，这会导致我们无法充分利用时间来学习和探索其他有趣的事物。

3 影响我们的形象和人际关系

我们经常马虎、粗心，可能会给其他小伙伴留下不负责任的印象，影响自己的形象和人际关系。例如，忘记回复消息、忘记约定时间等。

❶ 从点滴做起

生活中的小事反映了一个人的品格。从今天开始，我们要认真对待生活中的小事。比如，写作业的时候，写好每一个字，审好每一道题；做值日的时候，把教室角落打扫干净；放学的时候，仔细检查一下有没有遗漏的物品。从生活中的小事做起，坚持下去，就可以改掉马虎、粗心的坏习惯。

❷ 学会自我暗示

马虎、粗心的坏习惯并不可怕，我们可以进行自我暗示："别人都不马虎，为什么我马虎呢？""马虎并不是我的专利，它控制不了我，我一定能战胜它。"

❸ 制订学习计划

制订学习计划是一种有效的方法，可以帮助我们更加有条理地学习，保证我们能够在有限的时间内完成任务。例如，每天晚上制订第二天的学习计划，包括要学习的科目、时间安排、如何巩固重点和难点等。

我对兴趣班
没兴趣了

：　　我的好奇心特别强，对任何新事物都感兴趣。妈妈曾相继给我报过乒乓球培训班、美术培训班、钢琴培训班。刚开始我十分喜欢这些兴趣班，但每个兴趣班我去过几次就没兴趣了。妈妈说我这是"三分钟热度"，她希望我寻找自己真正感兴趣的事物并坚持做好。我也不想总是这样半途而废，但我为什么总是"三分钟热度"，我该怎么办呢？

心理大分析

　　由于我们年龄还小，对这个世界一知半解，对一切都充满了好奇，想要尝试一切，但尝试过后，发现自己所学的东西并不如我们所愿时，我们就会想要放弃。这种过程来自我们的天性，是很正常的现象。

　　"三分钟热度"的本质是我们对某种事物或活动的兴趣和热情只能持续很短的时间，不能坚持长久。导致我们的热情快速消退的原因有很多，如我们对某项活动没有足够的兴趣、缺乏耐心和毅力、缺乏目标和计划、害怕困难等。

　　有强烈的好奇心和广泛的兴趣是好事，可以让我们积极地探索和学习。但如果我们总是不能坚持做好一件事情，可能会感到沮丧或无助，影响我们的情绪，还可能使我们养成半途而废的性格，给我们的学习和成长带来阻碍。所以我们应该尽快改正"三分钟热度"的坏习惯。

　　为了寻找自己真正感兴趣的事情，我们可以先想想自己有哪些坚持了很久的小爱好，如涂鸦、看书、听音乐。根据这些爱好去尝试绘画、写作、唱歌等。当我们找到了真正的兴趣，就要不断地进行学习和锻炼。为了保持我们的积极性，我们可以给自己设定目标、及时奖励自己。最重要的是，我们要有耐心，任何技能都不是一天两天能学会的，只要我们不放弃，就能不断取得进步并感受到成就感。

心理大课堂

 我们做事三分钟热度的原因有哪些呢?

1 缺乏兴趣和热情

我们对某项活动感兴趣的程度决定了持续参与这项活动的时间。有时候,我们会因为好奇心或者受人影响去尝试一些事情,但我们对此并没有足够的兴趣,这就会导致我们很快失去热情。

2 缺乏目标和动力

如果我们对一件事情的兴趣和爱好只停留于表面,没有长远的规划,那么我们往往会没有足够的动力去完成目标,进而将注意力转移到其他事情上,从而出现三分钟热度的情况。

3 缺乏耐心和毅力

学习任何知识或技能都不是一蹴而就的,需要付出时间和努力。如果我们缺乏耐心和毅力,可能导致我们对某些事情只有短暂的兴趣和热情,不能长久地坚持下去,看到自己没有取得进步就会想要放弃。

做事总是三分钟热度会带来哪些负面影响呢？

❤1 形成半途而废的坏习惯

如果我们做事总是三分钟热度，没有足够的动力和毅力去对待一件事情，那就很容易因为遇到挫折和困难而放弃。久而久之，我们会形成半途而废的坏习惯，变得不敢面对困难，错失锻炼和成长的机会。

❤2 影响我们的自信心

如果我们做事总是三分钟热度，浅尝辄止，容易放弃，我们也就很难深入学习知识或掌握技能，无法从中获得成就感。这会令我们感到沮丧，我们可能会认为自己不够好，长期下来，会降低我们的自信心。

❤3 影响我们的积极性

如果我们做事总是三分钟热度，缺乏毅力和耐心，会导致我们不愿意面对困难或克服障碍，不利于我们完成任务或学习某项技能。当我们不能完成任务时，我们可能会感到挫败和沮丧，这可能会导致我们失去积极性。

❶ 制定一个更明确的目标

在我们选择一个兴趣班之前，我们可以先考虑一下自己为什么想尝试这个兴趣班，希望从中获得什么样的收获和体验。我们有了明确的目标就有了动力，可以集中精力去做某件事情，我们就会主动朝着这个方向去努力，也能够更好地激发我们的斗志和兴趣。

❷ 保持耐心和专注力

保持耐心和专注力可以帮助我们克服三分钟热度的坏习惯，我们可以通过在游戏中培养我们的耐心和专注力，如拼图、象棋等，在玩的过程中，就可以培养我们的耐心和专注力。

❸ 培养兴趣爱好

我们每个人都有自己独特的天赋，有的小伙伴擅长运动，有的小伙伴擅长画画，有的小伙伴擅长唱歌跳舞。我们要找到自己的兴趣爱好，只有找到自己真正感兴趣的事情，我们才会变得更有动力和耐心。

提前没规划，暑假一团糟

： 　　每次放假，在假期的最后一天，我都会疯狂补作业，每天晚上写作业写到很晚，可谓挑灯夜战。假期里我都只顾着玩了，没有规划好作业安排，想着放假那么多天呢，晚几天写作业也没事。结果一转眼假期就结束了，我这才手忙脚乱地写作业。老师还批评我做事没规划，总是走一步算一步，我十分惭愧，我该怎么规划好自己的学习呢？

心理大分析

我们暑假过得一团糟，最后一天疯狂补作业，是因为没有规划好自己的学习和生活。俗话说："凡事预则立，不预则废。"要想把一件事做好，一定要事先做好充足的准备和规划，有了规划，就能清楚地知道做一件事的目标、步骤、方法等；如果没有一个周密的计划，做事时就会随心所欲，不仅会浪费时间，还会让事情变得很糟糕。

我们没有养成制订计划的习惯的原因有很多，比如没有明确的目标或者对目标不够重视，不会有效管理自己的时间，做任何事都草率而敷衍等。

心理学家们把"自我规划"作为一种衡量自我管理能力的重要标准。如果我们懂得怎样安排自己的时间，怎样完成自己的事情，如何妥善安排自己的学习和生活，那么我们就会感到做事轻松，自信心也会大大增强。

我们需要学会规划自己的时间和学习计划，制定一个有效的时间表，将时间分配到不同的任务上，如学习、运动、休息等，这样可以提高我们的效率和学习成果。在制定时间表的时候，要考虑自己的兴趣和能力，选择适合自己的学习方式。还要留出一些空余的时间，避免因为突发事件而打乱整个计划。

我们要学会规划自己的时间和学习计划，不要拖延。只有坚持不懈地执行计划，才能够真正做到事半功倍。

心理大课堂

我们做事总是不会提前规划的原因有哪些呢？

1 我们有拖延症

拖延症是指在明知拖延会造成不利后果的情况下，仍然把计划要做的事情往后推迟。比如，临时抱佛脚；放学回到家，先玩游戏再写作业。我们总喜欢把事情拖到最后一刻再去进行，这样的话，就不能顺利完成我们的学习计划。

2 没有明确的目标

如果没有明确的目标，那么我们的人生就像是一艘没有方向的船，只能随波逐流，漫无方向。如果没有一个明确的学习目标，我们就不知道应该如何安排自己的学习时间，学习和生活将会一团糟。

3 时间管理能力差

我们需要完成很多事情的时候，有时分不清事情的轻重缓急，无法合理安排好自己的时间，做事情经常有一种随心所欲的感觉，总是想起来做什么就做什么，最后导致事情一团糟。

 我们总是不会提前规划事情会带来哪些负面影响呢?

 不利于培养时间管理能力

计划性强的人总能将事情处理得井井有条,即使面对许多事情也能游刃有余。然而,如果我们不会提前规划事情,不能很好地安排自己的学习任务,无法有效地安排时间,就会对培养我们的时间管理能力有负面影响。

给我们带来负面情绪

如果我们不会提前规划事情,分不清事情或学习任务的轻重缓急,往往会优先选择处理简单的事情,而困难的事情则能拖就拖,当事情越积越多,我们不免会产生烦躁、焦虑等负面情绪。

学习压力增大,影响学习效率

如果我们计划性差,不能合理地规划自己的学习时间和任务,会使我们的紧张感变弱,总等到作业或学习任务堆积如山时才开始着急。或者是在考试临近时才开始挑灯夜战,临时抱佛脚,这会让我们的学习压力增大,学习效率降低。

① 制定时间表

为了更好地利用时间，提高自己的学习效率，我们可以试着给自己制定时间表。将每天要做的事情（如上课、写作业）以及想要做的事情（如看电视、出去玩）都写在上面，并且制定相应的时间，然后我们就按照时间表安排活动。这样不仅不会把事情弄得一团糟，还可以提高我们的时间管理能力。

② 精简目标

如果我们的计划上面无关紧要的事情太多，就会打乱自己的生活节奏。这时，我们需要做减法，把无关紧要的事情都去掉，这样可以节省更多的时间，来如期完成制订的计划。

③ 认识时间的价值

俗话说："一寸光阴一寸金，寸金难买寸光阴。" 时间是世界上最珍贵的宝物，它既不能购买，也不能借用，更留不住。如果我们耽搁时间，它便会悄然溜走，唯有珍惜它，抓住它，才不会留下荒废时光的悔恨。

心理测试

测试题

1. 你是否不喜欢学习？

    A. 是   B. 否

2. 你是否为完成不了作业而感到苦恼？

    A. 是   B. 否

3. 你是否在考场上感到很紧张？

    A. 是   B. 否

4. 你是否在考试时，担心自己的成绩不及格？

    A. 是   B. 否

5. 你是否经常在课堂上发呆？

    A. 是   B. 否

6. 你是否越接近考试越难以专心？

    A. 是   B. 否

7. 你是否在考试前觉得这次的成绩会很糟糕？

    A. 是   B. 否

8. 你是否在考试前常常梦见考试？

    A. 是   B. 否

9. 你是否在考试时，经常会看错题目？

    A. 是   B. 否

10. 你是否对学习感到迷茫？

    A. 是   B. 否

11. 你是否学着学着就不想学了？

   A. 是　　　　　　　　　　B. 否

12. 你是否会心安理得地为考试作弊？

   A. 是　　　　　　　　　　B. 否

13. 你是否经常忘记写作业？

   A. 是　　　　　　　　　　B. 否

14. 你是否上课总是走神？

   A. 是　　　　　　　　　　B. 否

15. 你是否担心考试成绩不好会拖班级后腿？

   A. 是　　　　　　　　　　B. 否

16. 你是否不想给同桌讲题？

   A. 是　　　　　　　　　　B. 否

17. 你是否总是将事情办得一团糟？

   A. 是　　　　　　　　　　B. 否

18. 如果这次考试得了低分，你是否不愿意将分数告诉同学？

   A. 是　　　　　　　　　　B. 否

19. 你是否经常临时抱佛脚？

   A. 是　　　　　　　　　　B. 否

20. 你是否担心自己的成绩比不过别人？

   A. 是　　　　　　　　　　B. 否

计分方法：

　　在每道题目中，选择"是"得1分，选择"否"得0分。统计总分。

心理游戏

　　小朋友，我知道你在学习上一定有过很多难题和困扰，不妨把它们写进排忧胶囊吧！然后想一想，在读完本书后，你能解决这些问题了吗？

排忧胶囊

争做"六边形学生"

小朋友，以下是小学阶段要学习的主要科目，你在这些科目的表现怎么样呢？根据你的成绩画出六边形图，看看你是不是"六边形"的完美学生！

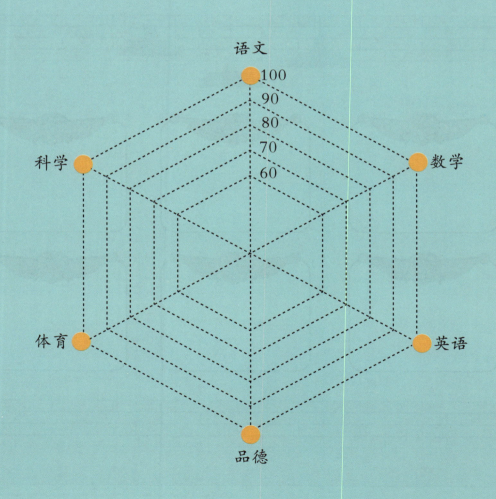

布置你的奖状墙

　　小朋友，读完本书后，你解决了哪些学习方面的问题？取得了哪些进步呢？把它们写在下面的奖状里，为自己感到自豪吧！

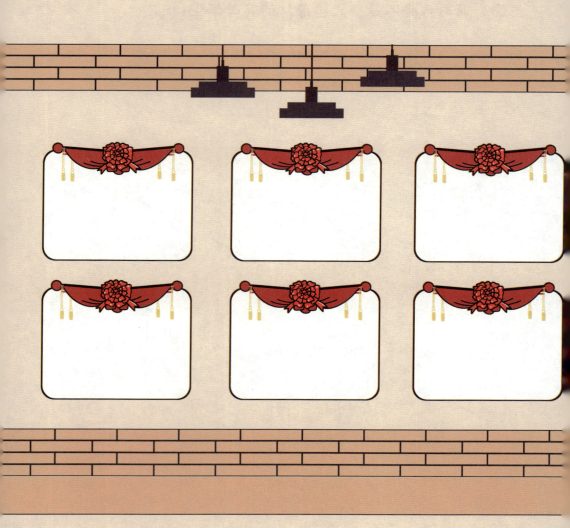

试试看！

小朋友，看完这本书，相信你一定掌握了一些学习方法。下面是一棵苹果树，苹果上面是我们必须掌握的学习方法，试试看，你能摘掉多少苹果呢？

预习
制定目标
复习
理解记忆
专心听讲
查资料
记笔记
向老师请教

心理测试参考

0～6分：镇定。恭喜你，你的心态很平和，在学习中遇到挫折和困难，能够保持平和的心态去面对。

7～13分：轻微焦虑。这表明你一般能够调节自己的情绪，但仍有少量的焦虑。不用担心，通过采取正确的方法，可以降低焦虑。要把"平常心"和"信心"放在心上，这样才能走得更远，走得更好！

14～20分：重度焦虑。这说明你是在为学习而感到焦虑，已经对你的学习和生活产生了一定影响。最好及时寻求心理咨询师或相关专家的专业指导，及时调整和恢复，就会减轻焦虑的症状。